纺织服装高等教育"十四五"部委级规划教材

织物结构、性能和风格

杨建忠　储洁文　编著

东华大学出版社

·上海·

内 容 简 介

    本书是有关织物结构、性能和风格的专业书籍。本书从介绍梭织物和针织物的结构特征、空间结构、织物的透通性和织物风格等基础知识入手,深入阐述了织物的结构、性能和风格。内容主要包括毛精纺及半精纺面料的特色与应用,超细羊毛精纺毛织物结构、服用性能和风格,意大利风格精品面料与国产毛织物面料风格对比,赛络菲尔精纺毛织物的结构、服用性能和风格,拉细羊毛及混纺织物结构、服用性能和风格,松结构精纺毛织物结构、服用性能和风格,以及消防服装面料的服用性能、风格和热防护性能。

    本书内容通俗易懂,具有较强的理论性、知识性、专业性,可作为纺织院校相关课程的教材,也可作为纺织企业工程技术人员和产品设计人员的参考用书。

图书在版编目(CIP)数据

织物结构、性能和风格 / 杨建忠,储洁文编著. —
上海:东华大学出版社,2023.6
  ISBN 978-7-5669-2239-7

Ⅰ. ①织… Ⅱ. ①杨… ②储… Ⅲ. ①织物结构
②织物性能 Ⅳ. ①TS105.1

中国国家版本馆 CIP 数据核字(2023)第 121668 号

责任编辑:杜亚玲
封面设计:魏依东

织物结构、性能和风格

ZHIWU JIEGOU XINGNENG HE FENGGE

编   著:杨建忠 储洁文
出   版:东华大学出版社出版(上海市延安西路 1882 号,200051)
本 社 网 址:http://dhupress.dhu.edu.cn
天猫旗舰店:http://dhdx.tmall.com
营 销 中 心:021-62193056 62373056 62379558
印   刷:句容市排印厂
开   本:787 mm×1092 mm 1/16
印   张:18.25
字   数:455 千字
版   次:2023 年 6 月第 1 版
印   次:2023 年 6 月第 1 次印刷
书   号:ISBN 978-7-5669-2239-7
定   价:78.00 元

前　言

随着人们生活水平的提高和消费理念的转变,衣着的厚重保暖观念已淡化,而轻便、舒适、易护理等要求日益增强。人们对时尚服装的消费也不断增长,以往研究表明,随着人们收入的增长,羊毛面料服装的消费量也跃上一个新台阶,这在超细羊毛面料服装方面体现得更为明显。当前,人们追求服装面料的轻薄柔软化趋势明显,而这类面料的原料是高支纱线和细支羊毛。随着市场上对轻薄化毛纺织产品需求的不断增加,细支毛纱原料的资源开发越来越受到人们的重视。羊毛的可纺支数因受到纱线截面纤维根数的限制,故主要取决于羊毛纤维的细度,细羊毛更有利于纺出薄、轻、软的高档毛纺织产品。因此,发展高支毛纱是满足面料轻薄化的基础。

羊毛纤维可以制成各种高级衣用面料,尤其是细支羊毛(直径 $20\sim21\ \mu m$)和超细支羊毛(直径 $15\sim19\ \mu m$)所加工成的高档轻薄精纺面料是当今高档毛纺织品的主流。然而,由于天然细支羊毛和超细羊毛纤维资源有限且价格昂贵,市场上使用更多的是人为细化的羊毛,当羊毛细化后,其物理力学性能发生了一系列变化,呈现出不同于普通羊毛的独特性能,从而赋予毛精纺织物崭新的风格,其产品有轻薄细腻、穿着舒适的特点。

目前,国内大型精纺生产厂其精纺呢绒大多采用澳大利亚羊毛,其中有些企业在澳大利亚有自己的牧场,形成了自己的产业链。目前市场上已形成高支哔叽系列、高档贡丝锦系列、高档板丝呢系列、羊绒系列、天丝系列、赛络菲尔系列、绢毛系列、休闲绒面系列、强捻系列、高支薄花呢系列、凡立丁系列等十二大系列、十万多个花色品种,产品具有颜色莹润、手感滑爽、活络、弹性足、易护理的特点,同时经特殊处理后具有防油、防污、防水、防静电、不起球的功能。精纺呢绒被国际羊毛局批准使用纯羊毛标志,成为国内知名品牌服装的首选面料,同时被国家多个行业确定为职业装面料定点生产厂,其产品远销欧洲、美国、日本、韩国等国家和地区。

呢面柔润、丰满、滑糯、挺爽、活络、耐穿、蒸汽缩率小和尺寸稳定等,这些是毛织物风格的共性。毛织物的风格特征从触觉上分为两大类:一是秋冬季面料要求手感丰满,能反映温暖感,滑糯滋润,弹性好,即所谓"滑挺糯",而硬挺度则是次要的;二是夏季面料要求薄爽透汗气,即所谓"滑挺爽",抗皱透气较主要,还要有点丰厚感。不同纤维织制的同厚度织物(如棉布和毛料)尽管一样薄,但毛纺面料显得丰满、厚实些。随着社会的发展、人们生活水平的提高,人们对织物风格的要求也越来越高,而通过用手触摸织物来感受织物的风格又成为普通人评价服装织物风格的最基本也是最主要的途径。因此,对于服装织物风格评价的研究就非常重要,它可以帮助服装生产者选择合适的织物进行服装加工,从而更好地满足消费者的需求。高支精纺毛织产品成为西服、套装、礼服等服装的首选面料,被广泛地应用于商务谈判宴会、工作等场所。一个理想的毛织产品,如果在国内外市场畅销,必然有它独特的风格特征。而风格特征的形成是企业在生产中不断改进完善自成一格的,如何根据市场的需求、服装的流行趋势来积极调整品种结构,开发适销对路、具有独特风格的新品种,一直是服装面料研究者要探讨的问题。

本书内容全面,通俗易懂,可作为纺织工程专业研究生和本科生学习专业课的相关教材或参考教材,也可作为纺织企业工程技术人员和产品设计人员的参考书。

本书分上下两篇。上篇为织物结构性能基础,有第一章梭织物的结构特征,第二章针织物的结构特征,第三章织物的透通性,第四章织物的风格;下篇为精纺织物结构、性能和风格篇,有第五章毛精纺及半精纺面料的特色与应用,第六章超细羊毛精纺毛织物结构、服用性能和风格,第七章意大利风格精品面料与国产毛织物面料风格对比,第八章赛络菲尔精纺毛织物的结构、服用性能和风格,第九章拉细羊毛及混纺织物结构、服用性能和风格,第十章松结构精纺毛织物结构、服用性能和风格,第十一章消防服用面料服用性能、风格和热防护性能。

全书由西安工程大学杨建忠教授和国际羊毛局上海办事处中国区技术主任储洁文高级工程师等编著,由沈兰萍教授主审。上篇即织物结构性能基础在姚穆院士主编的《织物结构与性能》讲义的基础上整理而成。在本书的织物风格研究过程中,山东南山纺织服饰有限公司潘峰、刘刚中、张国生、李世朋,山东如意集团丁彩玲、朱红,兰州三毛实业股份有限公司李伟、李波等专家和领导提供了许多帮助和有益的建议。孙艳、郭娟琛、涂腾、乔卉、李波、赵永旗、田孟琪、杨柳、李龙、丁长旺、朱明辉、鹿璐、江海风、康斌霞、齐建文、张宇晨、杨静远等在试验样品的采集、试验、测量和绘制图形等方面做了大量工作。在此对他们一并表示衷心的感谢。

由于编者水平有限,加上时间仓促,书中不足之处在所难免,恳请广大读者批评指正。

编　者

2023 年 5 月

目　　录

上篇　织物结构性能基础

下篇 精纺织物结构、性能和风格

上 篇

织物结构性能基础

随着人们生活水平和消费水平的不断提高,以及全球气候的不断变暖,国内外市场上精梳毛织品的需求也逐渐从保暖型向时尚型、轻薄舒适型转变,即向高支轻薄化、织物多功能化、纤维多元化及花色品种多样化方面发展。在过去的十年中,毛织产品的面密度大幅度下降,德、英、美各国男服用精纺毛织产品面密度减轻了约 15% ;美国,用于女装的毛织产品面密度比十年前减轻了约 30%。专家们预计,舒适轻薄型产品将更广泛地流行,而且这种趋势将延续到 21 世纪末。精纺毛织产品与传统产品相比,目前流行的精纺毛织品的重量档次发生了轻量化的变化。为此,本书上篇为织物结构性能基础,编写了梭织物的结构特征,包括梭织物的主要结构参数,如梭织物的纱线浮长,梭织物的交织度,梭织物的结构相,梭织物的异波面系数,梭织物的支持面,梭织物的容重、孔隙率与蓬松度等;梭织物的空间结构,如梭织物中纱线的截面形状、梭织物结构的二维理论、梭织物结构的三维理论。针织物的结构特征,包括针织物的主要结构参数,针织物的一些指标综述;针织物的空间结构模型,如针织物中纱线的截面形状、针织物结构的空间理论、针织物的某些结构参数。织物的透通性,包括织物的透气性,如定义、基本关系方程、理论方程式等;织物的透水性与防水性、润湿理论、接触角与毛细现象、毛细运输过程;织物的透汽性,如透汽性的试验方法,透汽性的基本导湿道路,平面蒸发液面的蒸发条件,蒸汽在毛细管中的吸附、凝聚与蒸发、扩散理论。织物的风格,包括织物风格概念与分类、织物风格的定义与构成、织物风格的分类与要求;织物手感与触觉风格,如织物手感的定义与内涵、织物手感感官评定、织物手感风格的仪器评定;织物光泽与视觉风格,如织物的颜色与光泽感、织物的纹理与组织效应、织物的形态风格;织物风格与加工成衣性,如织物加工成衣性定义、织物成形性的基本指标、影响织物成形性的因素等。

第一章

梭织物的结构特征

第一节 梭织物的主要工艺和结构参数

一、梭织物的主要工艺参数

1. 经纱线密度，N_j(tex)

2. 纬纱线密度，N_w(tex)

3. 经纱直径，d_j(mm)

4. 纬纱直径，d_w(mm)

5. 经纱密度，S_j(根/10 cm)

6. 纬纱密度，S_w(根/10 cm)

7. 织物面密度，G(g/cm^2)

8. 织物厚度，T(mm)

9. 织物密度，δ(g/cm^3)

10. 经纱缩率，u_j%

11. 纬纱缩率，u_w%

12. 织物孔隙率，η%

二、梭织物的主要结构参数

(一) 梭织物的覆盖系数与紧度

1. 经向覆盖系数 E_j

梭织物中经纱线投影面积占梭织物总面积的百分数。即经纱的直径 d_j 与两根经纱间的平均中心距离 a 之比。

$$E_j = \frac{d_j}{a} \times 100\% = \frac{d_j}{\frac{100}{S_j}} \times 100\% = d_j S_j \qquad (1-1)$$

2. 纬向覆盖系数 E_w

梭织物中纬纱线投影面积占梭织物总面积的百分数。

$$E_w = d_w \times S_w \qquad (1-2)$$

3. 梭织物面积覆盖系数 E

梭织物中经纬纱线总投影面积（经纬重叠部分面积只计算一次）占梭织物面积的百分数：

$$E = E_j + E_w - 0.01 E_j \cdot E_w \qquad (1-3)$$

上列各式中所用 d_j、d_w 是梭织物中纱线的直经，一般可按下式计算：

$$d = a\sqrt{N} \qquad (1-4)$$

式中：a——直径系数，可按表 1-1 查得。

实际上，覆盖系数计算用的纱线直径不是无压力下圆截面纱线的直经，而是纱线被压扁后的宽度，因而，覆盖系数计算式中的纱线直径应按下式修正：

$$d = ka \cdot a \cdot \sqrt{N} \qquad (1-5)$$

纱线在梭织物中的厚度压扁系数 $kb(\leqslant 1)$ 和压扁后的宽度延宽系数 $ka(>1)$ 随纱线的纤维品种、纱线捻系数、织物品种不同等而变化，有关问题在下节中研讨。

表 1-1　直径系数

纱线种类	a	纱线种类	a
粗梳棉纱（粗号） 粗梳棉纱（中号） 粗梳棉纱（细号）	0.041 0～0.041 7 0.038 2～0.040 7 0.040 0～0.040 7	粗梳毛纱 精梳毛纱 苎麻纱	0.042 6～0.067 0 0.039 9～0.041 2 0.036 2～0.037 2
精梳棉纱（中号） 精梳棉纱（细号） 精梳棉纱（特细号）	0.039 1～0.040 1 0.038 4～0.040 5 0.037 5～0.041 2	生丝 桑蚕绢纺纱	0.033 6～0.033 9 0.040 4～0.041 2
涤棉（65/35）纱 涤棉（68/35）双股线	0.036～0.039 0.039～0.041	黏纤纱 锦纶纱 锦纶长丝（复丝） 涤纶长丝（复丝）	0.038 7～0.039 2 0.033 9～0.067 0 0.036 9～0.038 1 0.035 0～0.032 8
涤黏（65/35）纱 涤黏（65/35）双股线	0.039～0.040 0.041～0.043	黏胶长丝（复丝） 亚麻湿纺纱 维棉（50/50）纱	0.037～0.038 0.034 8～0.037 6

4. 梭织物的经向紧度 J_j

当纬纱与经纱每交织一次，相邻两根经纱之间需增加一条缝隙宽度 b。在平整交织平衡时（即第 5 结构相时），在梭织物一个完全（循环）组织中，如果共用 n_j 根经纱线、n_w 根纬纱线，一个完全组织中 n_j 根经纱线共浮沉 t_j 次（每浮起沉下一个循环称一次），一个完全组织中 n_w 根纬纱线共浮沉 t_w 次。

因此，实际经向紧度为

$$J_j = \frac{n_j \cdot d_j + \dfrac{t_w}{n_w}(1.732 d_w - 0.268 d_j)}{\dfrac{n_j}{S_j} \times 100} \times 100\%$$

$$= S_j d_j + \frac{S_j t_w}{n_j n_w}(1.732 d_w - 0.268 d_j) \qquad (1\text{-}6)$$

或

$$J_j = E_j + \frac{S_j t_w}{n_j n_w}(1.732 d_w - 0.268 d_j)$$

5. 梭织物的纬向紧度 J_w

$$J_w = S_w d_w + \frac{S_w t_j}{n_j n_w}(1.732 d_j - 0.268 d_w) \qquad (1\text{-}7)$$

或

$$J_w = E_w + \frac{S_w t_j}{n_j n_w}(1.732 d_j - 0.268 d_w)$$

(二) 梭织物的纱线浮长

1. 经向平均浮点数 F_j

在一个完全组织中,如上所述,共 n_j 根经纱线、n_w 根纬纱线,n_j 根经纱线共沉浮 t_j 次。故,经纱线每浮沉一次所占组织点个数,即经向平均浮点数 F_j 为

$$F_j = \frac{n_j \cdot n_w}{t_j}$$

2. 纬向平均浮点数 F_w

$$F_w = \frac{n_j \cdot n_w}{t_w}$$

3. 织物平均浮点数 F

织物平均交织次数(一个完全组织中)t

$$t = \frac{t_j + t_w}{2} \qquad F = \frac{n_j \cdot n_w}{t} \quad \text{或} \quad F = \frac{n_j \cdot n_w}{t_j + t_w} \cdot 2 \qquad (1\text{-}8)$$

4. 经纱平均浮长 L_j(mm)

织物正面及反面的经纱平均浮长等于平均浮点所占长度的一半(一半在正面,另一半在反面,即一半浮、一半沉)与每浮点所占长度的乘积

$$L_j = \frac{F_j}{2} \cdot \frac{100}{S_w} = \frac{F_j}{S_w} \cdot 50 \qquad (1\text{-}9)$$

5. 纬纱平均浮长 L_w(mm)

$$L_w = \frac{F_w}{2} \cdot \frac{100}{S_j} = \frac{F_w}{S_j} \cdot 50 \qquad (1\text{-}10)$$

(三) 梭织物的交织度

1. 梭织物的交织密度 C_1

梭织物是由经纬两层纱线十字平叠铺放后,再在某些点上沉浮交织串缀而连成一层的,犹如两层薄膜用缝针缝合成一层。每交织一次,犹如缝针带线沉浮缝合一针(插入、挑出共

两根连接线)。交织密度就是梭织物单位面积($100\ mm^2$)中平均交织连接的"针"数(沉浮数)。故

$$C_1 = \frac{S_j \cdot S_w / 100}{F} = \frac{S_j \cdot S_w}{F \cdot 100}(交织次数/100\ mm^2)$$

2. 梭织物经纬交织的连接面积 A

如上所述,梭织物在单位面积($100\ mm^2$)中,经纬两层纱线之内,共"缝合"了 C_1"针",每缝一"针",插入一次,挑出一次,有两段缝线将这两层缝合连接,每缝合一"针",就有两个缝线的截面积将这两层联系(连线)起来。这些联系(连接)物的总截面积,就是经纬交织的连接面积 A

$$A = C_1 \times 2 \times \frac{\pi}{4}d^2$$

一般计算时,$d = a\sqrt{N}$,$N = \dfrac{N_j + N_w}{2}$,代入,得

$$A = \frac{\pi}{2}a^2 \times C_1 N \tag{1-11}$$

A 为梭织物面积 $100\ mm^2$ 中,联系(连接)物的总面积(mm^2)。也可以设想为梭织物使经纱线在上,纬纱线在下,沿经纬两层之间剖开后,所有交织点(如同缝合的缝线)被割断,这时,织物 $100\ mm^2$ 面积中,被割断的缝线的总面积(mm^2)。因而也就是联系(连接)物截面积占梭织物面积的百分数。

3. 梭织物的交织系数 C

梭织物经纬交织的连接面积 A 的方程式中,$\dfrac{\pi a^2}{2}$ 是一个系数,随纤维品种、纺纱系统、捻度等因素不同而变化。这些因素与织造过程无关。排除这些非织造因素之外,剩下的因子叫做交织系数 C

$$C = C_1 \cdot N$$

交织系数与连接面积 A 成正比。有些国家,常取 $\dfrac{1}{1\,000}$ 作为计数单位。即 C 为 $7\,000$ 时,记为 7;$8\,000$ 时,记为 8。即 $C = \dfrac{C_1 \cdot N}{1\,000}$

(四) 梭织物的结构相

1. 梭织物的屈曲波高

经向屈曲波高 h_j(mm)

纬向屈曲波高 h_w(mm)

2. 梭织物的结构相 φ

按梭织物结构相的物理概念,φ 数学定义为

$$\phi = \frac{8h_j}{d_j + d_w} + 1 \qquad (1-12)$$

$$或 \quad \phi = 9 - \frac{8h_w}{d_j + d_w} \quad 或 \quad \phi = \frac{9\dfrac{h_j}{h_w} + 1}{\dfrac{h_j}{h_w} + 1}$$

因而,结构相并不是一定要取整数值的指标。

(五) 梭织物的异波面系数

1. 梭织物的异波面

梭织物由于织造工艺参数(经位置线等)的调整,其正面及反面的屈曲波高不同,如果以两根纬纱线圆心的中位点为基准平面,则织物正面的经向屈曲波高为 h_{j1},反面的经向屈曲波高为 h_{j2},**梭织物的异波面系数** Ψ_h **定义为**

$$\Psi_h = \frac{h_{j1}}{h_{j2}} \qquad (1-13)$$

2. 梭织物的纹路(贡子、颗粒)高度

梭织物中某一系统纱线(一般是经纱线,但也有例外,例如棉织物中的横贡呢)的顶面比另一系统纱线顶面高出的距离,叫做梭织物的纹路高度 Z,正面纹路高度为 Z_1,反面纹路高度为 Z_2,棉斜纹织物、毛华达呢、棉卡其、毛马裤呢、丝美丽绸,缎纹的贡呢等,都要求正面有明显的纹路高度,并要求达到几十微米甚至几百微米。

3. 梭织物正反面的纹路差异系数 Ψ_z

$$\Psi_z = \frac{Z_1}{Z_2} \qquad (1-14)$$

一般情况下,梭织物的异波面系数 Ψ_h 小于纹路差异系数 Ψ_z。因而,通常条件下,Ψ_z 指标较敏感,并与直观分析较易符合。

(六) 梭织物的支持面

1. 织物的支持点

梭织物表面与平面靠近时,首先是毛茸接触,其次是最突起的屈曲峰尖接触,这些接触点就是梭织物的支持点。由于梭织物成千上万的品种中,极少有真正的"0"结构相织物,所以,只有在压力极大时,经纬纱才有可能同时出现支持点。

每个支持点的形状与纤维品种、织物组织、经纬纱线捻度、捻向等均有关系。

2. 梭织物的支持面率 F_a

梭织物单位面积中,支持点面积之总和,占梭织物面积的百分数。

$$F_a = n \cdot a_s \qquad (1-15)$$

式中：F_a——梭织物的支持面率,%；

$\quad\quad n$——梭织物单位面积中支持点数,个/cm^2；

a_s——每个支持点的平均接触面积，cm^2。

3. 梭织物的厚度 T

梭织物与平面靠近时，正如上述，最初只是毛茸接触，只有达到一定压力时，平面才会接触到纱线组织点的上浮表面。因而，在一般情况下，织物厚度均指相当压力下的测定值。但是，这一指标相当混乱。尤其是梭织物品种极多，风格各异，加工不同，原料千变万化，企图用一种统一的指标来表达梭织物厚度，是不可行的。就目前条件下分析梭织物风格特征，兼及丰满、蓬松性等方面，可以考虑参照表 1-2 给出的两种测试条件中的一种作为参照。这两种测试条件并不相同，故一般分别表示，按支持面率测定的称 T_S，按压力测定的称 T_P。前者定义比较明确，后者目前测试比较方便。至于过去测定采用大压力测厚度（约 30～300 cN/cm^2）的方法，对一般衣用织物是不可取的，但对某些工业用梭织物（例如帆布）等，为消除厚硬织物的皱曲，强压使其平伏以减少误差，仍是可取的。因为，在那种条件下，纱线的抗压模量是非常高的。

表 1-2　梭织物厚度的两种测试条件

织物种类		支持面率 F_a %	压力/cN·cm^{-2}
绒面织物	立绒织物	2	0.2
	卧绒织物	棉 5、毛 10	0.5
	凸条织物	5	1
一般织物	轻薄及中厚织物	棉 5、毛 10	2
光面织物	轻薄织物	5	1
	厚硬织物	—	50～500

（七）梭织物的密度、孔隙率与蓬松度

1. 梭织物的密度 δ 是单位体积内的质量（g/cm^3）

$$\delta = \frac{G}{T} \times 10^{-3} \tag{1-16}$$

式中：G——织物单位面积的质量，g/m^2；

　　　T——织物厚度，mm。

2. 梭织物的孔隙率 η

指梭织物体积中纤维表面以外或纱线表面以外的空间（空穴）体积所占百分数。

不计纤维体积时，空间体积所占百分数为梭织物的纤维孔隙率 η_f %

$$\eta_f = \frac{\delta_f - \delta}{\delta_f} \times 100\% \tag{1-17}$$

式中：δ——织物的密度，g/cm^3；

　　　δ_f——纤维的密度，g/cm^3，即包括单根纤维内空腔、缝隙、孔洞体积在内的单位体积质量，一般在公定回潮率条件下的 δ_f 列在表 1-3 中。

不计纱线（及纱线中纤维之间的）体积时，织物的孔隙率 η_y

$$\eta_y = \frac{\delta_y - \delta}{\delta_y} \times 100\% \tag{1-18}$$

式中：δ——织物的密度，g/cm^3；

　　δ_y——纱线的密度，g/cm^3，即纱线包括纱线外轮廓内全部体积（连同纤维体积、纤维之间的空间体积）在内的单位体积的质量。一般在公定回潮率条件下的 δ_y 也列在表1-3中。

表1-3　纤维的密度 δ_f 和纱线的密度 δ_y

纤维品种	$\delta_f / g \cdot cm^{-3}$	$\delta_y / g \cdot cm^{-3}$
棉　粗梳	$1.17 \sim 1.37$	$0.73,(0.79),0.87$
棉　精梳	$1.22 \sim 1.37$	$0.75,(0.80),0.91$
毛　粗梳	$1.10 \sim 1.17$	$0.70 \sim 0.73$
毛　精梳	$1.16 \sim 1.18$	$0.75 \sim 0.80$
苎麻	$1.25 \sim 1.27$	$0.92 \sim 0.97$
亚麻	$1.22 \sim 1.27$	$0.90 \sim 1.05$
蚕丝	$1.11 \sim 1.13$	$0.75 \sim 0.78$
涤纶	1.37	
维纶	$1.21 \sim 1.24$	
锦纶	1.14	$0.70 \sim 0.80$
腈纶	$1.10 \sim 1.15$	
黏纤	$1.44 \sim 1.48$	$0.83 \sim 0.85$

（八）梭织物的厚度 T

梭织物两边支持点平面之间的距离，即梭织物厚度：

当 $\phi = 1 \sim 5$ 时　　　$T = h_w + d_w$

当 $\phi = 5 \sim 9$ 时　　　$T = h_j + d_j$

并当 d_j、d_w 不变时仅随结构相而变。

由结构相方程可知：

$$h_j = \frac{(\phi - 1)(d_j + d_w)}{8}$$

$$h_w = \frac{(9 - \phi)(d_j + d_w)}{8}$$

因而　当 $\phi = 1 \sim 5$ 时，$T = \dfrac{(9 - \phi)(d_j + d_w)}{8} + d_w \tag{1-19}$

　　　　当 $\phi = 5 \sim 9$ 时，$T = \dfrac{(\phi - 1)(d_j + d_w)}{8} + d_j \tag{1-20}$

<h1>第二节 梭织物的空间结构</h1>

<h2>一、梭织物中纱线的截面形状</h2>

梭织物中纱线截面形状是极其复杂多样的。许多科学工作者都企图将纱线截面形状规整模型化，从 1937 年 F. T. Peirce 发表《织物结构几何学》著作开始，前后提出了许多模型。织物中单纱截面模型主要如下：

第一种将纱线想象为理想圆形截面的柔性弯曲柱，这是 F. T. Peirce 早年提出并流行最广的。

第二种将纱线想象为理想椭圆截面的柔性弯曲柱，这也是 F. T. Peirce 提出的。

第三种将纱线想象为跑道圆（Racetrack），它由两个半圆和一个矩形拼成，形同运动场的跑道，故名)截面的柔性弯曲柱，这是 A. Kemp1958 年提出的，也是目前使用较多的一种模型。

第四种将纱线截面想象成正反不对称的椭圆。从弯曲中性面向外，椭圆半径较大；从弯曲中性面向里，椭圆半径较小，两种半椭圆的长径相同，拼合成一种异形椭圆，这是广泛研究梭织物异波面结构以后提出的模型。

这些模型都不是万能(通用)的。对于某些织物中的某一系统的纱线，常常较近于某种模型。例如，棉帘子布中的经纱、棉罗缎中的纬纱，趋近于第一种。加捻较紧的棉单纱、毛单纱梭织物的经纬纱，趋近于第二种。极弱捻的长丝梭织物，接近于第三种。弱捻的棉纱或毛纱梭织物接近于第四种。

对于长浮长梭织物相邻纱线间的联合关系，按截面形状并联，1954 年 L. Love 提出了矩形并联模型。它实际上仍是 F. T. Peirce 的第一种模型，仅将邻接处，按半圆面积折算为高仍为 d 的矩形。这种方法为许多人采用。但在实际核对中，除弱捻长丝复丝织物外，很少属于这种模型。

<h2>二、梭织物结构的二维理论</h2>

<h3>(一) 各参数间的几何关系</h3>

梭织物结构研究的早期，纯粹从几何学角度来研究织物结构，最系统而成熟的是 F. T. Peirce 的圆截面模型方程组。他总结整理后对圆形截面梭织物，假定每系统纱线只在一个平面上弯曲波动(一条二维曲线)，这时可以发现，决定结构的独立参数(变量)一共有 11 个：g_j、g_w、l_j、l_w、h_j、h_w、θ_j、θ_w、m_j、m_w 和 $(d_j+d_w)=H$。根据 F. T. Peirce 的研究，这 11 个独立变量之间，可以建立 7 个方程式，因而，只要知道这 11 个变量中的任意 4 个，就可以解出所有变量。这一方程组(由几何关系推出)为：

$$h_j = (l_j - H\theta_j)\sin\theta_j + H(1-\cos\theta_j)$$
$$h_w = (l_w - H\theta_w)\sin\theta_w + H(1-\cos\theta_w)$$
$$g_j = (l_w - H\theta_w)\cos\theta_w + H\sin\theta_w$$

$$g_w = (l_j - H\theta_j)\cos\theta_j + H\sin\theta_j$$

$$m_j = \frac{l_j}{g_w} - 1$$

$$m_w = \frac{l_w}{g_j} - 1$$

$$h_j + h_w = H \tag{1-21}$$

式中：g ——相邻纱线的中心矩，$g_j = \dfrac{100}{S_j}$，$g_w = \dfrac{100}{S_w}$，mm；

$\quad\quad l$ ——纱线弯曲半个周期的伸直长度，mm；

$\quad\quad h$ ——屈曲波高，mm；

$\quad\quad \theta$ ——纱线斜率最大处对织物中间水平面的夹角（°）；

$\quad\quad m$ ——纱线的织造缩率即弯曲率，$m_j = \dfrac{l_j - g_w}{g_w}$，$m_w = \dfrac{l_w - g_j}{g_j}$。

（二）梭织物挤紧结构

梭织物的经纱密度 S_j 和纬纱密度 S_w 逐渐增加时，相邻纱线中心距 g 不断靠近，最后挤紧了，这时的结构叫做挤紧结构。达到挤紧结构时，直线线段将消失，l_j 将成为包围在纬纱圆周上的两段反向相接的圆弧，即得挤紧的条件：

$$\sqrt{1 - \left(\frac{g_w}{H}\right)^2} + \sqrt{1 - \left(\frac{g_j}{H}\right)^2} = 1 \tag{1-22}$$

当经、纬纱密度 S 加大，g 减小，使上式渐趋于 1，即织物逐步挤紧。如要再挤紧（开方和大于 1），则纱线内必须产生过分的伸长变形，由此将在织机上产生过多断头，只有用重型织机才能织进去了。

上列挤紧条件方程，也可以将参数代换成下列各式：

因　　　　$g_j = \dfrac{100}{S_j}$　　及　　$g_w = \dfrac{100}{S_w}$

故　　　　$\sqrt{1 - \left(\dfrac{100}{H \cdot S_w}\right)^2} + \sqrt{1 - \left(\dfrac{100}{H \cdot S_j}\right)^2} = 1$

同时，因为

$$H = d_j + d_w = a\sqrt{N_j} + a\sqrt{N_w} = a\sqrt{N_j}\left[1 + \frac{\sqrt{N_w}}{\sqrt{N_j}}\right]$$

令 β 为经、纬纱直经比

$$\beta = \frac{d_w}{d_j} = \frac{a\sqrt{N_w}}{a\sqrt{N_j}} = \frac{\sqrt{N_w}}{\sqrt{N_j}}$$

代入

$$H = a\sqrt{N_j}\,(1+\beta)$$

同理

$$H = a\sqrt{N_w} \cdot \frac{1+\beta}{\beta}$$

代入挤紧条件方程

$$\sqrt{1 - \left[\dfrac{100}{a\sqrt{N_w}\,s_w\,\dfrac{1+\beta}{\beta}}\right]^2} + \sqrt{1 - \left[\dfrac{100}{a\sqrt{N_j}\,s_j(1+\beta)}\right]^2} = 1$$

由前已知 $E_j = d_j S_j = a\sqrt{N_j}\,S_j$

$$E_w = d_w S_w = a\sqrt{N_w}\,S_w$$

$$\sqrt{1 - \left[\dfrac{100\beta}{E_w(1+\beta)}\right]^2} + \sqrt{1 - \left[\dfrac{100}{E_j(1+\beta)}\right]^2} = 1 \qquad (1-23)$$

这些挤紧条件方程中都只有一对经纬参数 g_j、g_w，或 S_j、S_w，或 E_j、E_w。按理,只要知道经纬两者中之一,就可以由此方程解出另一最大值,例如由 S_j 解出 S_{wmax},由 E_j 解出 E_{wmax} 等。但是,实际上此方程过于复杂,计算繁复(四次方程解),所以有些人将某些数值列为参数后计算出参数方程曲线图,由图中直接查找。最常用的一种是以 E_j 为横生标、E_w 为纵坐标,以 β 为参数的曲线族,在已知 E_j 和 β 时直接查出 E_{wmax},并由此确定紧度。

为此,K·Weissenberg 曾提出一种表达紧度的指标,叫做致密比,如式(1-24)

$$\chi = \frac{1}{2}\left(\frac{E_j}{E_{j\,max}} + \frac{E_w}{E_{wmax}}\right) \times 100\% \qquad (1-24)$$

并以此来分析梭织物性能,获得一定成果。

上列挤紧条件方程实际上是对平纹组织结构进行分析的,分析其他织纹组织时,方程式略有区别,而且,也有人将紧度(J_j、J_w)指标和浮点指标(F)引入挤紧条件方程,这里不再叙述。

(三) 梭织物的结构与成形力学条件

近半个世纪以来的织物结构研究中,许多人陷于纯几何学分析中,但是,织物结构参数根本上还是在织机上织造力学条件下形成的。脱离成形时的力学条件进行纯几何学研究,终将弄不清某些本质问题。

但是,梭织物成形力学条件的研究还在初步阶段,而且刚开始由二维弯曲的研究进入三维弯曲的研究,因而,这方面的研究成果不是很成熟。

当将三根纬纱之间的一段经纱线简化成一种两端夹紧、可以伸缩的梁时,按材料力学变形方程

$$EI\,\frac{\mathrm{d}^2 y}{\mathrm{d}x^2} = M(x) \quad M(x) = -\frac{P}{2}(l-x) + M$$

代入整理之,得

$$EI\frac{\mathrm{d}^2 y}{\mathrm{d}x^2} = -\frac{P}{2}l + \frac{P}{2}x + M$$

一次积分之,得 $EI\frac{\mathrm{d}y}{\mathrm{d}x} = -\frac{P}{2}lx + \frac{P}{4}x^2 + Mx + c_1$

由梁的右端点知 $\begin{cases} x = l \\ \dfrac{\mathrm{d}y}{\mathrm{d}x} = 0 \end{cases}$

代入求得积分常数 $c_1 = \dfrac{P}{4}l^2 - Ml$

代入,得 $EI\frac{\mathrm{d}y}{\mathrm{d}x} = \frac{P}{4}x^2 - \frac{Pl}{2}x + Mx + \frac{Pl^2}{4} - Ml$

同时,由梁的中点是对称点 $\begin{cases} x = \dfrac{l}{2} \\ \dfrac{\mathrm{d}y}{\mathrm{d}x} = 0 \end{cases}$

代入整理之,得 $M = \dfrac{Pl}{8}$

代入整理之,得 $EI\frac{\mathrm{d}y}{\mathrm{d}x} = \frac{P}{4}x^2 - \frac{3Pl}{8}x + \frac{Pl^2}{8}$

再积分之,得 $EIy = \frac{P}{12}x^3 - \frac{3Pl}{16}x^2 + \frac{Pl^2}{8}x + C_2$

由梁的右端点水平 $\begin{cases} x = l \\ y = 0 \end{cases}$

故 $C_2 = -\dfrac{Pl^3}{48}$

代入整理,得 $EIy = \frac{P}{12}x^3 - \frac{3Pl}{16}x^2 + \frac{Pl^2}{8}x - \frac{Pl^3}{48}$

即 $y = \dfrac{P}{4EI}\left(\dfrac{1}{3}x^3 - \dfrac{3l}{4}x^2 + \dfrac{l^2}{2}x - \dfrac{l^3}{12}\right)$ (1-25)

这就是挠度曲线方程。

按屈曲波高定义即中央最大挠度 $\begin{cases} x = \dfrac{l}{2} \\ y = h \end{cases}$

即 $h = \dfrac{Pl^3}{192EI}$

如果研究平纹棉梭织物的经纱屈曲波高

$$h_j = \frac{P(g_w \cdot 2)^3}{192E_j I_j} \times 10^{-3} \qquad (1\text{-}26)$$

式中：h_j—— 经纱线屈曲波高，mm；

$\qquad g_w$—— 相隔两根纬纱的中心距（$2g_w$ 即屈曲波长 l），mm；

$\qquad E_j$—— 经纱弯曲时的拉压弹性模量，N/mm^2；

$\qquad I_j$—— 经纱的断面惯性矩，mm^4；

$\qquad P$ —— 纬纱对经纱在组织点上的压力，cN。

若以习惯的实用单位代替：$g_w = \dfrac{100}{S_w}$

并考虑一般棉毛织物的纱线截面大部分接近椭圆形，在通常捻系数条件下压扁系数 $\sqrt{2}$。

$$I = \frac{\pi a_1 b_1^3}{4} \qquad 2a_1 = \sqrt{2} \cdot a \sqrt{N} \qquad 2b_1 = \frac{a \sqrt{N}}{\sqrt{2}}$$

即 $I = \dfrac{\pi a^4}{128} \cdot N^2$

代入理论屈曲波高方程，得

$$h_j = \frac{1\,698}{E_j a^4 N_j^2 S_w^3} \cdot P \qquad (1\text{-}27)$$

同理 $\qquad h_w = \dfrac{1\,698}{E_w a^4 N_w^2 S_j^3} \cdot P \qquad (1\text{-}28)$

经纬组织点之间的压力，以经纬屈曲波平衡而达到稳定。

现举例如下：某棉织物，$N_j = 25.3$ tex，$N_w = 27.8$ tex，$S_j = 254$ 根/100 mm，$S_w = 248$ 根/100 mm，$a = 0.04$，$E_j = 20$ N/mm^2，$E_w = 10$ N/mm^2，代入式（1-27）、式（1-28）得

$$h_j = 0.003\,397P$$
$$h_w = 0.005\,237P$$

同时，由于织物中纱线截面呈椭圆，厚度方向为短径

$$2b_{1j} = \frac{a\sqrt{N_j}}{\sqrt{2}} = \frac{0.04\sqrt{25.3}}{\sqrt{2}} = 0.142\,3 \text{ mm}$$

$$2b_{1w} = \frac{a\sqrt{N_w}}{\sqrt{2}} = \frac{0.04\sqrt{27.8}}{\sqrt{2}} = 0.149\,1 \text{ mm}$$

由前几何条件已知

$$H = d_j + d_w = h_j + h_w$$

即　　$0.142\ 3 + 0.149\ 1 = 0.003\ 397P + 0.005\ 237P$

即　　$P = \dfrac{0.142\ 3 + 0.149\ 1}{0.003\ 397 + 0.005\ 237} = 33.75\ \text{cN}$

将此值代入屈曲波方程,得

$$h_j = 0.003\ 397 \times 33.75 = 0.114\ 6\ \text{mm}$$
$$h_w = 0.005\ 237 \times 33.75 = 0.176\ 7\ \text{mm}$$

此值与实测值比较接近。

同时,可以看出,只有织机上经位置线处经纱张力所形成的经纱对纬纱的组成点上的压力大于或等于 33.75 cN,屈曲波才能形成,并达到这样的织物密度。这就是说,要形成一定结构的织物,一方面要有经纬纱线间的空间几何条件,另一方面也要创造必要的力学条件(除经纬线张力、经位置线之外,还有筘座打纬力等);而且,正是这些力学条件,才创造出异波面的梭织物,正因为沿经向和沿纬向相邻组织点之间的压力 P 不同,将平衡在不同的结构相上,形成了异波面。

但是,这里的分析还只是初步的,因为,对于宽 $0.28\sim0.30$ mm、厚 $0.14\sim0.15$ mm 的椭圆截面的梁,两端距 0.8 mm 左右、中间最大挠度达到 $0.11\sim0.17$ mm,是一种大变形条件,不是材料力学方程能准确解决的,应按弹性力学求解。

同时,这种处理方法,把经纬纱线之间的组织点作集中载荷计算与实际上的分布和所选纱线截面椭圆长短轴之比值并不相符,计算如下:

(1)纱线截面椭圆与梁接触处是在短轴端,现求该处的曲率半径:

由于假设椭圆压扁系数为 $\sqrt{2}$,故 $a_1 = 2b_1$,椭圆方程为

$$\frac{x^2}{(2b_1)^2} + \frac{y^2}{b_1^2} = 1$$

$$y = \sqrt{b_1^2 - \frac{x^2}{4}}$$

$$\frac{\mathrm{d}y}{\mathrm{d}x} = -\frac{1}{4} \cdot \frac{x}{\sqrt{b_1^2 - \frac{x^2}{4}}}$$

$$\frac{\mathrm{d}^2 y}{\mathrm{d}x^2} = \frac{-\frac{1}{4}\left(b_1^2 - \frac{x^2}{4}\right)^{\frac{1}{2}} - \frac{x^2}{16}\left(b_1^2 - \frac{x^2}{4}\right)^{\frac{1}{2}}}{b_1^2 - \frac{x^2}{4}}$$

$$\text{曲率半径 } R = \frac{\left[1+\left(\dfrac{\mathrm{d}y}{\mathrm{d}x}\right)^2\right]^{\frac{3}{2}}}{\dfrac{\mathrm{d}^2 y}{\mathrm{d}x^2}}$$

曲率半径点是短轴端，即 $x=0$ 处，此时

$$\frac{\mathrm{d}y}{\mathrm{d}x}=0$$

$$\frac{\mathrm{d}^2 y}{\mathrm{d}x^2}=-\frac{1}{4b_1}$$

$$R=-4b_1$$

$$R_{经纱截面}=0.284\ 6\ \mathrm{mm}$$

$$R_{纬纱截面}=0.298\ 2\ \mathrm{mm}$$

（2）求挠曲梁中央接触处的曲率半径

挠曲梁曲线方程已由前解得

$$y=\frac{P}{4EI}\left(\frac{1}{3}x^3-\frac{3l}{4}x^2+\frac{l^2}{2}x-\frac{l^3}{12}\right)$$

$$\frac{\mathrm{d}y}{\mathrm{d}x}=\frac{P}{4EI}\left(x^2-\frac{3l}{2}x+\frac{l^2}{2}\right)$$

$$\frac{\mathrm{d}^2 y}{\mathrm{d}x^2}=\frac{P}{4EI}\left(2x-\frac{3l}{2}\right)$$

接触点在 $x=\dfrac{l}{2}$ 处，此处

$$\frac{\mathrm{d}y}{\mathrm{d}x}=0$$

$$\frac{\mathrm{d}^2 y}{\mathrm{d}x^2}=-\frac{Pl}{8EI}$$

此处曲率半径 R

$$R=\frac{(1+0^2)^{\frac{3}{2}}}{-\dfrac{Pl}{8EI}}=-\frac{8EI}{Pl}$$

如前已述，$l=2g$，$I=\dfrac{\pi a^4}{128}\cdot N^2$，代入，得

$$R=\frac{\pi a^4 E N^2}{32P\cdot g} \tag{1-29}$$

现举例如下：某棉织物，已知 $a = 0.040\,0$，$P = 33.75\ \text{cN}$，$E_j = 20\,000\ \text{cN/mm}^2$，

$E_w = 10\,000\ \text{cN/mm}^2$，$N_j = 25.3\ \text{tex}$，$N_w = 27.8\ \text{tex}$，

$g_j = \dfrac{100}{254}\ \text{mm}$，$g_w = \dfrac{100}{248}\ \text{mm}$，代入计算，得

$$R_{经梁} = \frac{\pi 0.040\,0^4 \times 20\,000 \times 25.3^2}{32 \times 33.75 \times \dfrac{100}{248}} = 0.236\,4\ \text{mm}$$

$$R_{纬梁} = \frac{\pi 0.040\,0^4 \times 10\,000 \times 27.8^2}{32 \times 33.75 \times \dfrac{100}{254}} = 0.146\,2\ \text{mm}$$

由于　$R_{经梁} = 0.236\,4\ \text{mm} < R_{截面纬} = 0.298\,2\ \text{mm}$；

　　　$R_{纬梁} = 0.146\,2\ \text{mm} < R_{截面经} = 0.284\,6\ \text{mm}$。

因而经纬组织点处将是较大的面接触，而不是点接触，因此，采用集中载荷求出的解，存在较大的偏差。

(四) 梭织物中纱线体积的空间分布

梭织物中纱线和纤维不是均匀分布的，而且有着变截面的、弯曲的空间布眼通道，与织物的透光性、遮光性、透水性、过滤性、透气性、滤尘性、透汽性等有着密切的关系。这是织物微区几何学的重要内容。

梭织物微区几何学的初步研究仍属二维结构理论，即认为经纬纱线均在一个平面中屈曲波动。比较接近这种情况的是棉织物中的平纹组织类产品（特别是平布与细布类）。研究中最简单的是将纱线截面认为是圆形的，也有研究人员认为是椭圆、跑道圆的。

现举一个例子，为简单起见，把纱线认为是光滑圆截面的，并属第五结构相，将织物平行于表面等距平面剖开，可知梭织物中孔洞的空间形状是很复杂的，总体是中间缩口的两头喇叭状，而且从任一剖面看孔洞基本上类似于方形但均有瘦尖角，而且依次看这种方喇叭是旋转的，此方喇叭先左旋约 $40°$，再右旋约 $40°$，到达织物另一表面。因而，空气、水汽、液态水在流过这些孔洞时，不可能平稳流动，会产生各种漩涡，并产生相当的阻力，而且，实际上，这些孔洞并不是光滑的，不仅孔洞表面由排列纤维形成糙面，而且还有各种毛羽、环圈和杂物，因而情况也更复杂。

三、梭织物结构的三维理论

近几十年对梭织物的几何结构研究中，发现大量品种的梭织物中的纱线并不是一条二维的波动曲线，而是一条三维的波动曲线。这将使纱线在织物中的空间分布、孔洞的形状、尺寸、弯曲发生很不同于二维理论分析的结果，并使梭织物的遮光性、滤尘性、透汽性有了较大的改善，使分析结果更接近于实际情况。

梭织物中纱线空间结构之所以产生第三维的变形移位的原因很多，最主要的是力学关系。这里主要有两个方面：一是织物中与某根纱线相接触的其他纱线的作用力（包括同一系统的纱线和另一系统的纱线）；二是纱线本身扭应力的影响。现分述如下：

（一）相邻纱线间的作用力

1. 异系统相邻纱线间的作用力

对于非对称织纹，在每个组织点上，异系统纱线之间的作用力在织物平面上总有分力使纱线垂直于屈曲波平面，从而产生第三维的变形和位移。例如，$\dfrac{2}{2}$ 斜纹组织，纬纱对经纱的压力有水平分力 F_1、F_2。力 F_1、F_2 形成一对力偶，将这段经纱扭向 Z 向倾斜，而在下沉到织物背面的一段，却受同类力扭向相反方向（由正面看扭向 S 向倾斜）。因此，经纱的平面投影不是直线而是之字形的。

同时经纱对纬纱也有同类作用，使纬纱也如经纱一样，不仅在垂直剖面上有上下起伏的屈曲波，而且在水平的投影上也不是直线而是左右扭斜的之字形曲线。

2. 同系统相邻纱线间的作用力

对于非对称织纹，同系统相邻纱线之间也有不平衡（引起歪扭变形的）作用力。仍以最简单的 $\dfrac{2}{2}$ 斜纹为例，右边经纱对这一段有水平分力 F_1'，左边经纱对这一段有水平分力 F_2'。力 F_1' 和 F_2' 也组成一对力偶，企图使这段经纱扭曲。

3. 同系统和异系统相邻纱线间作用力的平衡

在上述的 F_1、F_1'、F_2、F_2' 各力作用下，纱线将扭曲变形移位，力偶 F_1F_2 使这段经纱向 Z 向倾斜，并使这段经纱上端向右移，并与右边相邻的经纱接触（实际上右边相邻的一段经纱此处被纬纱向左推，向这段经纱靠拢），从而产生了 F_1'。随这段经纱上端向右移动距离的增加，F_1 将减小，F_1' 将增大，移到一定位置时，$F_1 = F_1'$，从而平衡并稳定下来。这样，使经纱和纬纱都稳定在一定的左右曲折的弯曲波位置上。

4. 举例

从上述力的作用分析可知，对于非对称织纹组织的梭织物，经纱和纬纱不仅有上下浮沉的屈曲波，而且每根经纱和纬纱还有左右扭曲的弯曲波。在这种情况下，织物的"布眼"孔洞是各种弯曲的沟道，使真正直接穿通的孔洞面积非常小，达到很好的遮盖目的。同样经纬纱细度下，同样经纬密度的纱线织成的织物，麻纱较平纹、重平、方平组织织物的遮盖性好的主要原因即在此点。

（二）纱线本身扭应力的影响

一般梭织物用的纱线，除了极个别的品种（纺织金属筛网、电子管屏极、纱窗专用的金属网）之外，都是有捻的（复合长丝产品的捻系数较小），即使经过一定时间的松弛或蒸纱处理，扭应力也是有残余的，这些残余扭应力对梭织物中纱线的空间形状有严重的影响，它使纱线即使在对称织纹组织中（如平纹、方平等组织中）仍然呈现第三维的扭曲弯曲波。产生这方面情况的力学因素主要有两方面，即拉压长柱效应及复合扭矩。现分述如下：

1. 拉压长柱效应

由于细纱或复合捻丝是由平行纤维束加捻形成的，从短片段基本形态来看，它由接近圆柱体两端面反向平行扭转形成，故内外各层扭角相同，但半经不同，捻角不同，捻缩达到平衡后，纱线外层纤维受拉伸，内层纤维受轴向压缩，由于纺织纱线截面从来都不是准确的正圆，内外纤维层又有断续的转移，因而，内层反弹外推合力的中心 O_1 和外层受拉伸而回缩合力

的中心 O_2，一般是不会重合的(有距离 e)，并产生一对力 F_P 和 F_S。这一对力 F_P 和 F_S 总是大小相等、方向相反，并形成一对力偶，其力偶矩 $M_b = F_P \cdot e = F_S \cdot e$，另有一扭转力距 M_T。

力偶矩 M_b 将使纱线弯曲(纱线较细长，属于结构力学中不稳定的"条柱"系统，较易产生弯曲，而且纱线又属柔韧体，故弯曲将比较明显)。同时，当纱线受到张力时，纱线将伸长，外层拉伸区将加大，内层压缩区将缩小，即总 F_P 减小，F_S 增大，但这时的 F_S，一部分应与拉伸外力平衡，剩下的还是等于 F_P，故 M_b 减小，因而纱线弯曲减少。这就是为什么纱线受到拉伸张力时弯曲减少的力学原因。

同时，力偶矩 M_T 使弯曲的圆拄旋转，这样，就使纱线呈现三维的(而不是二维)的螺旋状弯曲曲线，而不是平面的弯曲曲线。强捻纱线放松时的形态螺旋状弯曲较重，弱捻时螺旋程度将较轻。对于某些无捻的纱线，$M_T = 0$，它就不显示明显的螺旋，而是随机弯曲(仅由于各小片段 F_P 和 F_S 的合力中心偏距 e 的方向不固定)。

2. 复合扭矩效应

纱线加捻后残余扭应力，当纱线伸直时，两端扭应力大小相等，方向相反，互相平衡，不显示应变做功的现象。但一旦纱线弯曲后，两端扭矩所在平面不再平行，将产生分扭矩发生歪斜作用。

综上所述，无论在不对称织纹组织中或有捻纱线在任何织纹组织中，梭织物中纱线的空间几何弯曲总是三维的，而不是二维的。

第二章

针织物的结构特征

第一节　针织物的主要结构参数

一、针织物的主要工艺参数

1. 纱线细度，N（tex）

2. 纱线直径，d（mm）

3. 针织物横向密度，S_A（针圈行数/5 cm）

4. 针织物纵向密度，S_B（针圈列数/5 cm）

5. 针织物圈距，相邻纵行针圈之间的中心距离，A（mm）

6. 针织物圈高，相邻横列针圈之间的中心距离，B（mm）

7. 针织物面密度，G（g/m^2）

8. 针织物厚度，T（mm）

9. 针织物密度，δ（g/cm^3）

10. 针织物孔隙率，$\eta\%$

11. 针织物线圈长度，l（mm）

二、针织物的一些指标综述

1. 纱线直径 d(mm)

仍与梭织物说明相同。

$$d = a\sqrt{N}$$

式中，N—— 纱线细度（tex）；

　　a—— 直径系数，见表 1-1。

2. 针织物的圈距(A)和圈高(B)

$$A = \frac{50}{S_A} \qquad B = \frac{50}{S_B}$$

3. 针织物的密度 δ、孔隙率 η 和蓬松度

仍与梭织物相同，而且 δ_f、δ_y 的数据也与梭织物相同，也由表 1-1 查得。

4. 针织物的其他指标

针织物的其他指标将在针织空间结构之后介绍。

第二节　针织物的空间结构

一、针织物中纱线的截面形状

针织物中纱线截面的基本形状是接近圆形的,但在线圈互相接触处,有局部被挤扁,其基本形状仍接近圆形。因此,目前为止的大部分针织物模型,都将纱线截面假设成圆形。

二、针织物结构的空间理论

针织物线圈空间形状的研究是 F. T. Peirce 从 1947 年开始的。但是,鉴于针织物的特点,从第一个理论结构模型开始,就是三维的,不如梭织物对二维结构的研究一直延续到现在。

针织物空间结构模型提出过许多方案。除了 F. T. Peirce 于 1947 年提出及以后几次修改的方案之外,Chamberlain 于 1949 年、Shinn 于 1955 年提出了正投影面与 F. T. Peirce 相同的模型。Leaf 和 Glaskin 于 1955 年提出了另一种空间模型,而 Leaf 在 1960 年又提出了另外的模型。此外,Grosberg 在 1960—1964 年及 M. W. Sah 在 1967 年也提出过修正的模型等。几种典型模型的曲线和有关计算参数介绍如下:

1. F. T. Peirce 模型(纬编模型)

(1) 模型与参数

F. T. Peirce 模型是以两段圆弧与两段直线连接为基本的。中间圆是设想的三个圆筒相切的情况下所形成的曲线,即线圈曲线的正投影,这是挤紧的纬编线圈的立体模型。F. T. Peirce 模型又将线圈沿纵向包围在半径为 R 的圆柱面上,从而使原来的圈高 B 弯成圆弧,使平面投影的圈高变成 B'。线圈直径为 d,圈距为 A,实际圈高为 B',线圈长度为 l,它的基本参数

$$A = 4d$$
$$B' = 3.365\ 4d$$
$$l = 16.663\ 3d \tag{2-1}$$

以上研究的是 F. T. Peirce 的纬编针织物挤紧结构的模型。但是实际上,针织物并不是完全挤紧的,在横列之间和纵行之间,都有一些缝隙 ξd 和 εd,此时,上述有关方程将修改成

$$A = 4d + 2\varepsilon d$$
$$B' = 3.365\ 4d + \xi d$$
$$l = 16.663\ 3d + 2(\varepsilon + \xi)d \tag{2-2}$$

在上列三式中消去 ε 和 ξ,可得用圈距和实际圈高表示的线圈长度方程式

$$l = A + 2B' + 5.932\ 5d \tag{2-3}$$

这是 F. T. Peirce 模型的线圈长度通用方程。1952—1953 年,Fletchert 和 Roberts 通

过实际改变针织物的各种直密和横密,测量线圈长度后发现,对 33.3 tex(30 英支)棉纱的各种纬编平纹针织物的线圈长度回归方程式为

$$l = A + 2B' + 5.98d \tag{2-4}$$

上式数字与式(2-3)很接近:这是在纱线密度为 $\delta_y = 1.1\ \mathrm{g/cm^3}$ 时的结果。另外用直径为 0.221 6 mm 的棉纱计算时,则为

$$l = A + 2B' + 4.56d \tag{2-5}$$

同时,用黏锦混纺纱的针织物和 20~83 tex(12~50 英支)棉纱的各种针织物,F. T. Peirce 模型方程实际测量值基本都还接近,可以实用。

如果以 $d = a\sqrt{N}$ 代入式(2-3),则 $l = A + 2B' + 5.932\,5 \cdot a \cdot \sqrt{N}$

针织物的面密度 $G\ (\mathrm{g/m^2})$ 将可计算为:

$$
\begin{aligned}
G &= \left(\frac{1\,000}{A}\right)\left(\frac{1\,000}{B'}\right) \times l \\
&= \left(\frac{1\,000}{A}\right)\left(\frac{1\,000}{B'}\right)(A + 2B' + 5.932\,5a\sqrt{N}) \\
&= \left(\frac{1}{B'} + \frac{2}{A} + \frac{5.9325a\sqrt{N}}{AB'}\right) \times 10^6
\end{aligned}
\tag{2-6}
$$

(2) F. T. Peirce 模型的纱线曲线方程

1955 年,Leaf 和 Glaskin 继续研究并发表了 F. T. Peirce 模型中纱线的空间曲线方程。纱线圆弧上任一点 P,圆弧长为 S,纱线直径为 d,则列出曲线空间三维座标的参数方程式如下:

① 圆弧部分

$$
\begin{cases}
x = -R\sin\left[\left(2d\cos\psi + 1.5d\cos\dfrac{S}{1.5d}\right)\Big/R\right] \\[2mm]
y = 1.5d\sin\left(\dfrac{S}{1.5d}\right) \\[2mm]
z = R\cos\left[\left(2d\cos\psi + 1.5d\cos\dfrac{S}{1.5d}\right)\Big/R\right]
\end{cases}
\tag{2-7}
$$

② 直线部分(实际在 xz 平面内仍为曲线)

$$
\begin{cases}
x = -R\sin\{[2d\cos\psi - 1.5d\cos\theta - (S - 1.5d(\pi-\theta))\sin\theta]/R\} \\
y = 1.5d\sin\theta - [S - 1.5d(\pi-\theta)]\cos\theta \\
z = R\cos\{[2d\cos\psi - 1.5d\cos\theta - (S - 1.5d(\pi-\theta))\sin\theta]/R\}
\end{cases}
\tag{2-8}
$$

式中:R ——模型中纱线包围的圆柱面的半径;

S——纱线圆弧弧长；

ψ——纱线圆弧对应角度，其最大角度为 θ；

d——纱线直径。

2. Leaf-Glaskin 模型（纬编模型）

1955 年 Leaf 和 Glaskin 共同提出了一个模型。它的基本特征如下：和 P. T. Peirce 模型相似，但平面图形中没有直线线段，而是两段圆弧在拐点相连。

该模型根据实际线圈的松紧情况，预先给定一个表征线圈松紧程度的系数 b，该模型的基本参数是角度 θ，即两段圆弧相切连接点的圆弧张角。它的线圈直径为 d，圈距为 A，圈高为 B，线圈长度为 l。

该模型的空间曲线方程为：

$$\begin{cases} x = bd(1 - \cos\theta) \\ y = bd\sin\theta \\ z = \dfrac{hd}{2}\left(1 - \cos\dfrac{\pi\theta}{\phi}\right) \end{cases} \tag{2-9}$$

式中：hd——线圈在三维空间 z 轴方向弯曲最高点到 xOy 平面的距离；

ϕ——两段圆弧相切时的最大角度。

由此曲线可以求线圈长度 l。由空间曲线的基本关系知，弧长 S 微分为：

$$(\mathrm{d}x)^2 + (\mathrm{d}y)^2 + (\mathrm{d}z)^2 = (\mathrm{d}s)^2$$

即

$$\left(\frac{\mathrm{d}x}{\mathrm{d}s}\right)^2 + \left(\frac{\mathrm{d}y}{\mathrm{d}s}\right)^2 + \left(\frac{\mathrm{d}z}{\mathrm{d}s}\right)^2 = 1$$

代换为

$$\left[\left(\frac{\mathrm{d}x}{\mathrm{d}\theta}\right)^2 + \left(\frac{\mathrm{d}y}{\mathrm{d}\theta}\right)^2 + \left(\frac{\mathrm{d}z}{\mathrm{d}\theta}\right)^2\right] \cdot \left(\frac{\mathrm{d}\theta}{\mathrm{d}s}\right)^2 = 1$$

将上列曲线参数方程组分别求得 $\dfrac{\mathrm{d}x}{\mathrm{d}\theta}$、$\dfrac{\mathrm{d}y}{\mathrm{d}\theta}$、$\dfrac{\mathrm{d}z}{\mathrm{d}\theta}$ 代入整理之，

得

$$\frac{\mathrm{d}s}{\mathrm{d}\theta} = \mathrm{d}\sqrt{b^2 + \frac{\pi^2 h^2}{4\phi^2} \cdot \sin^2\left(\frac{\pi\theta}{\phi}\right)}$$

线圈长度为弧长的四倍，即

$$l = 4bd\int_0^\phi \sqrt{1 + \frac{\pi^2 h^2}{4b^2\phi^2} \cdot \sin^2\left(\frac{\pi\theta}{\phi}\right)} \cdot \mathrm{d}\theta$$

令　$\dfrac{\pi^2 h^2}{4b^2\phi^2} = C^2$

再令　$\dfrac{\pi}{2} - \dfrac{\pi\theta}{\phi} = u$

则
$$l = \frac{8b\mathrm{d}\phi\sqrt{1+C^2}}{\pi}\int_0^{\frac{\pi}{2}}\sqrt{1-\frac{C^2}{1+C^2}\sin^2 u}\cdot\mathrm{d}u$$

令　$K^2 = \dfrac{C^2}{1+C^2}$

则
$$l = \frac{8b\mathrm{d}\phi\sqrt{1+C^2}}{\pi}\int_0^{\frac{\pi}{2}}\sqrt{1-K^2\sin^2 u}\cdot\mathrm{d}u \tag{2-10}$$

后者是第二种椭圆积分，可以查积分表标出。

如果近似计算，式(2-10)可以简化，因为实际上 K^2 值很小，则 $K \ll 1$，即 $1+C^2 \approx 1$，而且此时 $\int_0^{\frac{\pi}{2}}\sqrt{1-K^2\sin^2 u}\cdot\mathrm{d}u = E\left(K,\dfrac{\pi}{2}\right) \approx \dfrac{\pi}{2}$，代入上式得

$$l = \frac{8b\mathrm{d}\phi\cdot 1}{\pi}\cdot\frac{\pi}{2} = 4b\mathrm{d}\phi \tag{2-11}$$

这就是平面投影的线段长度（平面上每段优弧为 $b\mathrm{d}\phi$）。

将 ϕ 值代入，得

$$l = 4b\mathrm{d}\cdot\sin^{-1}\frac{\sqrt{12b^2-20b+3}}{4b} \tag{2-12}$$

3. Leaf 第一模型（纬编线圈模型）

Leaf 在 1960 年又独立提出了两种纬编线圈模型。这种模型是由力学模型导出的。以弹性圆棒受力弯曲变形，先得平面上的弹性圆棒挠曲变形曲线。用两条这样的曲线切向对拼接成完整的线圈。再使这种平面弹性挠曲变形线圈包贴到圆柱面上，形成三维的线圈空间曲线。线圈平面在圆柱面上弯曲时的弯曲半径仍用 R，以方程曲线上任一点切线仰角 ϕ 为参变量，其曲线方程为

$$\begin{cases} x = n[2\cdot E(k,\phi)-F(k,\phi)] \\ y = R\cdot\sin(2nk\cos\phi/R) \\ z = R\cdot\cos(2nk\cos\phi/R) \end{cases} \tag{2-13}$$

式中：ϕ —— $0 \sim \dfrac{\pi}{2}$；

$E(k,\phi)$，$F(k,\phi)$ —— 两种完全椭圆积分，其表达式分别为

$$E\left(k,\frac{\pi}{2}\right) = \frac{\pi}{2}\left[1-\left(\frac{1}{2}\right)^2 k^2-\left(\frac{1\cdot 3}{2\cdot 4}\right)^2\frac{k^4}{3}-\left(\frac{1\cdot 3\cdot 5}{2\cdot 4\cdot 6}\right)^2\frac{k^6}{5}-\cdots\right]$$

$$F\left(k,\frac{\pi}{2}\right) = \frac{\pi}{2}\left[1+\left(\frac{1}{2}\right)^2 k^2+\left(\frac{1\cdot 3}{2\cdot 4}\right)^2 k^4+\left(\frac{1\cdot 3\cdot 5}{2\cdot 4\cdot 6}\right)^2 k^6+\cdots\right]$$

由该模型计算得到的主要工艺参数如下

线圈长度 l

$$l = 4n \cdot F\left(k, \frac{\pi}{2}\right) \tag{2-14}$$

圈距 A

$$A = \frac{\left[2 \cdot E\left(k, \frac{\pi}{2}\right) - F\left(k, \frac{\pi}{2}\right)\right]}{F\left(k, \frac{\pi}{2}\right)} \cdot l \tag{2-15}$$

圈高 B'

$$B' = 2 \cdot R\sin\left[n\frac{\sqrt{4k^2 - 2}}{R}\right] \tag{2-16}$$

4. Leaf 第二模型

Leaf 第二模型是与上述第一模型同时提出的。他在实测对照中发现,针织物织成后经过湿态松弛处理,其线圈结构与第一模型相同。但干燥状态下松弛的针织物线圈结构,却与第一模型有较显著的差异,特别是在 z 轴方向,线圈显著地偏离圆柱面。Leaf 用橡胶模型对照后认为,将圆柱面用正弦曲线柱面代替则更接近实际情况。

Leaf 第二模型的曲线空间方程为

$$
\begin{aligned}
x &= n[2 \cdot E(k, \phi) - F(k, \phi)] \\
y &= r\left(\frac{\pi}{2} - \psi\right) \\
z &= q(\sin\psi - 1)
\end{aligned} \tag{2-17}
$$

式中: ϕ —— $0 \sim \dfrac{\pi}{2}$;

　　　 r ——圆弧半径;

　　　 ψ —— $0 \sim \dfrac{\pi}{2}$ 。

其有关工艺参数解之结果如下

$$\cos\phi = 1 - \frac{E(w, \psi)}{E\left(w, \frac{\pi}{2}\right)}$$

式中: w ——为椭圆积分系数。

线圈长度 l 仍与第一模型同

$$l = 4n \cdot F\left(k, \frac{\pi}{2}\right) \tag{2-18}$$

圈距 A

$$A = \frac{2 \cdot E\left(k, \dfrac{\pi}{2}\right) - F\left(k, \dfrac{\pi}{2}\right)}{F\left(k, \dfrac{\pi}{2}\right)} \cdot l \qquad (2\text{-}19)$$

圈高 B'

$$B' = 2r\left(\frac{\pi}{2} - \phi_{\mathrm{m}}\right) \qquad (2\text{-}20)$$

式中：ϕ_m —— $0 \sim \dfrac{\pi}{2}$。

5. 苏氏(Suh M. W.)线圈模型

苏氏 1967 年发表了一个修改 Peirce 的模型,该模型的正面投影图由圆弧(半径为 r)和直线连成,在剖面图上,线圈弯在圆柱面上,圆柱面(纱线中轴弯曲线)曲率半径为 R。圆截面 O_1O_2 不要求一定相接触。在这种情况下,线圈长度 l 为

$$l = (A + 2d)\sqrt{1 + \left(\frac{d}{B}\right)^2} \cdot \tan^{-1}\left(\frac{B}{d}\right) + 4R\sqrt{1 + \left(\frac{d}{B}\right)^2} \cdot \sin^{-1}\left(\frac{B}{d}\right) \quad (2\text{-}21)$$

而曲率半径 R 为

$$R = \frac{bc^2}{c^2 - a^2} + \frac{c^2 - a^2}{4b} \qquad (2\text{-}22)$$

式中：$a = \dfrac{B}{2} - y$,$b = \dfrac{d}{2}$,$c = \dfrac{B}{2} + y$。

该模型可分析针织物拉伸变形、湿水膨胀、脱水干缩过程线圈的变化。

6. 其他纬编线圈模型

除上述解析模型之外,还有不少其他模型,例如 Popper 在 1966 年提出过用模型研究纬编针织物受力变形的状况和性能;日本的清水、池村、田烟、宇野等也在 1966 年提出过研究受力变形的线圈模型。此外,Whitney 和 Epting 在 1966 年提出过受力伸长时应力解析用的模型。这些模型不再赘述。

7. 经编线圈的模型

实际的经编针织物,由于线圈环扣方法与纬编针织物并不相同,因而不能套用纬编的模型。常用经编的模型也有许多种,其中比较成功的是 Grosberg 在 1964 年提出的。他根据 Frisch-Fay 关于弹性圆棒大挠度弯曲的研究结果(1962),直接引用了 Frisch-Fay 弹性圆棒对折弯的曲线方程和形状数据作为经编织圈的形态,再加上连圈纱形成了经编线圈模型。一些基本参数如下:

线圈长度

$$l = l_1 + l_2' = 4.08B\sec\theta + k\sqrt{B^2 + (nA + 2d - 1.07B\sec\theta)^2} \tag{2-23}$$

式中：l——线圈长度，$l = l_1 + l_2$；

l_1——织圈的纱长；

l_2'——连接圈的用圆弧代替直线；

B——圈高；

θ——$0 \sim \dfrac{\pi}{2}$；

k——系数；

n——织花跳过行数；

A——圈距；

d——纱线直径。

此式能更好地符合试验结果，而且能更好地反映出 n 对线圈长度的影响。

通常，为了更好地反映经编针织物的共同特性，采用无量纲参数时，将上式等号两端同除以 A，即得

$$\frac{l}{A} = 4.08\frac{B}{A}\sec\theta + k\sqrt{\left(\frac{B}{A}\right)^2 + \left(n + \frac{2d}{A} - 1.07\frac{B}{A}\sec\theta\right)^2} \tag{2-24}$$

上式能反映出 $\dfrac{B}{A}$、$\dfrac{d}{A}$ 与 $\dfrac{l}{A}$ 的关系。

第三节 针织物的结构参数及总密度

针织物的一些基本结构参数，如圈高 B、圈距 A、线圈长度 l、面密度 G 等，已经结合各种模型在第二节中分别叙述。这里来分析几种对针织物性能影响较显著的结构参数。

一、针织物的结构参数

（一）针织物的支持面

针织物的支持面概念与梭织物相同，但各类纬编及经编针织物的支持点个数、支持点形状与分布、支持面与针织物的起球、钩丝、磨损、触感、保暖性等关系十分密切，所以也是针织物结构的重要指标。

（二）针织物的厚度

针织物厚度也和梭织物相似，随品种不同，概念也有区别。绒面针织衫（棉毛衫、羊毛衫、绒衣的里面）基本上都是细纤维的卧绒毛；骆驼绒等基本上是粗纤维的卧绒毛；毛圈针织品（针织毛巾、针织毛巾袜等）的表面是凸卧的毛圈；罗纹则属凸条形表面；为此厚度的概念将与有关支持面联系起来。测量条件可以参考梭织物。

(三) 针织物的密度、孔隙率和蓬松度

针织物的这三个指标可以沿用梭织物的公式和计算方法。

(四) 针织物的覆盖系数

针织物的覆盖系数的意义与梭织物的相同,但结合到针织物具体情况,是一个线圈所投影的面积占一个线圈平均分摊针织物平面面积的百分数。以 F. T. Peirce 模型为例,一个纬编线圈在针织物平面中所占面积是矩形,它的宽等于圈距 A,它的高等于投影圈高 B',故这块针织物面积为 $A \times B'$。而线圈中纱线覆盖面积,正好是一个线圈(下部的沉降弧移到上部填补为上边的沉降弧,上部左右两半个针编弧移到下部左右两半个针编弧),但覆盖面积中有四个交叉重叠点。一个线圈的纱线长度为 l,总遮盖面积为 $l \times d$,四块重叠面积近似 4 个 d^2,故一个线圈的实际遮盖面积为 $l \cdot d - 4d^2$。

故

$$E = \frac{ld - 4d^2}{A \cdot B'} \times 100\% \qquad (2\text{-}25)$$

由 F. T. Peirce 纬编线圈模型分析可知,当挤紧结构时,即覆盖系数最大时

$$l = 16.663\,3d$$
$$A = 4d$$
$$B' = 3.365\,4d$$

代入式(2-25)得

$$E = \frac{16.663\,3d \times d - 4d^2}{4 \cdot d \times 3.365d} \times 100\% = 94.07\%$$

即只有 5.93% 的漏空面积。

当针织物未完全挤紧时,如前 F. T. Peirce 纬编线圈模型介绍

$$l = 16.663\,3d + 2(\varepsilon + \xi)d$$
$$A = 4d + 2\varepsilon d$$
$$B' = 3.365\,4d + \xi d$$

则覆盖系数 E 将减小。

对于其他模型也类似,都可将有关的参数 l、A、B' 代入计算。这里不再赘述。

但是需要另外说明两点:

一点是针织物的"孔洞"(漏空面积)也如梭织物那样有空间三维的结构,而且纬编针织物的大部分也有中间缩口对接喇叭的某些特征,但是无论哪一种针织物,都没有对称喇叭,因而,针织物在通过流体时,正向流动和反向流动的阻力总是有较明显的差异。具体的孔洞立体结构,这里不再赘述。

另一点是纬编针织物的覆盖系数的实际值,在某种程度上反映了针织物结构的挤紧程度。由于在大量实测分析和理论分析中发现针织物的圈距、实际圈高与线圈长度有很密切的线性相关关系,即 $B' = K_1 \cdot l$,$A = K_2 \cdot l$,假定覆盖系数方程中再略去 $4d^2$ 值,则得

$$E = \frac{l \cdot d \times 100}{(k_1 \cdot l)(k_2 l)} = \frac{l \cdot d \times 100}{K_1 \cdot K_2 \cdot l^2} = \frac{100}{K_1 K_2} \cdot \frac{d}{l}$$

即
$$E \propto \frac{d}{l} \tag{2-26}$$

在 d 一定时，l 越长，结构越松；反之，l 一定时，d 越小，结构越松。总之，$\frac{d}{l}$ 越小，结构越松。目前，取 $\frac{d}{l}$ 的倒数，命名为未充实系数 δ_E

$$\delta_E = \frac{l}{d} \tag{2-27}$$

当 δ_E 越大时，针织物结构越松。

二、针织物的总密度

针织物总密度 S 的定义是横向密度（S_A）与纵向密度（S_B）的乘积

$$S = S_A \times S_B$$

这也就是在宽 50 mm、长 50 mm 总共 2 500 mm² 面积中线圈的总个数。

由于

$$S_A = \frac{1}{A} = \frac{1}{K_2 l}, \quad S_B = \frac{1}{B'} = \frac{1}{K_1 l}$$

故
$$S = S_A \times S_B = \frac{1}{K_1 K_2 l^2}$$

即
$$S \propto \frac{1}{l^2} \tag{2-28}$$

这一关系在许多情况下都是成立的，在 S、$\frac{1}{l^2}$ 直角坐标图中，试验点几乎在一条直线上，相关系数很高，只在总密度 S 极高（线圈长度极短）时，才稍偏离相关直线。因此，针织物的总密度在一定程度上反映了针织物结构的某些方面的情况，成为一项重要指标。

第三章

织物的透通性

本章主要介绍三个问题：①透气性；②透水性与防水性；③透汽性。以及与之有关的问题。

第一节 织物的透气性

一、定义

1. 基本定义

织物两边界面间压差 $\Delta P (\mathrm{N/m^2})$ 条件下，单位名义截面内、单位时间中透过空气的体积 $(B_{\Delta P})$。

$$B_{\Delta P} = \frac{Q}{S} \tag{3-1}$$

式中：Q——流量（单位时间中流过的体积），$\mathrm{m^3/s}$；

S——名义截面积，$\mathrm{m^2}$。

2. 实际量纲

实际量纲是 $\mathrm{m/s}$ 或 $\mathrm{cm/s}$，是速度单位。

3. 物理概念

（1）将流场考虑为有界均匀流场时，名义截面积为 S 的等径管道，中间加织物滤网，此时空气在管道中的平均流速（$\mathrm{m/s}$），不是织物孔眼中的流速；

（2）空气流过管道，当不考虑有界均匀流场的界面阻力时，剩下的阻力是空气通过织物孔眼的阻力。

当阻力和压差 ΔP 相等时，达到力学平衡，气流没有宏观加速度，成为平衡体系的等速均匀流动，即

$$u = B_{\Delta P} \tag{3-2}$$

式中：u——宏观流速，$\mathrm{m/s}$。

4. 阻力的内容

阻力的内容包括两方面：

① 布孔眼固有的：黏滞阻力

在织物中纤维表面极薄层内，空气分子被吸附不能移动，孔中的风速最大。各层呈现速

度梯度,在这种相邻层间,黏滞力将形成阻力,这是层流运动的黏滞阻力。在流量小、织物紧密、压差小时该层流出现明显。

② 气流在布孔眼中通过时,气流加速、减速的惯性力由截面到布眼中的截面,面积减小,气流会加速。在布孔截面积变大时,流过减慢,由此加速减速的质量惯性引起的阻力叫惯性力,这种情况伴随着气流的小漩涡。因而这是涡流阻力,也就是紊流阻力。

在流量大、织物稀松、压差较大时该紊流情况明显。

二、基本关系方程

1. 层流阻力方程
层流的黏滞阻力 ΔP_1

$$\Delta P_1 = \nu k \cdot \frac{u}{1-\varepsilon} \tag{3-3}$$

即 $$\Delta P_1 = a \cdot u$$

式中:ΔP_1——黏滞阻力,N/m^2;

u ——宏观流速,m/s;

ε ——体积填充率,%;

k ——布孔眼尺寸大小、形状、个数系数,m^{-1};

ν ——黏滞系数,$N \cdot s/m^2$;

a ——系数。

2. 紊流阻力方程
紊流阻力 ΔP_2

$$\Delta P_2 = \lambda \cdot \frac{u^2 \rho}{2g} \tag{3-4}$$

即 $$\Delta P_2 = b \cdot u^2$$

式中:ΔP_2——紊流阻力,N/m^2;

u ——宏观流速,m/s;

ρ ——空气密度,kg/m^3;

g ——重力加速度,$9.81\ m/s^2$;

λ ——局部阻力系数;

b ——系数。

3. 综合阻力方程
$$\Delta P = \Delta P_1 + \Delta P_2 = au + bu^2 \tag{3-5}$$

三、理论方程式

苏联科夫涅尔在 1964 年提出并建立了空气流过管道中阻力理论方程,介绍如下:

1. 前提条件
(1) 在平板上挖出圆孔,夹以织物呈三维空间;织物厚度为 H;原点设在进气侧表面的圆中心；此区间为 Ω。

(2) 压力：P_1：$x = H$ 处压力

P_2：$x = 0$ 处压力

$P_2 > P_1$

(3) 气流中空气密度 ρ 为常数（在 60 m/s 以下可以成立）。

(4) 在正常流速压力下织物不变形（孔眼尺寸、孔眼形状不变）。

2. 物理模型的方程组

(1) 参数

考虑 Ω 区间内任一点的压力为 P，即在点（x、y、z）处的压力是 $P(x、y、z)$，设点（x、y、z）处的气流速度矢量 $\vec{v}$ 在三维方向上的投影为 v_x、v_y、v_z。

(2) 原始方程组：Stoks 方程组（偏微分方程组）

$$v_x \frac{\partial v_x}{\partial x} + v_y \frac{\partial v_x}{\partial y} + v_z \frac{\partial v_x}{\partial z} = -\frac{1}{\rho}\frac{\partial P}{\partial x} + \nu \Delta^2 v_x$$

$$v_x \frac{\partial v_y}{\partial x} + v_y \frac{\partial v_y}{\partial y} + v_z \frac{\partial v_y}{\partial z} = -\frac{1}{\rho}\frac{\partial P}{\partial y} + \nu \Delta^2 v_y$$

$$v_x \frac{\partial v_z}{\partial x} + v_y \frac{\partial v_z}{\partial y} + v_z \frac{\partial v_z}{\partial z} = -\frac{1}{\rho}\frac{\partial P}{\partial z} + \nu \Delta^2 v_z \qquad (3-6)$$

式中：$\Delta^2 = \dfrac{\partial^2}{\partial x^2} + \dfrac{\partial^2}{\partial y^2} + \dfrac{\partial^2}{\partial z^2}$——拉普拉斯算符（Laplacian）；

ν——黏滞系数，N·s/m^2；

ρ——空气密度，kg/m^3。

(3) 变量转换

对式(3-6)偏微分方程组进行积分是不可能的，须转换成无量纲值。

科夫涅尔就是用转换（替代、置换）变量的方法找到了式(3-6)所示方程组的特解。这也不是科夫涅尔的特殊功绩，这种工作在流体力学的液体力学中已有人在管流中试用成功过，是科夫涅尔将其转用了过来。

① 雷诺数（Reynolds number）R_e：重点是黏度转换。

$$R_e = \frac{u_0 \rho}{\nu} \cdot 2r \qquad (3-7)$$

式中：u_0——宏观平均风速，m/s；

ν——黏滞系数，N·s/m^2；

ρ——空气密度，kg/m^3；

r——流通管的当量半径。

② 坐标转换

$$\xi = \frac{x}{r}$$

$$\eta = \frac{y}{r}$$

$$\zeta = \frac{z}{r}$$

③ 速度转换

$$\phi = \frac{v_x}{u_0}$$

$$\psi = \frac{v_y}{u_0}$$

$$\theta = \frac{v_z}{u_0}$$

④ 阻力系数 F

$$F = \frac{P}{\rho u_0^2}$$

⑤ 区域

原区域 Ω 改换坐标后为 Ω_1。

（4）代换处理

① x 分量

$$v_x = \phi u_0$$

$$\frac{\partial v_x}{\partial x} = \frac{\partial v_x}{\partial \xi} \cdot \frac{\partial \xi}{\partial x} = \left(\frac{u_0 \partial \phi}{\partial \xi} \right) \cdot \frac{1}{r} = \frac{u_0}{r} \frac{\partial \phi}{\partial \xi}$$

$$\frac{\partial^2 v_x}{\partial x^2} = \frac{\partial}{\partial x} \left(\frac{\partial v_x}{\partial x} \right) = \frac{\partial}{\partial \xi} \left(\frac{\partial v_x}{\partial x} \right) \frac{\partial \xi}{\partial x}$$

$$= \frac{\partial}{\partial \xi} \left(\frac{u_0}{r} \frac{\partial \phi}{\partial \xi} \right) \cdot \frac{1}{r} = \frac{u_0}{r^2} \frac{\partial^2 \phi}{\partial \xi^2}$$

② y 分量

$$\frac{\partial v_y}{\partial y} = \frac{u_0}{r} \frac{\partial \psi}{\partial \eta}$$

$$\frac{\partial^2 v_y}{\partial y^2} = \frac{u_0}{r^2} \frac{\partial^2 \psi}{\partial \eta^2}$$

③ z 分量

$$\frac{\partial v_z}{\partial z} = \frac{u_0}{r} \frac{\partial \theta}{\partial \zeta}$$

$$\frac{\partial^2 v_z}{\partial z^2} = \frac{u_0}{r^2} \frac{\partial^2 \theta}{\partial \zeta^2}$$

④ 阻力

$$\frac{\partial P}{\partial x} = \rho \cdot u_0^2 \frac{\partial F}{\partial x} = \rho \cdot u_0^2 \frac{\partial F}{r \cdot \partial \xi} = \frac{\rho u_0^2}{r} \cdot \frac{\partial F}{\partial \xi}$$

$$\frac{\partial P}{\partial y} = \frac{\rho u_0^2}{r} \cdot \frac{\partial F}{\partial \eta}$$

$$\frac{\partial P}{\partial z} = \frac{\rho u_0^2}{r} \cdot \frac{\partial F}{\partial \zeta}$$

⑤ 代入偏微分方程组中第一式,得

$$(u_0\phi)\left(\frac{u_0}{r} \cdot \frac{\partial \phi}{\partial \xi}\right) + (u_0\psi)\left(\frac{u_0}{r} \frac{\partial \phi}{\partial \eta}\right) + (u_0\theta)\left(\frac{u_0}{r} \frac{\partial \phi}{\partial \zeta}\right)$$

$$= -\frac{1}{\rho} \cdot \left(\frac{\rho u_0^2}{r} \cdot \frac{\partial F}{\partial \xi}\right) + \nu \frac{u_0}{r^2}\left(\frac{\partial^2 \phi}{\partial \xi^2} + \frac{\partial^2 \phi}{\partial \eta^2} + \frac{\partial^2 \phi}{\partial \zeta^2}\right)$$

即

$$\frac{u_0^2}{r}\phi \frac{\partial \phi}{\partial \xi} + \frac{u_0^2}{r}\psi \frac{\partial \phi}{\partial \eta} + \frac{u_0^2}{r}\theta \frac{\partial \phi}{\partial \zeta}$$

$$= -\frac{u_0^2}{r} \frac{\partial F}{\partial \xi} + \nu \frac{u_0}{r^2} \cdot \left(\frac{\partial^2 \phi}{\partial \xi^2} + \frac{\partial^2 \phi}{\partial \eta^2} + \frac{\partial^2 \phi}{\partial \zeta^2}\right)$$

等式两边除以 $\dfrac{u_0^2}{r}$ 并令 $\dfrac{\partial^2}{\partial \xi^2} + \dfrac{\partial^2}{\partial \eta^2} + \dfrac{\partial^2}{\partial \zeta^2} = \Delta_1^2$(新坐标系的拉普拉斯算符)

$$\phi \frac{\partial \phi}{\partial \xi} + \psi \frac{\partial \phi}{\partial \eta} + \theta \frac{\partial \phi}{\partial \zeta} = -\frac{\partial F}{\partial \xi} + \nu \frac{\Delta_1^2 \phi}{u_0 r}$$

导入新算符 $D = \phi \dfrac{\partial}{\partial \xi} + \psi \dfrac{\partial}{\partial \eta} + \theta \dfrac{\partial}{\partial \xi}$ 代入上式,得

$$D\phi - 2\rho \frac{\Delta_1^2 \phi}{R_e} = -\frac{\partial F}{\partial \xi} \quad \left(因为 \nu = \frac{2r u_0 \rho}{R_e}\right)$$

按理可得整个偏微分方程组

$$D\psi - 2\rho \frac{\Delta_1^2 \psi}{R_e} = -\frac{\partial F}{\partial \eta}$$

$$D\theta - 2\rho \frac{\Delta_1^2 \theta}{R_e} = -\frac{\partial F}{\partial \zeta}$$

⑥ 从假设条件看边界条件

压力降（P 的变化）只沿 $O\xi(Ox)$ 方向进行,故只要研究一个方程就行。

$$D\phi - 2\rho\frac{\Delta_1^2\phi}{R_e} = -\frac{\partial F}{\partial \xi}$$

上式中左边 $\dfrac{\Delta_1^2\phi}{R_e}$ 一定是负值,使 $-\dfrac{\Delta_1^2\phi}{R_e}$ 为正值,否则当 R_e 小到一定值时,$D\phi - 2\rho$ $\dfrac{\Delta_1^2\phi}{R_e} = 0$,引起 $-\dfrac{\partial F}{\partial \xi} = 0\left(\text{即}\dfrac{\partial P}{\partial x} = 0\right)$,这就不可能了(沿 x 轴向一定有压降)。为明确这一点,再把符号代替一下,令

$$-\Delta_1^2\phi = +E\phi > 0$$

则
$$D\phi + \frac{2\rho}{R_e}E\phi = -\frac{\partial F}{\partial \xi} \tag{3-8}$$

此式是可能积分的。

⑦ 积分

沿 $O\xi$ 轴方向对整个体积 Ω_1 积分,令体积元为 $\mathrm{d}\Omega_1$,实际上是对 x、y、z 轴向（ξ、η、ζ）的 $\mathrm{d}\xi$、$\mathrm{d}\eta$、$\mathrm{d}\zeta$ 积分。

式(3-8)左端第一项

$$\iiint\limits_{\Omega_1} D\phi\,\mathrm{d}\Omega_1 = M$$

正圆孔时,η 由 -1 积到 $+1$,ζ 由 -1 积到 $+1$,ξ 由 0 积到 $\dfrac{H}{r}$。

式(3-8)左端第二项

$$\iiint\limits_{\Omega_1} E\phi\,\mathrm{d}\Omega_1 = N$$

由于 $D\phi$ 和 $E\phi$ 中全部只是坐标的函数,故积分值 M、N 都是常数,它们将随透气孔的几何形状而定。即使理论计算有困难,也可以通过试验测定。

式(3-8)右端也要对整个体积 Ω_1 积分

$$\iiint\limits_{\Omega_1} -\frac{\partial F}{\partial \xi}\,\mathrm{d}\Omega_1$$

考虑到转换条件

$$\xi = \frac{x}{r},\quad \mathrm{d}\xi = \frac{\mathrm{d}x}{r},\quad \frac{\partial F}{\partial \xi} = \frac{r}{\rho u_0^2}\frac{\partial P}{\partial x}$$

可推导如下

$$\iiint\limits_{\Omega_1} -\frac{\partial F}{\partial \xi} \cdot \mathrm{d}\Omega_1 = -\int_{\eta_1}^{\eta_0}\int_{\zeta_1}^{\zeta_0} \mathrm{d}\eta\,\mathrm{d}\zeta \int_0^{\frac{H}{r}} \frac{\partial F}{\partial \xi}\mathrm{d}\xi$$

由于 $\int_{\eta_1}^{\eta_0}\int_{\zeta_1}^{\zeta_0} \mathrm{d}\eta\,\mathrm{d}\zeta = L = $ 常数，η_0、η_1、ζ_0、ζ_1 是横向的边界值。

故上式为

$$\iiint\limits_{\Omega_1} -\frac{\partial F}{\partial \xi}\mathrm{d}\Omega_1 = -L\int_0^{\frac{H}{r}} \frac{\partial F}{\partial \xi}\mathrm{d}\xi$$

而

$$\int_0^{\frac{H}{r}} -\frac{\partial F}{\partial \xi} \cdot \mathrm{d}\xi = -\frac{1}{\rho u_0^2}\int_0^H \frac{\partial P}{\partial x}\mathrm{d}x = -\frac{1}{\rho u_0^2}(P_{x=H} - P_{x=0})$$

$$= -\frac{1}{\rho u_0^2}(P_1 - P_2) = \frac{\Delta P}{\rho u_0^2}$$

由阻力系数方程式可知

$$\Delta P = \lambda \frac{\rho u_0^2}{2g}$$

故

$$\frac{\Delta P}{\rho u_0^2} = \frac{\lambda}{2g}$$

⑧ 积分方程

$$M + \frac{N \cdot 2\rho}{R_e} = L\frac{\lambda}{2g}$$

即

$$\frac{\lambda}{2g} = \frac{M}{L} + \frac{2\rho}{R_e}\frac{N}{L} \tag{3-9}$$

3. 解得的实用方程

将 λ、R_e 用原定义式代入式(3-9)

$$\frac{\Delta P}{\rho u_0^2} = \frac{M}{L} + \frac{2\rho}{\dfrac{u_0\rho}{\nu} \cdot 2r}\frac{N}{L}$$

$$\Delta P = \frac{\rho\nu}{r}\frac{N}{L}u_0 + \rho\frac{M}{L}u_0^2 \tag{3-10}$$

它的形式，即 $\Delta P = au + bu^2$

这是

$$a = \frac{\rho\nu}{r}\frac{N}{L} \tag{3-11}$$

$$b = \rho\frac{M}{L}$$

这里 M、N、L 都是由布眼形状而定的参数；r 为当量半径，也是由布眼形状而定的参数；ρ 为空气密度，随空气组成压力、温度不同而变，但变化极小，可以看作是常数；ν 为空气黏滞系数，随空气组成压力及温度不同而变，这可以看作是温度和湿度的函数。

四、已作过的验证

科夫涅尔对从金属网到缎纹绸等很稀疏的网状织物，作了核对试验，表明了：

（1）不同 u_0、同一温度时，$a = \dfrac{\rho\nu}{r} \cdot \dfrac{N}{L}$ 是一个常数，而且 b 可以忽略不计；

（2）不同温度时，a 不同，但基本上和 ν 成正比；

（3）对一些个别品种，测定了 a 和 b 值。

五、需要进行的工作

（1）对紧密织物（常规），找 $\Delta P - u_0$ 关系，看 a、b 的规律状况，从试验角度，由一种织物结构（ξ、η、ζ 边界）的一系列 u_0 值，综合解得 M、N、L 值的规律。

（2）空气湿度的影响（空气组成变化）。

（3）湿度的影响（湿胀后布眼变小）。

（4）理论上的一种布眼结构去数学求解 M、N、L，看与试验结果相差多少？

第二节　织物的透水性与防水性

一、透水性

按理来说，织物应该体现出很弱的透流特性。

1. 主要用途

①溶液筛网：糖浆过滤网；酸、碱过滤网等。②工业清滤：黏胶纤维溶液压榨过滤，黄豆榨油过滤等。

2. 基本特点

与透气性相似，但有不同处。①基本上不可压缩；②黏度系数 ν 较大（比空气大得多）。

3. 基本方程

（1）与透气性方程相同，$\Delta P = au_0 + bu_0^2$

（2）差别：①由于黏度 ν 大得多因此 a 大得多；②黏度系数 ν 起主要作用，但温度对黏度 ν 的影响大得多；③压差很大，有时达若干个大气压以上（几十、几百个大气压）。

4. 测试方法

（1）水篮法：固定尺寸，固定水量，固定流量，测定水流完时间。

（2）水流法：定压、定时，测体积。

二、防水性

1. 主要用途

①高压低渗漏：帆布做的水龙带；②低压防渗漏：雨衣、帐篷、帆布、炮衣等。

2. 基本特点

①基本封闭布眼;②渗漏道路主要是毛细管透湿;③承受高压有变形;④表面防沾水。

3. 测试方法

①水篮法:用镜子看三滴水珠的时间。②压水法:看 $\phi 50$ 三滴水珠的压力(厘米水柱高)。③浸没法:测吸水性。④沾水法:ⓐ低压喷头 150 mm 细水滴;ⓑ高压喷头 $500\sim 1\,000$ mm 粗水滴。⑤测接触角(织物接触角测定仪)。

4. 基本指标

(1) 耐水压性:水压到达多大,使织物变形,个别布眼张开到足够漏过水分子。

(2) 湿传递性——毛细传递性。

(3) 接触角。

三、润湿理论——接触角与毛细现象

(一) 接触角

在三相界面上表面张力:

① 基本表面张力:固液界面 σ_{SL}、固气界面 σ_{SG}、液气界面 σ_{LG},表面张力在接触(分离点)点平衡。

$$\sigma_{SL} = \sigma_{SG} + \sigma_{LG}\cos(\pi - \theta) \quad [因为 \sigma_{LG}cos(\pi - \theta) = -\sigma_{LG}cos\,\theta]$$

即
$$\sigma_{SG} = \sigma_{SL} + \sigma_{LG}\cos\theta$$

实际上
$$\sigma_{SL} + \sigma_{LG} > \sigma_{SG}$$

即
$$\sigma_{SG} - \sigma_{LG}\cos\theta = \sigma_{SL}$$

若 $\theta > \pi/2$, $\sigma_{SG} + \sigma_{LG}\cos(\pi - \theta) = \sigma_{SL}$;若 $\theta = \pi/2$, $\sigma_{SG} = \sigma_{SL}$;若 $\theta < \pi/2$, $\sigma_{SG} = \sigma_{SL} + \sigma_{LG}\cos\theta$。

总之: $\sigma_{SG} = \sigma_{SL} + \sigma_{LG}\cos\theta \leqslant \sigma_{SL} + \sigma_{LG}$ \hfill (3-12)

它的实质是分子之间吸引的大小关系。

如果固体对液体分子的吸引力大于液体对接触处这层液体分子的吸引力时,总合力向左。于是液体分子在吸附层内的位能降低,液体分子将挤向吸附层,这时,固体表面被润湿,$\theta < 90°$,由于液体吸附在固体上,固体表面张力减小,同时,此时 $\sigma_{SG} > \sigma_{SL}$(因为 $\sigma_{SG} = \sigma_{SL} + \sigma_{LG}\cos\theta$)。

如果固体对液体的分子引力小于液体对液体的分子引力,将在接触层中液体分子的自由度大,熵大,内能高,该层液体将挤向液体内部。由于固体表面接触一层不亲和的液体分子,使表面张力增大,$\theta > 90°$,$\sigma_{SG} < \sigma_{SL}$。

② 如果全吸附与全润湿,没有 σ_{SG} 存在,$\theta = 0°$。

(二) 毛细现象

1. 球形液面的附加压强

若球体半径为 R、球冠半径为 Δr、球冠小面积为 Δs,则边缘长度 Δl 上的表面张力 $\Delta\sigma$(液气 LG):

$$\Delta\sigma = \alpha \cdot \Delta l \qquad\qquad (3\text{-}13)$$

式中：α ——表面张力系数，N/m。

向内的分力 $\Delta\sigma_1$

$$\Delta\sigma_1 = \Delta\sigma \cdot \sin\phi = \alpha \cdot \Delta l \cdot \sin\phi$$

向内的总力 σ_1 为

$$\sigma_1 = \int_{\Delta l=0}^{\Delta l=2\pi\Delta r} \Delta\sigma_1 = \int_0^{2\pi\Delta r} \alpha \cdot \Delta l \cdot \sin\phi = \alpha \cdot 2\pi \cdot \Delta r \cdot \sin\phi$$

已知

$$\sin\phi = \frac{\Delta r}{R}$$

代入，得

$$\sigma_1 = \alpha \cdot 2\pi \cdot \Delta r \cdot \frac{\Delta r}{R} = 2\pi\alpha \cdot \frac{\Delta r^2}{R}$$

当 Δs 很小时，可以近似认为

$$\Delta s \approx \pi \cdot \Delta r^2$$

故附加压强 P

$$P = \frac{\sigma_1}{\Delta s} = \frac{2\pi\alpha \cdot \dfrac{\Delta r^2}{R}}{\pi \cdot \Delta r^2} = \frac{2\alpha_{LG}}{R} \qquad\qquad (3\text{-}14)$$

注：对两轴向曲率不同（R_1、R_2）的曲面两边的压差，$\Delta P = \alpha_{LG}\left(\dfrac{1}{R_1} + \dfrac{1}{R_2}\right)$，这是

Laplace 方程，当 $R_1 = R_2$ 时即为推导的式子。

2. 毛细吸水高度

液挂高 $h(m)$ 时，液挂压力

$$P = \rho \cdot g \cdot h$$

式中：ρ ——液体密度，kg/m^3；

　　　g ——重力加速度，m/s^2；

　　　P ——压强，N/m^2。

与附加压强平衡（反曲面附加压强向上）

$$\frac{2\alpha}{R} = \rho \cdot g \cdot h$$

同时，当玻管内半径为 r 时，接触角为 θ，可知

$$R = \frac{r}{\cos\theta}$$

代入上式
$$\frac{\dfrac{2\alpha}{r}}{\cos\theta}=\rho\cdot g\cdot h$$

若玻璃内径为 $d=2r$，则

$$h=\frac{2\alpha\cos\theta}{r\cdot\rho\cdot g} \quad 或 \quad h=\frac{4\alpha\cos\theta}{d\cdot\rho\cdot g} \tag{3-15}$$

式中：α——液体对气体的表面张力系数，N/m。

这就是毛细管方程，又叫 Jurin 公式。表 3-1 所示为不同温度下水与空气的表面张力系数。

表 3-1　不同温度下水与空气的表面张力系数　　　　　　　单位：$\times 10^{-3}$ N/m

序号	温度	表面张力系数	序号	温度	表面张力系数
1	0 ℃	75.5	7	60 ℃	66.0
2	10 ℃	74.0	8	70 ℃	64.0
3	20 ℃	72.5	9	80 ℃	62.0
4	30 ℃	71.0	10	90 ℃	60.0
5	40 ℃	69.5	11	100 ℃	0.0
6	50 ℃	67.8	—	—	—

接触角 θ 随不同条件而变，如表 3-2。

表 3-2　不同条件下材料的接触角 θ

序号	材料	θ	序号	材料	θ
1	原棉纤维（表层材料未损伤）	105°～110°	6	羊毛（煮练净毛）	55°
2	原棉纤维（表层材料损伤）	80°～100°	7	黏胶纤维（无油）	30°
3	原棉纤维（完全煮练）	30°	8	铜氨纤维（无油）	30°
4	羊毛（污毛）	120°～130°	9	醋酯纤维（无油）	30°
5	羊毛（洗净原毛）	110°～120°	—	—	—

四、毛细运输过程

（1）物理概念：在压差 P［即 h（cm）水挂］作用下毛细管中的黏性流动。

（2）数学方程（水平流动）

$$Q=\frac{\pi}{8}\cdot\frac{r^4}{\nu}\cdot\frac{P}{L} \tag{3-16}$$

式中：r——圆管半径（不是圆管要用润周折算的当量半径）（m）；

　　　ν——黏滞系数，N·s/m^2（表 3-3）；

　　　P——两端压力差，N/m^2；

　　　L——圆管长度，m；

Q ——流量,$\mathrm{m^3/s}$。

表 3-3　不同温度下的水的黏滞系数　　　　单位:$\times 10^{-1}\,\mathrm{N\cdot s/m^2}$

序号	温度	水的黏滞系数	序号	温度	水的黏滞系数
1	0℃	0.017 92	4	60℃	0.004 69
2	20℃	0.010 05	5	80℃	0.003 57
3	40℃	0.006 56	6	100℃	0.002 84

故运移速度

$$V=\frac{Q}{\pi r^2}=\frac{\pi}{8}\cdot\frac{r^4}{\nu}\cdot\frac{1}{L}\left(\frac{2\alpha\cos\theta}{r}\right)/\pi r^2$$
$$=\frac{\alpha\cos\theta}{4\nu}\cdot\frac{r}{L}\,(\mathrm{m/s}) \tag{3-17}$$

实际运移速度不是无限的,而是有限的。

举例:若 20℃,$\alpha=72.5\times 10^{-3}\,\mathrm{N/m}$,$\nu=0.001\,005=1.005\times 10^{-3}\,\mathrm{N\cdot s/m^2}$,$\theta=30°$,$\cos\theta=0.707$。

当 $L=3\times 10^{-2}\,\mathrm{m}$,代入 $V=\dfrac{72.5\times 10^{-3}\times 0.707}{4\times 1.005\times 10^{-3}\times 0.03}r=425r$。当 $r=10^{-9}\,\mathrm{m}$,$V=425\times 10^{-9}=4.25\times 10^{-7}\,(\mathrm{m/s})$,即移 1 cm 的时间约为 6.53 h;当 $r=10\,\mu\mathrm{m}=10^{-5}\,\mathrm{m}$,$V=425\times 10^{-5}=4.25\times 10^{-3}\,(\mathrm{m/s})$,即移 1 cm 的时间约为 2.35 s。由此可知,快速运移靠大缝隙孔洞。

第三节　织物的透汽性

一、透汽性的试验方法

(一) 标准试验方法——水皿蒸发法

1. 方法

在一定温湿度空气条件下,用玻璃皿(也可用金属皿)包盖织物,测定相隔若干小时间水蒸发量。

2. 指标

(1) 透汽性 Q_w

$$Q_\mathrm{w}=\frac{G}{A\cdot t} \tag{3-18}$$

式中: A ——盛水皿口面积,$\mathrm{cm^2}$;

　　　t ——蒸发时间,h;

G —— t 小时内蒸发水的质量,mg;

Q_w ——透汽性,mg/(cm² · h)。

(2) 湿阻(透湿阻抗值)R_w

$$R_w = \frac{Q_{wo} - Q_w}{Q_{wo}} \times 100\% \tag{3-19}$$

式中: Q_{wo} ——不加织物盖时的透汽性,mg/(cm² · h);

Q_w ——加织物盖时的透汽性,mg/(cm² · h);

R_w ——湿阻,%。

(3) 条件

这些指标都是条件值,主要条件有:①温度;②空气相对湿度;③散湿扩散条件,如风速等;④透湿率 $P_w = \frac{Q_w}{Q_{wo}} \times 100\%$。

(二) 湿梯度测试方法

这是日本铃木淳等人 1974 年提出的方法。测定各点相对湿度,绘出水蒸气压的递降曲线,求透湿阻力。

二、透汽性的基本导湿道路

(一) 布朗流动道路

水蒸气分子通过织物孔眼(布眼)扩散,由蒸汽部分压高的一侧向蒸汽部分压低的一侧扩散(流动)。

1. 扩散的特点

① 动力使蒸汽压力有差异,由高压向低压流动,从这一点来看,似乎与透气性相似;

② 但差别在于混合气体总压力相等(干空气部分压与水蒸气部分压的和保持常数)。在这种过程中水蒸气分子由高浓度部分向低浓度部分迁移时,要通过布朗运动,多次与其他空气分子碰撞,并使空气分子反向扩散。

③ 真正动力是熵的力,自发要求趋向于熵最大。

2. 织物透汽具体条件的复杂性

织物透汽具体条件的复杂性还在于湿蒸发温度与扩散空气温度不等(皮肤温度 33℃ 左右;室温 20～30℃,甚至达 40℃)。

3. 透汽过程的解决方法

最终依赖于统计物理学,由热力学函数来解决,这里还存在交叉效应。

(二) 凝聚、蒸发道路

水蒸气分子由织物内面吸附凝聚,再毛细传输到织物外面,再从织物外面蒸发并扩散。许多人认为这一条导湿道路是主要的。

理由:①稀薄纯涤纶穿着比紧密棉织物闷气;

②有一些测定结果支持这种说法。

但是实际上问题很复杂,因为人的感觉有温湿两方面,而且关键是皮肤到织物内面间的微气候的状况。

舒适条件：①温度；②相对湿度；③风速；④发热强度（劳动）；⑤历史过程。

这一条导湿研究道路已取得某些进展，美国杜邦公司的微孔涤纶确实起到过作用，但效果不理想。现在瑞士 Gore-tex 和日本东丽在防水导湿（透汽）道路方面取得较好效果。

（三）凝集、蒸发道路的理论基础

这里有六个独立阶段：

(1) 水面蒸发；

(2) 内气层扩散；

(3) 织物内层吸附凝聚；

(4) 织物中毛细管传递运输；

(5) 织物外层蒸发；

(6) 外气层扩散。

三、平面液面的蒸发条件

液面蒸发条件的理论研究基于克拉贝龙-克劳修斯（Clapeyron-Clausius）方程式。

（一）克拉贝龙-克劳修斯方程式

在单组分体系两相平衡条件下（只有液态水和水蒸气的体系，但是当气相中混有其他气体，而这种气体若与液态水不会互相混溶时，体系仍旧成立。实际上，氧氮等在水中略有溶解，但溶解量很少，故近似仍符合条件）推导出方程。

1. 体系的自由度

① 组合数 c：单组分为 1，双组分为 2，类推；

② 相数 p：两相共存为 2，三相共存为 3；

③ 自由度 f：自由选择的变量数

$$f = p(c+1) - (p-1)(c+2) = pc + p - pc + c + 2 - 2p$$
$$= c - p + 2$$

当组分为 1，$c=1$，相数 $p=2$，$f=1-2+2=1$；自由度为 1，表示同时只能出现一种变量。即如果气压恒定，则平衡温度可变；或者温度一定时，压力可变。

2. 基本方程式

① 在一定温度 T 和压力 P 下，纯物质两相（液气两相）平衡共存。由于纯物质同样 T、P 条件下自由焓（Gibb's 自由能）相等，故化学位势 μ 在液相 a 和气相 a' 时相等。

$$\mu^a = \mu^{a'}$$

② 如果温度由 T 变到 $T+\mathrm{d}T$，仍使两相平衡，必须压力由 P 变到 $P+\mathrm{d}P$，而两相 a、a' 中的化学势位分别变到 $\mu^a + \mathrm{d}\mu^a$ 和 $\mu^{a'} + \mathrm{d}\mu^{a'}$。

根据平衡条件

$$\mu^a + \mathrm{d}\mu^a = \mu^{a'} + \mathrm{d}\mu^{a'}$$

因此，得

$$\mathrm{d}\mu^a = \mathrm{d}\mu^{a'}$$

③ 自由焓(Gibb's 自由能)

ⓐ 定义 $G = U + PV - TS$

式中 G 为 Gibb's 自由能，U 为物质的内能，P 为压力，V 为体积，PV 为体积功，T 为温度，S 为熵，TS 为熵能。

ⓑ 全微分时

$$\mathrm{d}G = \mathrm{d}U + P\mathrm{d}V + V\mathrm{d}P - T\mathrm{d}S - S\mathrm{d}T$$

由热力学第一定律，得

$$\mathrm{d}U = T\mathrm{d}S - P\mathrm{d}V$$

代入，得

$$\mathrm{d}G = -S\mathrm{d}T + V\mathrm{d}P$$

④ 化学位势：Gibb's 自由能也与化学位势有关

定义 $$\mu_i = \left(\frac{\partial G}{\partial n_i}\right)_{T, P, n_j}$$

式中：μ_i——组分 i 的化学位势；

n_i——组分 i 的摩尔质量(mol)；

n_j——组分 i 以外的全部组分的总和。

$$\mathrm{d}G = \left(\frac{\partial G}{\partial T}\right)_{P, n_i} \mathrm{d}T + \left(\frac{\partial G}{\partial P}\right)_{T, n_i} \mathrm{d}P + \sum_i \left(\frac{\partial G}{\partial n_i}\right)_{T, P, n_j} \mathrm{d}n_i$$

因此

$$\mathrm{d}G = -S\mathrm{d}T + V\mathrm{d}P + \sum_i \mu_i \mathrm{d}n_i$$

当只有单组分时，纯组分 $\mathrm{d}G = 0$

$$\mathrm{d}\mu^a = V^a \mathrm{d}P - S^a \mathrm{d}T \quad (V^a \text{ 为液相时的体积})$$
$$\mathrm{d}\mu^{a'} = V^{a'} \mathrm{d}P - S^{a'} \mathrm{d}T \quad (V^{a'} \text{ 为气相时的体积})$$

代入 $\mathrm{d}\mu^a = \mathrm{d}\mu^{a'}$

$$V^a \mathrm{d}P - S^a \mathrm{d}T = V^{a'} \mathrm{d}P - S^{a'} \mathrm{d}T$$

$$\frac{\mathrm{d}P}{\mathrm{d}T} = \frac{S^{a'} - S^a}{V^{a'} - V^a}$$

⑤ 单位相变热能 $\Delta H_{相变}$

纯物质由一种相变为另一种相的热能变化量(如蒸发热)，由于相变中熵变为 $S^{a'} - S^a$，它等于

$$S^{a'} - S^a = \frac{\Delta H_{相变}}{T}$$

因此,得

$$\frac{\mathrm{d}P}{\mathrm{d}T} = \frac{\Delta H_{相变}}{T(V^{a'} - V^a)} \tag{3-20}$$

式中:P ——水蒸气压;

　　T ——温度;

　　V^a ——液体的体积;

　　$V^{a'}$ ——蒸汽的体积;

　　$\Delta H_{相变}$——蒸发潜热。

这就是克拉贝龙-克劳修斯(Clapeyron-Clausius)方程式。

(二) 蒸发平衡方程式

方程(3-20)的具体意义是,在实际情况下,$V^{a'} > V^a$(蒸汽的体积比液体的体积大得多,对水来说,18 g 液体水的体积为 18 cm³,18 g 水蒸气在 1 个大气压下为 22.4 L = 22.4×10³ cm³,蒸汽的体积比液体的体积大了许多倍$\left(\frac{22\,400}{18} = 1\,244(倍)\right)$,故可略去 V^a 项而误差很小,再将气体状态方程

$$V^{a'} = \frac{RT}{P}$$

代入式(3-20)(注:气体状态方程本来是 $PV = nRT$, 现在 $V^{a'} = \bar{V}/n$, R 是气体常数)

$$\frac{\mathrm{d}P}{\mathrm{d}T} = \frac{\Delta H_{蒸发}}{TV^{a'}} = \frac{\Delta H_{蒸发}}{T \cdot \dfrac{RT}{P}} = \frac{\Delta H_{蒸发} \cdot P}{RT^2}$$

即

$$\frac{\dfrac{\mathrm{d}P}{P}}{\mathrm{d}T} = \frac{\Delta H_{蒸发}}{RT^2}$$

由于 $\int \dfrac{\mathrm{d}P}{P} = lnP$, 故 $\dfrac{\mathrm{d}P}{P} = \mathrm{d}(lnP)$

代入

$$\frac{\mathrm{d}(lnP)}{\mathrm{d}T} = \frac{\Delta H_{蒸发}}{RT^2} \tag{3-21}$$

(三) 蒸发方程的应用

式(3-21)中,蒸发热 $\Delta H_{蒸发}$在相当宽的范围中几乎为常数,水的 ΔH 蒸发是 40 670 J/mol。将式(3-21)两边整理,得

$$\mathrm{d}(lnP) = \frac{\Delta H_{蒸发}}{R} \cdot \frac{\mathrm{d}T}{T^2}$$

两边积分

$$\int \mathrm{d}lnP = \frac{\Delta H_{蒸发}}{R} \int \frac{\mathrm{d}T}{T^2}$$

$$lnP = \frac{\Delta H_{蒸发}}{R} \cdot \left(-\frac{1}{T}\right) + C$$

当 $T = 373\,\mathrm{K}(100℃)$ 时蒸汽压即为一个大气压 P_o，故积分常数 C 为

$$C = lnP_\mathrm{o} + \frac{\Delta H_{蒸发}}{R} \cdot \frac{1}{373}$$

因此，得

$$lnP - lnP_\mathrm{o} = -\frac{\Delta H_{蒸发}}{R}\left(\frac{1}{T} - \frac{1}{373}\right)$$

$$ln\frac{P}{P_\mathrm{o}} = -\frac{\Delta H_{蒸发}}{R}\left(\frac{1}{T} - \frac{1}{373}\right)$$

$$\frac{P}{P_\mathrm{o}} = \exp\left[-\frac{\Delta H_{蒸发}}{R}\left(\frac{1}{T} - \frac{1}{373}\right)\right]$$

$$P = P_\mathrm{o}\exp\left[-\frac{\Delta H_{蒸发}}{R}\left(\frac{1}{T} - \frac{1}{373}\right)\right]$$

式中：P_o——大气压力；

$\quad$ T——温度；

$\quad$ P——温度 T 时的平衡蒸汽压。

(四) 蒸发速度

当实际蒸汽压 $P < P_\mathrm{o}\exp\left[-\frac{\Delta H_{蒸发}}{R}\left(\frac{1}{T} - \frac{1}{373}\right)\right]$ 时，将产生水蒸气的蒸发，其蒸

发速度 Q_w 将与此压力差成正比，与蒸发面积成正比，即

$$Q_\mathrm{w} = k_\mathrm{q} \cdot A\left\{P_\mathrm{o} \cdot \exp\left[-\frac{\Delta H_{蒸发}}{R}\left(\frac{1}{T} - \frac{1}{373}\right)\right] - P\right\} \tag{3-22}$$

式中：Q_w——蒸发速度；

$\quad$ k_q——系数；

$\quad$ A——蒸发面积；

$\quad$ P_o——大气压力；

$\quad$ T——温度；

$\quad$ $\Delta H_{蒸发}$——蒸发潜热；

$\quad$ R——气体常数；

$\quad$ P——温度 T 时的平衡蒸汽压。

四、蒸汽在毛细管中的凝聚与蒸发

(一) 毛细管中物质凝聚

1. 凯尔文(Kelvin)方程

(1) 自由能方程

按热力学第一定律及第二定律,可综合列出赫尔姆兹(Helmnoltz)自由能变化量的方程

$$
\begin{aligned}
\mathrm{d}F = &-S^b \mathrm{d}T - S^{b'} \mathrm{d}T - P^b \mathrm{d}V^b - P^{b'} \mathrm{d}V^{b'} \\
&+ \alpha \mathrm{d}A + \mu^b \mathrm{d}n^b + \mu^{b'} \mathrm{d}n^{b'}
\end{aligned}
\tag{3-23}
$$

式中：$\mathrm{d}F$ ——赫尔姆兹自由能变化量；

S ——熵；

T ——绝对温度；

P ——压力；

V ——体积；

α ——表面张力；

A ——表面积；

μ ——化学势；

n ——分子数。

b 和 b' 表示两个相的值,b 为液相,b' 为气相,如果变化是恒温、恒容、可逆过程,则

$$
\mathrm{d}T = 0, \ \mathrm{d}V = \mathrm{d}V^b + \mathrm{d}V^{b'} = 0, \ \mu^b = \mu^{b'}
$$

$\mathrm{d}n = \mathrm{d}n^b + \mathrm{d}n^{b'} = 0$ 及 $(\mathrm{d}F)_{T, V, n} = 0$,此时有

$$
\left(\frac{\partial A}{\partial V^b}\right)_{T, V, n} = \frac{P^b - P^{b'}}{\alpha}
\tag{3-24}
$$

(2) 吉布斯自由焓方程(Gibbs 自由能方程)

上述同一体系恒温、恒容、可逆过程中液相的吉布斯自由焓 G 的变化为

$$
\mathrm{d}G^b = -S^b \mathrm{d}T + V^b \mathrm{d}P^b + \alpha \mathrm{d}A + \mu^b \mathrm{d}n^b
$$

当忽略表面积的条件下,可得 $(\mathrm{d}T = 0, \ \mathrm{d}G^b = 0, \ \mathrm{d}A = 0)$

$$
\left(\frac{\partial \mu^b}{\partial P^b}\right)_{T, n^b} = \left(\frac{\partial V^b}{\partial n^b}\right)_{T, P^b} = V_\mathrm{m}
$$

式中：V_m ——分子体积。

这就是说,液相在压力变化不大时,压缩性可忽略不计,分子体积在恒温时为一常数。

(3) 物理模型

始态为液相中孔状气相,孔中有液体的蒸汽及不溶于液相的惰性气体,其中液相用 a 表示,气相用 a' 表示,在 a' 中蒸汽与 a 平衡。

终态为液相气相同平面分界,液相为 β,气相为 β',气相中含有与液相平衡的蒸汽及不

溶于液相的惰性气体。

(4) 数学模型

在始态时,气液界面因有压差而非平面,此时两面压力不等,$P^{a'} > P^a$;

在终态时,气液界面是平面,两边压力相等,即 $P^{\beta'} = P^\beta$,由始态逐渐转变成终态的变化过程中,如果采用增减惰性气体量的方法来保持气相压力不变,即保持 P

$$P^{b'} = P^{a'} = P^{\beta'}$$

由自由焓方程解得:

$$\int_{\mu^a}^{\mu^\beta} (\mathrm{d}\mu^b)_{T,\, n^b} = v_{\mathrm{m}} \int_{P^a}^{P^\beta} \mathrm{d}P^b$$

即

$$\mu^\beta - \mu^a = V_{\mathrm{m}}(P^\beta - P^a) = V_{\mathrm{m}}(P^{a'} - P^a)$$

由吉布斯基本方程 $G = H - TS$ 推导出的化学势方程为 $\mu_{(T,\,P)} = \mu^o_{(T)} + RTl_n P$,可以改写上式为

$$\mu^\beta - \mu^a = RTl_n \frac{P_s}{P} \tag{3-25}$$

式中:P ——实际蒸汽压;

P_s ——大平面液体的饱和蒸汽压;

R ——气体常数;

T ——绝对温度。

因此,始态 A 为表面积,∂A 为面积变化量,$\dfrac{\partial A}{\partial V}$ 是液相单位体积的表面积的变化量为:

$$\left(\frac{\partial A}{\partial V^a} \right)_T = \frac{1}{\alpha V_{\mathrm{m}}} RTln \frac{P^s}{P} \tag{3-26}$$

这就是凯尔文(Kelvin)方程,又是微分形式的方程。此时的自由能方程省去了 V、n 两个条件,这是因为:要求整个体系 V 及 n 不变,这种条件对气体非常重要。

2. 毛细管中的凯尔文方程

当气相和液相的平衡发生在毛细管中时,设毛细管半径为 r,气相和液相的界面为一球面,球面半径为 r',管内壁上吸附层的厚度为 t,此时,由毛细圆管内壁吸附和内表面积变化关系,可得

$$\left(\frac{\partial A}{\partial V^a} \right)_T = -\frac{2}{r'} = -\frac{2\cos\theta}{r_{\mathrm{k}}}$$

式中:θ ——接触角;

r_{k} ——临界半径。

注:圆管中内表面面积为 $A = 2\pi r L$,体积为 $V = \pi r^2 L$,故 $\dfrac{A}{V} = \dfrac{2\pi r L}{\pi r^2 L} = \dfrac{2}{r}$,液相体积

增加,内表面面积减小,故 $\dfrac{\partial A}{\partial V} = -\dfrac{2}{r}$,此式中的负号表示 V^a(a 相即液相)体积增大时,表面积 A 减小。

若接触角 $\theta = 0$,则此式为 $\left(\dfrac{\partial A}{\partial V^a}\right)_T = -\dfrac{2}{r_k}$

将此式代入凯尔文方程,得

$$r_k = -\frac{2\alpha V_m \cos\theta}{RT ln \dfrac{P}{P_s}} \tag{3-27}$$

或者,当 $\theta = 0$ 时

$$r_k = -\frac{2\alpha V_m}{RT ln \dfrac{P}{P_s}} \tag{3-28}$$

这里 $\dfrac{P}{P_s}$ 是液体的气相蒸汽压与饱和蒸汽压之比,也就是水汽的相对湿度的概念。r_k 叫凯尔文半径,其关系为 $r_k = r - t$,它表示在圆柱管孔中,在一定条件下(一定的接触角 θ,一定的液体表面张力 α,一定的温度 T 条件下)相应于一定的管孔半径 r_k,由 $\dfrac{P}{P_s}$ 这种相对湿度开始,就会产生凝聚(由气相自动转向液相)。孔愈大,产生凝聚所需的相对湿度也就愈大。由于圆柱管孔 r_k 比平板的 r_k 小一半,故圆柱管孔比平行板缝更易凝结。

(二) 圆柱毛细管的工作概念

1. 物理模型

① 条件:固体中有一穿透毛细管,两面各处于一定相对湿度之下(不等),其蒸汽压各为 P_1 及 $P_2(P_1 > P_2)$,毛细管原始内径为 r。

② 开始,毛细管内壁吸附一薄层蒸汽,厚为 t,使毛细管径变成 r_k。

③ 从 P_1 蒸汽压所产生的湿度大于凝聚湿度开始,蒸汽将不断向毛细管中凝聚。

④ 液体通过毛细管的毛细吸力作用不断沿细管向另一面输送液体。

⑤ 在另一面,蒸汽压 P_2 小于蒸发压力,液体不断蒸发成气相转入 P_2 的气相中。

⑥ 输送速度是三个环节的平衡:凝聚速度,即单位时间中凝聚的体积或质量;毛细流动速度,即在毛细压力下克服黏滞流动输送的速度(体积或质量/单位时间);蒸发速度,即单位时间中毛细管出口蒸发的液体体积或质量。

⑦ 附带的条件:保持 P_1 的蒸汽补充速度(布朗扩散迁移);保持 P_2 的蒸汽扩散的逸散速度。

2. 条件的数学方程

(1) 凝聚蒸汽压条件方程

将凯尔文毛细管原方程移项可得条件的数学方程:

凯尔文毛细管原方程 $\quad r_k = -\dfrac{2\alpha V_m \cos\theta}{RT\ln\dfrac{P}{P_s}}$

条件的数学方程 $\quad \ln\dfrac{P}{P_s} = -\dfrac{2\alpha V_m \cos\theta}{RTr_k}$

或

$$\frac{P}{P_s} = \exp\left(-\frac{2\alpha V_m \cos\theta}{RTr_k}\right) \tag{3-29}$$

举例：棉织物，温度为 20℃，即 $T = 293$ °K，$\alpha = 72.5 \times 10^{-3}$ N/m，$R = 8.314$ J/(°K·mol)，$\theta = 30°$，$V_m = 22.41 \times 10^{-3}$ m³/mol，代入式(3-29)，得

$$\frac{P}{P_s} = \exp\left(-\frac{2 \times 72.5 \times 10^{-3} \times 22.41 \times 10^{-3} \times \cos 30°}{8.314 \times 293 \times r_k}\right)$$

$$= \exp\left(-\frac{1.155\,2 \times 10^{-6}}{r_k}\right)$$

表 3-4　计算结果表

序号	r_k	r_k/cm	r_k/m	$\dfrac{P}{P_s}$
1	1.0 mm	10^{-1}	10^{-3}	0.998 8
2	0.1 mm	10^{-2}	10^{-4}	0.988 5
3	10 μm	10^{-3}	10^{-5}	0.890 9
4	1 μm	10^{-4}	10^{-6}	0.315 0
5	0.1 μm	10^{-5}	10^{-7}	9.617×10^{-6}
6	1 000 nm	10^{-6}	10^{-8}	$6.765\,5 \times 10^{-51}$
7	100 nm	10^{-7}	10^{-9}	~ 0

注：$\dfrac{P}{P_s}$ 是液体的气相蒸汽压与饱和蒸汽压之比，即水汽的相对湿度的概念。

因而，很小的缝隙孔洞，即使在较低的湿度下仍可连续凝聚。

（2）蒸发的条件方程

$$\frac{P}{P_s} = \exp\left(\frac{-2\alpha V_m \cos\theta}{RTr_k}\right)$$

只要 $P_2 < P_1$，就会蒸发。最易蒸发的条件为喇叭口形状。

五、扩散理论

（一）扩散方程

1. 基本扩散定律

扩散方程是由菲克(Fick)开始建立的，菲克扩散方程为

$$dV = D \cdot \frac{dc}{dx} dA \, dt \qquad (3\text{-}30)$$

式中：x ——由湿源表面算起的空间距离，m；

A ——蒸发湿源表面的面积，m^2；

t ——时间，s；

c ——水蒸气密度，kg/m^3；

$\dfrac{dc}{dx}$ ——水蒸气密度的梯度（高水面越远，密度就越小），kg/m^4；

D ——空气中水蒸气的扩散系数，m^2/s；

V ——水蒸气的转移（扩散）速度，$kg/(m^2 \cdot s)$；

dV ——在时间 dt 内，在面积 dA 上，扩散移走的水蒸气量，kg。

2. 菲克扩散方程的物理概念

扩散速度与水蒸气密度梯度呈线性关系。这个规律其实只是近似正确，因为，从蒸发湿源开始算起，水蒸气密度并不呈线性，只是在开始的一段较为吻合。不过，这种方程仍有意义。

3. 扩散方程求解

引进水蒸气部分压力的指标，作为参数 P。

根据气体定律

$$\frac{P}{c} = \frac{RT}{M} \cdot 10^3$$

式中：P ——水蒸气部分压力，N/m^2；

c ——水蒸气密度，kg/m^3；

T ——绝对温度，°K；

M ——水的分子量；

R ——气体常数。

$$\frac{dP}{dc} = \frac{RT}{M}$$

因此，得

$$dc = \frac{dP}{RT} \cdot M$$

$$dV = D \cdot \frac{\dfrac{dP}{RT} \cdot M}{dx} dA \cdot dt$$

$$\frac{dV}{dA \cdot dt} = D \cdot \frac{dP}{dx} \frac{M}{RT}$$

按上述定义

$$\frac{\mathrm{d}V}{\mathrm{d}A \cdot \mathrm{d}t} = V$$

故 $$V = D \cdot \frac{M}{RT} \frac{\mathrm{d}P}{\mathrm{d}x}$$ (3-31)

4. 扩散方程解的物理概念

变量改变了，改成了 $\frac{\mathrm{d}P}{\mathrm{d}x}$，即变成了部分蒸汽压的梯度。

(二) 扩散方程的应用

1. 根据部分蒸汽压 $\frac{\mathrm{d}P}{\mathrm{d}x}$，求扩散系数 D

由式(3-31)得 $D = \dfrac{VRT}{M} \cdot \dfrac{1}{\dfrac{\mathrm{d}P}{\mathrm{d}x}}$

而空气相对湿度就是 $\frac{P}{P_s}$，故测出相对湿度即可测得 P，如果实测出离湿源各处距离处的相对湿度梯度就可以求扩散系数 D。方法如下：

① 测离湿源距离 x 若干点处的相对湿度 P/P_s 绘图；

② 测得大气压力 P_0；

③ 由湿度表中查得相应于一定温度 T 时的饱和蒸汽压 P_s；

④ 计算出各点的 P；

⑤ 计算出直线段的斜率 $\frac{\mathrm{d}P}{\mathrm{d}x}$；

⑥ 测定湿源的蒸发量绝对值 $V [\mathrm{g}/(\mathrm{cm}^2 \cdot \mathrm{s})]$；

⑦ 连同 $\frac{\mathrm{d}P}{\mathrm{d}x}$、$V$、$R$、$T$ 和 M 代入求得 D。

2. 在已知 D 的条件下，由扩散方程计算出扩散(蒸发)湿汽量

$V = \dfrac{DM}{RT} \cdot \dfrac{\mathrm{d}P}{\mathrm{d}x}$ 式中，唯一不知的是 $\frac{\mathrm{d}P}{\mathrm{d}x}$，即蒸汽压梯度，它可以用下面方式求得。

由扩散层的有效厚度 L，可计算量得

$$\frac{\mathrm{d}P}{\mathrm{d}x} = \frac{P_0 - P_{\min}}{L}$$

式中：L ——扩散层的有效厚度，cm；

$P_{\min}$ ——大气的实际湿度的蒸汽压，mmHg；

P_0 ——蒸发湿源的蒸汽压(mmHg)，一般情况下它等于 P_s (饱和蒸汽压)。

因而 $\dfrac{\mathrm{d}P}{\mathrm{d}x} = \dfrac{P_0}{L}\left(1 - \dfrac{P_{\min}}{P_0}\right)$，而 $\dfrac{P_{\min}}{p_0}$ 也就是周围大气的相对湿度 $\phi_{\min}$，即 $\dfrac{\mathrm{d}P}{\mathrm{d}x} =$

$$\frac{P_o}{L}(1-\phi_{min})$$

3. 用扩散速度法测织物的透汽(湿)性

① 用仪器测出在一定温度 T 条件下若干点的空气相对湿度 ϕ；

② 查出饱和蒸汽压 P_s，而 $P = P_s\phi$；

③ 作图，求出 L；

④ 测出 V，计算出 D 值；

⑤ 计算织物的**透汽(湿)性**指标：

ⓐ 织物外表面水汽蒸发系数 $\alpha_f = \dfrac{D}{L}$，其中，α_f 的单位是 cm/s，即 $cm^2/(cm \cdot s)$。

ⓑ 织物中的水蒸气扩散系数 D_f（cm^2/s），l 为层数

$$D_f = \frac{l \cdot V}{P_s - P_o}$$

ⓒ 总的湿传导阻力 R_f（s/cm）

$$R_f = \left(\sum_{i=1}^{n} \frac{l_i}{D_i}\right) + \frac{L}{D}$$

(三) 试验结果举例

用某种织物一层、二层、六层、八层重叠试验，试验中空气的水蒸气扩散系数 $D = 0.249\ cm^2/s$，结果如表 3-5。

表 3-5　织物多层重叠试验结果表

指标	试样层数			
	1	2	6	8
$\dfrac{dP}{dx}$ /mmHg $\cdot$ cm^{-1}	13.33	13.00	10.60	7.06
样品表面蒸汽压 P_o /mmHg	12.60	12.13	11.20	10.00
扩散层有效厚度 L /cm	0.39	0.36	0.37	0.39
蒸汽移动速率/g $\cdot$ cm^{-3} $\cdot$ s^{-1} $\times 10^{-6}$	3.28	3.20	2.61	1.74
用重量法测定的蒸汽移动速率/g $\cdot$ cm^{-3} $\cdot$ $s^{-1}\times 10^{-6}$	3.83	3.10	2.93	2.08
水蒸气的扩散系数 D_f /cm^2 $\cdot$ s^{-1}	0.023 2	0.041 5	0.087 1	0.067 3
水蒸气的织物表面蒸发系数 α_f /cm $\cdot$ s^{-1}	0.638	0.692	0.673	0.638
总的湿传导阻力 R_f /s $\cdot$ cm^{-1}	3.12	3.28	3.97	5.85

注：$D = \dfrac{VRT}{M} \cdot \dfrac{1}{\frac{dP}{dx}}$，$\dfrac{dP}{dx} = \dfrac{P_o - P_{min}}{L}$

求回归方程,得 $R_f = 0.466n + 2.63$

六、织物热湿舒适性测试

热湿舒适性是指通过织物或服装的热湿传递作用,使人体在变化的环境中获得舒适的感觉。具体测试内容有保温性能、透气性能、透湿性能和热阻、湿阻。

采用 YG606D 型平板式织物保温仪对单层面料及多层面料进行保温性测试。将试样覆盖在试验板上,试验板、周围保护板通过通断电控制成相同的温度,并保持恒温,使试验板的热量只能通过试样向空气中散发。试验时,通过测定试验板在一定时间内保持恒温所需的加热时间来计算织物的保暖指标——克罗值、传热系数和保温率。

透气性是指空气透过织物的性能,以在规定的试验面积、压差和时间条件下气流垂直通过试样的透气量 Q 表示,其单位为 $L/(m^2 \cdot s)$,透气性对服装的舒适性能有重要影响。试验采用 YG461E 型数字式透气量仪对单层及多层面料进行透气性测试。

人体时刻都在排放汗汽,特别是在外界温度较高或剧烈运动时。如果汗汽不能及时扩散到周围环境中,会在皮肤和衣物间积累或冷凝,使人体有发闷、湿冷不舒服的感觉。而织物的透湿性是指织物能将人体排放的汗汽扩散到周围环境的性能,直接影响到服装的穿着舒适性。织物透湿量的测试有两种方法:蒸法透湿法和吸湿透湿法,试验采用 YG(B)216X 型织物透湿量仪对单层及多层织物进行透湿性测试。试验中采用美国西北测试技术公司生产的型号为 306-425 的出汗热平板仪对面料进行热阻(R_{cf})和湿阻(R_{ef})测试。

在美国防火协会(NFPA)标准的规定中,对消防服有一个总热量散失指标 THL(total heat loss),这个指标是从面料的角度对服装的热湿舒适性能中热阻、湿阻的综合评价指标。在 NFPA-2007 中,规定消防服 THL 值不得小于 205 W/m^2。采用发汗热板测试系统,通过测试织物的热阻和湿阻,计算出综合热/湿生理舒适性评价指标。

织物的热阻和湿阻计算公式如下:

① 干态条件织物热阻(R_{cf})可以由式(3-32)和式(3-33)计算而得

$$R_{cf} = (R_{ct} - R_{cto}) \tag{3-32}$$

$$R_{ct} = \frac{(T_{skin} - T_{amb})}{Q/A} \tag{3-33}$$

式中: R_{cf} ——织物在干态下的热阻,$℃ \cdot m^2/W$;

R_{ct} ——平板与织物间的空气层和织物在干态下的总热阻,$℃ \cdot m^2/W$;

R_{cto} ——干态下热平板表面的热阻,$℃ \cdot m^2/W$;

T_{skin} ——平板表面温度,$℃$;

T_{amb} ——外界空气温度,$℃$;

Q ——平板输入功率,W;

A ——平板实际测试面积,m^2。

而织物的克罗值(Clo)如式(3-34)计算所得

$$R_{Clo} = 6.45R_{ct} \tag{3-34}$$

② 湿态下织物的湿阻（R_{ef}）可以由式(3-35)和式(3-36)计算而得

$$R_{ef} = (R_{et} - R_{eto}) \tag{3-35}$$

$$R_{et} = \frac{(P_{sat} - P_{amb})}{Q/A - [(T_{skin} - T_{amb})/R_{ct}]} \tag{3-36}$$

式中：R_{et} ——平板与织物间的空气层和织物在湿态下的总湿阻，$Pa \cdot m^2/W$；

　　　P_{amb} ——平板表面的水汽压，Pa。

　　而织物通透指数　　　　　　　$$I_m = \frac{K \cdot R_{ct}}{R_{et}} \tag{3-37}$$

式中：K ——恒定数据，$60.651\,5\ Pa/℃$。

第四章

织物的风格

第一节 织物风格概念与分类

一、织物风格的定义与构成

1. 基本定义

从广义上说,织物风格是织物本身所固有的性、状作用于人体感官而产生的综合效应,由视觉、触觉、听觉、嗅觉和味觉等构成,但表达和评价织物风格的主要感觉系统为触觉和视觉,偶尔兼顾听觉、嗅觉和味觉。织物风格是客观实体与主观意识交互作用的产物,是一种复杂的物理、生理、心理以及社会因素的综合反映,其涉及内容和因素十分广泛。织物风格较为典型的有触觉风格、视觉风格、听觉风格三方面。

2. 典型风格

触觉风格:以手触摸织物时产生的感觉来衡量织物的特征,即手感,亦称为织物的狭义风格。在一些国家(如日本、中国、澳大利亚等),织物触觉风格也被简称为织物风格,并有定量化和客观化的表征方法。

视觉风格:由视觉产生的形感、色泽感和图像感等。形感主要是指织物在特定条件下形成的线条和造型上的视觉效果,如织物的悬垂成形效果。形感也可称为织物的形态风格。色泽感是指由织物颜色和光泽形成的视觉效果,它与色谱、色调、反射光的强弱等有关。如定性的描述,极光、肥光、膘光、柔和光、金属光和电光等。图像感主要是指由织物表面织纹图像引起的一种视觉效果,有表面毛型感、绒面感、织物纹理和组织效应等,还有粗犷、细腻风格等定性描述。

听觉风格:即声感,主要是指织物与织物间摩擦时所产生的声响效果。对高密度长丝织物,这种效果会对织物风格带来不利影响,而经过特殊处理(酸处理)的蚕丝或织物,放在一起,用力摩擦时会产生一种悦耳的声响效果,称之为"丝鸣"。丝鸣现象是真丝绸风格的特征,由于摩擦时有丰富的低频振动,面料与人的皮肤接触处会产生一种特殊的快感;由于黏滑运动的特征,人还会产生一种特殊的"糯感"。

二、织物风格的分类与要求

1. 风格的分类

关于风格的分类有各式各样,但也缺乏系统化分类方法,其中以松尾的分类法较为合理,如图 4-1 所示。

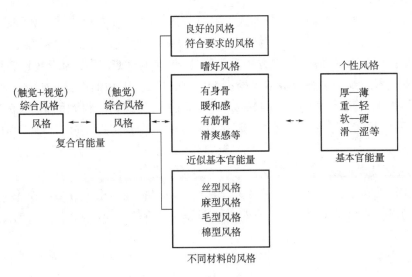

图 4-1 织物风格的分类

2. 织物风格要求

（1）文化背景要求

织物风格所包括的内容极为丰富,不同品种的织物风格要求是不同的。国家、文化背景、季节、年龄、性别和习惯等不同,对织物风格都有不同的要求。织物风格是物理、心理、生理三类因素综合作用的结果,取决于穿着者的经历、经验、偏好、情绪、地域、民族等心理、生理、社会等因素。

（2）穿着的要求

织物的用途不同,人们对其风格要求也不同:外衣类织物要求有毛型感;内衣类织物要求有柔软的棉型感;夏季用织物要求有轻薄滑爽的丝绸感或挺括滑爽的仿麻感;冬季用织物则要求有厚实、挺括、柔糯、蓬松等特征。

（3）不同特征的要求

对毛织物:要求手感柔软,挺括抗皱,弹性丰富,身骨良好,手感滑糯,呢面匀净,花型大方有立体感,颜色鲜明悦目,光泽自然柔和,边道平直,不易变形等。

对丝织物:要求轻盈柔软,色泽鲜艳、光洁美观,手感滑爽,绸面平挺、丰富、致密。

对麻织物:要求坚固挺括,手感平滑挺爽,条干均匀,布面匀净。

对棉织物中的府绸类织物,要求手感柔软滑爽,色泽匀净,外观细密,布面光洁匀整,有近似丝绸织物的风格。

第二节　织物手感与触觉风格

一、织物手感的定义与内涵

1. 织物手感的定义

织物手感是织物某些机械性能对人的手掌所引起的刺激的综合反应,织物的弯曲、表面摩擦与压缩性能是其重要组成部分。人们穿着衣服正是通过主观感觉而获知织物性能的，织物是否适宜穿着，效果如何，感官结论是一种自然、贴切而敏锐的评价标准，它是鉴定织物风格的基础依据。而且，感官评定方法具有简便、快速的优点，所以为织物检验所常用。为了消除主观因素对织物手感风格结果的影响，前面提到，织物的广义风格涉及织物的触觉和视觉特性等方面，而织物的狭义风格或手感是用手触摸织物所得到的感觉，它与织物的某些力学性质密切相关，因此可以通过仪器来测量织物的力学特性，进而判断织物的手感风格特性。

2. 触觉的基本构成

织物在日常穿用过程中，运动着的人体往往要对织物施加很多种力的作用。如胸背部、肘膝部位的织物要承受拉伸、剪切、弯曲和压缩等各类负荷的作用，这些负荷的量值很小，绝大多数情况下不会超过断裂负荷的 5%，通常将这类负荷称为低负荷。

在低负荷作用下，织物会发生弯曲变形、剪切变形、拉伸变形、压缩变形以及它们的复合变形，织物在低负荷下的变形行为将确定织物的穿着舒适性、成形性、手感等服用性能。

进行织物的手感评价，织物的硬挺柔软度主要与弯曲、剪切性能有关，织物的滑糯和滑爽度主要与织物的表面摩擦性能有关，织物的蓬松丰满度主要与织物在厚度方向的压缩性能有关。所以，要把握好织物的手感、成形性、穿着舒适性等服用性能，归根结底是要控制织物在低负荷下的拉伸、弯曲、剪切、压缩和表面摩擦性能。

3. 主要评价内容

织物手感或触觉风格的评价方法有两种：一种是感观评定法；另一种是仪器评定法。前者是依靠感觉器官获得的感觉效果，然后对织物作出的风格语言评价；后者是通过仪器测定织物有关的物理、力学量，然后与感官评价联系起来，它可以根据测定织物的物理量和力学量，计算得到织物风格的特性和等级。

二、织物手感感官评定

1. 感官评定方法

感官评定是通过人的手对织物的触摸所引起的感觉并结合对织物的外观视觉印象来作出评价，通常又称主观评定，这一方法广泛应用于精纺呢绒的检验上，具体方法可归纳为一捏、二摸、三抓、四看。一捏是用三根手指捏住呢边，织物正面朝上，中指在呢背面，拇指和食指在呢正面，将呢料交叉捻动，确定呢绒的滑爽度、弹性、厚薄及身骨等特征。二摸是将呢面贴着手心，拇指向上，其他四指在呢下，将局部呢绒的正反面反复擦摸，确定呢绒的厚薄、软硬、松紧、滑糯等特性。三抓是将局部呢面捏成一团，有轻有重，抓抓放放，反复多次，确定呢绒的弹性、活络、挺糯、软硬等特性。四看是从呢面的局部到全幅仔细观察，确定呢面光泽、条干、边道、花型、颜色、斜纹等质量优劣，然后对织物作出诸如滑糯、刚挺或柔软、丰满、厚实、活络、滑爽等语言评价。

在感官评定时，一般是集中适当的熟练人员，在一定的环境条件下对织物进行检验，每一位检验人员根据其经验对织物风格优劣给予评定。评定结果可用以下两种方式表示：

（1）分档评分法

对织物某项手感的基本特性（如滑糯程度、挺括程度等）以人为选定的尺度进行分档评分,例如0~5分共6档,0分表示最差,1分表示很差,2分表示合格,3分表示中等,4分表示良好,5分表示最优,最后得出该批织物中各个试样的某项(如滑糯程度、挺括程度等)风格值。这一方式评分较复杂,而且在检验过程中,评价尺度往往不自觉地逐渐在改变,以致最终评分结果不稳定。

(2) 秩位评定法

该方法是先由数名检验人员按各自的感觉效果对织物风格水平作出判断,对织物风格的水平由高到低顺序排队,排队顺序号1,2,3,…,n,即为秩位数,n为织物试样总数。然后将各个检验人员对每种织物打出的秩位数相加得到它们的总秩位数,最后根据总秩序数对这些织物风格的优劣水平作出比较。表4-1所示是由5名检验人员对7种中长纤维织物毛型感的仿真水平作出感官评价的结果。

表4-1中所列的总秩位数表示织物的毛型感优劣。总秩位数小时,表示织物毛型感好;总秩位数大时,表示织物毛型感差。因此,5名检验人员对7种仿毛中长纤维织物的主观评定结果即织物毛型感的优劣顺序为3号→5号→2号→7号→4号→6号→1号。

表 4-1 感官评价秩位表

检验员编号	织 物 编 号						
	1	2	3	4	5	6	7
甲	7	3	1	4	2	5	6
乙	5	4	2	7	1	6	3
丙	4	5	1	6	2	7	3
丁	7	1	2	5	3	6	4
戊	7	3	1	6	2	5	4
总秩位数	30	16	7	28	10	29	20

当同样几种织物由数个检验人员采用秩序评定法评定织物手感时,必须判断这几位检验员之间对这几种织物手感特性评定的一致程度,这时须应用数理统计中的秩位一致性系数 W 来检验:

$$W = \frac{12S}{m^2(n^3-n)}$$

式中:S ——每种织物的总秩位数 T_i 对各种织物的平均秩位数 $\bar{T}_i$ 之差的平方和;

m ——检验人员数;

n ——织物试样种数。

$$S = \sum_{i=1}^{n}\left(T_i - \bar{T}\right)^2 = \sum_{i=1}^{n}T_i^2 - n\bar{T}^2; \quad \bar{T} = \sum_{i=1}^{n}T_i/n$$

在上例中,$S=530$,因此 $W = \dfrac{12 \times 530}{25(7^3-7)} = 0.757$。

一致性系数在0~1之间。$W=1$,表示各检验员之间评定结果完全一致;$W=0$,表示评定结果完全不一致。由上例计算得 $W=0.757$，W 值表示了这 5 位检验员对此 7 种织物的毛型感检验的一致性强度。W 值不等于 1，说明这 5 位检验人员的感官检验的结果并不完全一致。但应该注意，感官检验本身具有随机性，即检验结果的不完全一致可能是检验人员间的随机偏差，也可能是他们之间存在着系统偏差，所以应对一致性系数进行统计检验。

2. 手感用语

20 世纪 60 年代以美国为中心的英、美、德、法、澳大利亚学者研究发展了 16 类(对)具体感官评定用语，后来日本学者在大部分继承欧美学者研究的基础上发展为 25 对感官评定用语，见表 4-2。其中，前 20 项是力学性能用语，21～24 项是外观、光学用语，25 是热学用语，表中尚未包括电学的性质(静电感觉)和声学的性质(如丝鸣)等。

表 4-2 感官评定用语中英文对照参考译名表

编号	英文	中文	英文	中文
1	Heavy	重	Light	轻
2	Thick	厚	Thin	薄
3	Deep	深厚(身骨好)	Superficial	肤浅、浅薄(身骨差)
4	Full	丰满	Lean	干瘪
5	Bulky	蓬松	Sleazy	瘦薄
6	Stiff	挺	Pliable	疲、烂
7	Hard	硬	Soft	软
8	Boardy	刚	Limp	糯
9	Koshi	回弹性好	Not koshi	回弹性不好
10	Dry	干燥	Clammy	黏湿
11	Shari	爽利	Numeri	黏腻(脂蜡感)
12	Refreshing	爽快	Stuff	闷气
13	Rick	油润	Poor	枯燥
14	Delicate	优雅、精细	Active	镖犷、粗犷
15	Springy	活络	Dead	呆板、死板
16	Homely	朴实	Smart	花梢
17	Superior	华贵	Inferior	低劣、粗劣
18	Grogeous	华丽	Plainly	平淡、单调
19	Smooth	滑	Rough	糙
20	Fuzzy	毛茸、模糊	Clean	光洁
21	Light	亮	Dark	暗
22	Lustrous	晶明	Lusterless	晦淡
23	Beautiful	美丽、漂亮	Ugly	难看
24	Familiar	亲切	Unfamiliar	不亲近
25	Cool	凉	Warm	暖

应当承认,上述感官评定用语是很有用的,但是感官评定不可避免地存在下述问题:

(1)无法排除主观任意性

感官评价所得的织物风格是物理、心理、生理三类因素综合作用的结果,对同一块织物的判断,取决于检验者的经历、经验、偏好、情绪、地域、民族等心理、生理、社会因素。判断结果将因人、因时而异,局限性大。织物本身固有的性能与评价结果之间并不严格存在一一对应的单值关系。

(2)缺乏定量的描述

感官评价方法由于缺乏理论指导和定量的描述,只能根据人的主观感觉给出评语或秩位数,数据可比性差,因而很难与纺织技术结合而指导和改善纺织品生产。

三、织物手感风格的仪器评定

(一)测量的基本内容

早在20世纪30年代,皮尔斯(Pcirce)利用悬臂梁试验推导出了著名的织物弯曲长度和弯曲刚度公式,用来评定织物的刚柔性,并一直沿用至今。20世纪50年代,许多学者利用Instron电子强力试验仪对织物进行弯曲、剪切试验测定织物的风格。20世纪50年代,日本的松尾、川端分别研制了拉伸、剪切、弯曲、压缩、摩擦等力学性能测定的多机台多指标型风格仪,建立了织物的手感评定和标准化委员会,专门研究织物风格的主观与客观评价方法。将织物的触觉风格划分为基本风格和综合风格两个层次。日本KES-F织物风格测试系统,可以测出织物14个力学性能指标和2个物理指标。织物的基本风格和综合风格,可通过由KES-F系统测出的织物的16个性能指标,然后应用建立的织物手感与力学性能指标间关系式就可算出,应用广泛。

20世纪80年代初,在KES-F系统的基础上,国内上海纺织科学研究院研制了YG 821织物风格测试仪,同时,还研究试制了环圈法简易风格仪和喷嘴式智能风格仪。

20世纪90年代初,澳大利亚联邦科学与工业研究机构(CSIRO)研制成功了简易的织物质量测试系统FAST(Fabric Assurance by Simple Testing),用于织物的实物质量控制。有时,不严格地也称FAST为织物风格仪。FAST测试系统已发展成为商品化生产,其影响仅次于KES-F织物风格仪。

测量织物在低负荷下的拉伸、弯曲、剪切、压缩性能和表面摩擦性能,这些性能是低负荷下面料的基本力学性能或基本性能。

1. 低负荷下织物的拉伸性能

图4-2中的拉伸曲线完整地表征面料在低负荷下的拉伸力学行为,但是这类曲线在应用中有很多不便,通常用下面三个指标组合表征面料的拉伸性能:

① 拉伸比功 $WT(\text{cN}\cdot\text{cm}/\text{cm}^2)$,为拉伸过程中外力对单位面积试样所做的功,一般拉伸功越大,面料越容易变形,即

$$WT=\int_0^{\varepsilon_m}F\mathrm{d}\varepsilon$$

式中:ε 为试样的伸长率;ε_m 为最大拉伸负荷下的伸长率;F 为单位宽度试样上的拉伸负荷。

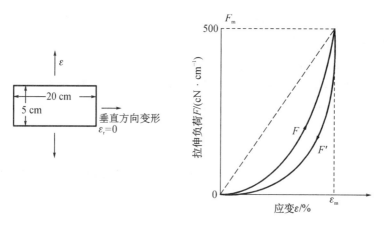

图 4-2 拉伸特性

同时将 $WT' = \int_0^{\varepsilon_m} F' \mathrm{d}\varepsilon$ 称为拉伸回复功。

② 拉伸功回复率 RT %,为回复功占拉伸功的百分数,表示面料的拉伸弹性回复性能。即

$$RT = \frac{WT'}{WT} \times 100\%$$

③ 拉伸曲线的线性度 LT(无单位),表示面料拉伸曲线的屈曲程度,令虚线构成的直边三角形的面积代表的功为 $WOT = F_m \cdot \dfrac{\varepsilon_m}{2}$,则

$$LT = \frac{WT}{WOT}$$

有时也使用第四个指标 ε_m 或 EM %,它表示最大拉伸负荷 F_m 下的伸长率。

也可测试三个定负荷 5 cN/cm、20 cN/cm、100 cN/cm 下的伸长率 E_5、E_{20} 和 E_{100} %,不用测试拉伸变形曲线,了解低负荷下织物的拉伸性能。

2. 压缩性能

面料在厚度方向的压缩性能与手感性能的蓬松、丰满度、表面滑糯度关系密切。

用面积 2 cm² 的圆形测头以恒定速度垂直压向织物,测得单位面积织物所受压力(P)与受压织物厚度(T)间的关系曲线,如图 4-3。为了数据处理方便,图 4-3 的压缩性能常用下面一组指标组合表征:

① 压缩比功 WC(cN·cm/cm²),为压缩过程中外力对单位面积试样所做的功,一般压缩功越大,面料越蓬松。即

$$WC = \int_{T_0}^{T_m} P \mathrm{d}T$$

式中:T_0——织物厚度,即压力为 0.5 cN/cm² 时的试样厚度,mm;

T_m——最大压力 P_m 下的试样厚度,mm。

压缩回复功 $WC' = \int_{T_0}^{T_m} P' \mathrm{d}T$

② 压缩功回复率 $RC\%$，压缩回复功占压缩功的百分数，表示面料的压缩弹性回复性能，即

$$RC = \frac{WC'}{WC} \times 100\%$$

③ 压缩曲线的线性度 LC（无单位），表示面料压缩曲线的屈曲程度，同样用压缩功与虚线构成的直边三角形面积代表的功比值表示，则

$$LC = \frac{2WC}{P_m(T_0 - T_m)}$$

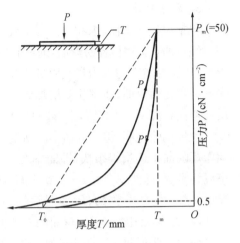

图 4-3 压缩特性

通过测量织物试样在轻、重两种压力负荷作用下以及去除负荷后试样厚度的变化求出压缩性能指标。厚度为 4 mm 以上的厚重织物，轻负荷为 1 cN/cm²，重负荷为 14.7 cN/cm²，压缩工作面积为 10 cm²。一般织物轻负荷为 2 cN/cm²，重负荷为 49.0 cN/cm²，压缩工作面积为 2 cm²。压缩性能指标有：

① 表观厚度 T_0 　　　　　$T_0 = R_{fl} - R_{ol}$

② 稳定厚度 T_s 　　　　　$T_s = R_{fh} - R_{oh}$

③ 压缩率 C 　　　　　$C = \dfrac{T_0 - T_s}{T_0} \times 100\%$

④ 压缩弹性率 R_E 　　　　$R_E = \dfrac{T_{fr} - T_s}{T_0 - T_s} \times 100\%$

⑤ 比压缩弹性率 R_{CE} 　　$R_{CE} = \dfrac{T_{fr} - T_s}{T_0 - T_s} \times 100\%$

⑥ 表观密度 γ 　　　　　$\gamma = \dfrac{W}{T_0} \times 10^{-3} \, (\mathrm{g/cm^3})$

⑦ 蓬松度 B 　　　　　　$B = \dfrac{T_0}{W} \times 10^{3} \, (\mathrm{cm^3/g})$

式中：T_{fr} 为试样经一定时间加负荷后，在轻压条件下测得的试样厚度，mm；（$T_{fr} = R_{fr} - R_{ol}$）；R_{fl}、R_{fh} 分别为在压缩台上放试样时，在轻、重压强条件下的位移显示数，mm；R_{ol}、R_{oh} 分别为抽去试样后，在轻、重压强条件下，压板与压缩台吻合时的位移显示数，mm；R_{fr} 为试样经一定时间回复后，在轻压条件下的位移显示数，mm；W 为样品的面密度，g/m²。

对一定规格织物，T_0 值大，表示织物较丰厚；T_s 值大，表示织物较厚实。C 值大，表示织物的蓬松性好。R_E 值大，表示服用中织物的丰厚性有较好的保持能力。R_{CE} 值大，表示有较大的 C 值和 R_E 值，是描述织物蓬松性和压缩性的综合性指标。B 值大，表示织物比较蓬松或组织稀疏。

也可不测试压缩变形曲线，只测试轻负荷（2 cN/cm²）和重负荷（100 cN/cm²）下的织物厚度 T_2 和 T_{100}（mm），计算表观厚度 $ST = T_2 - T_{100}$（mm）。

3. 弯曲性能

包括织物纯弯曲、织物竖向瓣形环弯曲和织物斜面法弯曲等方面测试。

纯弯曲：织物很容易弯曲，通常在自身重力作用下也会发生弯曲变形，为了消除重力的影响，弯曲性能在与重力场垂直的方向上测试（图4-4），所以也被称作纯弯试验。测试时首先向织物正面弯曲，曲率从 0 增加到 2.5，而后变形回复到初始状态（曲率为 0），再向织物的反面弯曲到曲率－2.5 后，变形回复到初始状态，整个测试过程中曲率匀速增减。

大量试验表明，织物的曲率与所受力矩的关系曲线为图 4-4 的右图所示的形态，变形初期弯矩随曲率递增得很快（即曲率在 0.5 以下的斜率较大的曲线），而后弯矩随曲率的递增率成为常数（即曲率在 0.5～2.0 之间为斜线），回复曲线与弯曲变形曲线平行，但不重合，即滞后一个恒定的常数 $2HB$，这是织物的黏性在弯曲性能上的反映。除少数容易卷边的针织物外，绝大多数织物向反面弯曲的性能曲线与正面弯曲的曲线呈中心对称图形。

纯弯曲循环曲线以图 4-4 所示，分别得出指标有：

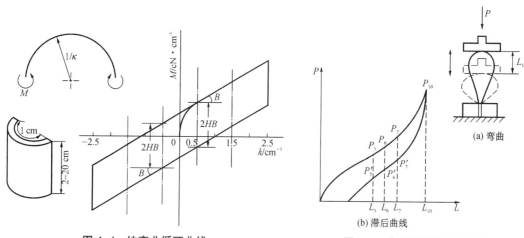

图 4-4　纯弯曲循环曲线　　　　　　图 4-5　竖向瓣形环弯曲试验

弯曲刚度

$$B = \frac{B_f + B_b}{2} (\text{cN} \cdot \text{cm}^2/\text{cm})$$

弯曲滞后矩

$$2HB = \frac{2HB_f + 2HB_b}{2} (\text{cN} \cdot \text{cm}/\text{cm})$$

式中：B_f 和 B_b 分别为曲率 $k=0.5\sim1.5$ 和 $k=-0.5\sim-1.5$ 之间连线的平均斜率，$2HB_f$ 和 $2HB_b$ 分别为 $k=0.5$ 和 $k=-0.5$ 时的弯曲滞后矩。

竖向瓣形环弯曲：如图 4-5 所示，将试样弯成环状，用压板压下试样环至设定位移时自动返回，测得弯曲滞后曲线，即可计算下列指标。

① 活络率 L_p %　　　$L_P = \dfrac{P'_5 + P'_6 + P'_7 - 3P_0}{P_5 + P_6 + P_7 - 3P_0} \times 100\%$

② 弯曲刚性 S_B　　　$S_B = \dfrac{P_7 - P_5}{L_7 - L_5} (\text{cN/mm})$

③ 弯曲刚性指数 S_{BI} $\qquad S_{BI}=\dfrac{S_B}{T_0}(cN/mm^2)$

④ 最大抗弯力 P_{max} $\qquad P_{max}=P_{10}-P_0(cN)$

式中：P_5、P_6、P_7、P_{10} 分别为瓣状环受压至位移为 5、6、7、10 mm 时的负荷显示数，cN；P'_5、P'_6、P'_7 分别为瓣状环回复至位移为 5、6、7 mm 时的负荷显示数，cN；P_0 为试样上的初始压力，cN；L_5、L_7 分别为瓣状环受压位移值 5、7 mm；T_0 为试样的表观厚度，mm。

根据上述弯曲指标试验结果，可作出相应织物风格评语：L_P 大，织物的手感活络，弹跳性好；L_P 小，手感呆滞，外形保持性差。S_B 大，织物手感刚硬，S_B 小，织物手感柔软。S_{BI} 与 S_B 意义相同，可适用于不同品种、不同规格织物间的比较。最大抗弯力 P_{max} 与 S_B 同意。

当 L_P 大，S_{BI} 小时，表示织物手感活络，柔软；L_P 大，S_{BI} 大，表示织物手感挺括，有身骨；L_P 小，S_{BI} 大，表示织物手感呆滞、刚硬；L_P 小，S_{BI} 小，表示织物手感呆滞、疲软。

斜面法弯曲：测试织物的弯曲长度 C（mm），而后用下式换算弯曲刚度 B，这种方法无法测试弯曲滞后性。

$$B=9.81\times10^{-8}WC^3(cN\cdot cm)$$

式中：W ——试样的面密度，g/m^2。

4. 剪切变形性能

当织物受到自身平面内的力或力矩作用时，经纬向（或纵横向）的交角发生变化，原本矩形的试样可能会变成为平行四边形（图 4-6 左图），这种变形被称作剪切变形。织物的剪切变形性能是织物能够被制做成服装的许多复杂曲面的最主要原因，剪切变形性能已经成为决定织物成形性优劣的一项主要性能。包括织物纯剪切、织物中纱线交织阻力和织物斜向拉伸等方面测试。

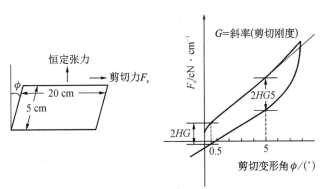

图 4-6 剪切特性

（1）织物纯剪切

如图 4-6 的右图所示，剪切变形角为 ±8° 范围，0～-8° 的剪切变形曲线与 0～8° 的剪切变形曲线呈中心对称图形，所以图 4-6 只给出其中一半。剪切变形曲线形态与弯曲变形曲线形态有相似之处，初始阶段剪切力随剪切变形角上升得很快，以后几乎成为一直线，回复曲线与剪切变形曲线不重合,主要差别是滞后量的大小与剪切变形角度的不同。

通常用如下三个指标组合表征图 4-6 所示的剪切性能:

① 剪切刚度或抗剪切刚度 $G[\text{cN}/(\text{cm}\cdot(°))]$,表示织物抵抗剪切变形的能力,定义为单位剪切变形时单位宽度试样上所受的剪切力。即

$$G = \frac{\mathrm{d}F}{\mathrm{d}\phi}$$

式中:F—— 单位宽度试样上的剪切力,cN/cm;

ϕ ——织物的剪切变形角度(°)。

② 剪切滞后量 $2HG$(cN/cm),即剪切变形曲线与回复曲线的纵坐标的差值,为剪切变形角 $\phi = 0.5°$ 时的剪切滞后量。

③ 剪切滞后量 $2HG5$(cN/cm),也是剪切变形曲线与回复曲线的纵坐标的值,为剪切变形角 $\phi = 5°$ 时的剪切滞后量。

$2HG$ 与 $2HG5$ 都反映织物剪切变形时黏性的大小,由于不同剪切变形角度下的剪切滞后量不同,采用两个滞后性能指标近似表征这一性能。

(2) 织物中纱线交织阻力

纱线表面的滑糙程度、织物结构的稀密以及织物的后整理工艺均与织物中纱线间的摩擦阻力有密切关系,交织阻力是指从一定尺寸的织物试样中抽出一根纱线所出现的最大摩擦阻力,其试验装置如图 4-7 所示。根据测得的交织阻力曲线,取得最大峰值 $P_{\max}$,即为交织阻力。

交织阻力大,表示织物内纱线间摩擦阻力大,则织物在受外力而发生弯曲变形时,在纱线交织点上产生微量的相对移动较困难,手感比较板结。此外,对于长丝织物,当经纬密度较稀,长丝表面较光滑时,织物表面受摩擦后容易呈现局部稀隙,一般称为纰裂,当测得的交织阻力小于一定范围时,可以预测该长丝织物在使用中容易发生纰裂。纰裂实质上是织物发生剪切变形而引起的织物组织畸变。因此,交织阻力的大小一方面可用来衡量织物手感的板结程度,另一方面也反映了织物抵抗剪切变形的能力。

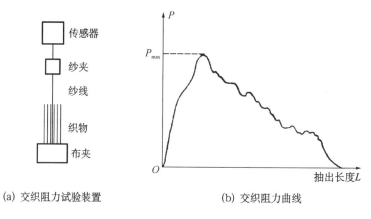

(a) 交织阻力试验装置 (b) 交织阻力曲线

图 4-7 交织阻力试验示意图

(3) 织物斜向拉伸

在拉伸试验仪上检测织物的斜向(经、纬向交角的角平分线方向,即 45°方向)拉伸性能,

然后用如下经验公式换算剪切刚度 $G[\text{cN}/(\text{cm}\cdot(°))]$，亦可表示剪切性能，但无法获得织物的剪切滞后性能。

$$G = \frac{123}{EB5}$$

式中：$EB5$——拉伸负荷 5 cN/cm 下的斜向伸长率%。

5. 表面摩擦性能

织物的表面滑糯或滑爽度主要由织物的表面摩擦性能确定，包括用测头测试织物的表面摩擦性能和织物试样叠合在水平方向滑动时的表面摩擦性能等方面测试。

（1）用测头测试织物的表面摩擦性能

用两个测头联合测试织物的表面摩擦性能。第一测头被称作摩擦子，如图 4-8 的上图所示，它是模仿人的指纹由 10 根 0.5 mm 的细钢丝排成的一个平面，测试时该平面与织物表面在一定压力作用下相对滑动，测得动摩擦系数曲线如图 4-9(a)，动摩擦系数 μ 是位移 x 的函数。

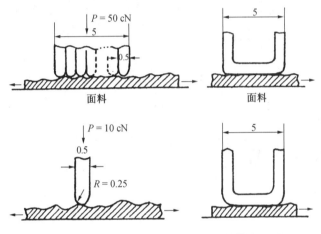

图 4-8 表面摩擦性能测试测头（长度单位 mm）

第二测头为一个矩形环，如图 4-8 的右图，测试时矩形环在一定压力作用下与织物接触，并且沿环平面的垂直方向与织物发生相对运动，由于织物表面高低不平，运动过程中矩形环要发生上下移动，其位移量表征织物厚度变化，即可测得织物厚度 T 随位移 x 的变化曲线，如图 4-9(b)。

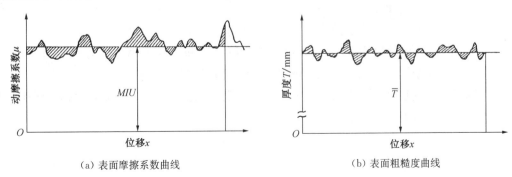

（a）表面摩擦系数曲线　　　　　　　　（b）表面粗糙度曲线

图 4-9 表面特性

通常用下面三个指标组合表示织物的表面摩擦性能：

① 平均摩擦系数 MIU（无单位），即图 4-9(a) 的摩擦系数曲线的平均值。

$$MIU = \frac{1}{x} \int_0^x \mu \, \mathrm{d}x$$

② 摩擦系数的平均差不匀率 MMD（无单位），摩擦系数曲线的平均差不匀率。

$$MMD = \frac{1}{x} \int_0^x | \mu - MIU | \, \mathrm{d}x$$

③ 表面粗糙度 $SMD(\mu m)$，即图 4-9(b) 所示表面粗糙度曲线的平均差不匀率。

$$SMD = \frac{1}{x} \int_0^x | T - \bar{T} | \, \mathrm{d}x$$

（2）织物试样叠合在水平方向滑动时的表面摩擦性能

将两块织物试样正面对正面叠合在一起，在一定正压力和速度条件下，测定在水平方向滑动过程中摩擦力的变化，并计算出下列指标：

① 静摩擦系数 μ_s $\mu_s = \dfrac{f_{\max}}{N}$

② 动摩擦系数 μ_k $\mu_k = \sum_{i=1}^{n} f_i / (n \cdot N)$

③ 动摩擦系数不匀率 $CV_{\mu k}\%$

$$CV_{\mu k} = \frac{\sigma}{f} \times 100\% = \sqrt{\left[\sum_{i=1}^{n} f_i^2 - \left(\sum_{i=1}^{n} f_i \right)^2 / n \right] / \left[(n-1) \overline{f^2} \right]} \times 100\%$$

式中：$f_{\max}$ ——试样的最大静摩擦力，cN；

f_i ——试样的动摩擦力，cN；

$\bar{f}$ ——试样的平均动摩擦力，cN；

N ——试样的正压力，cN；

n ——采样次数；

σ ——动摩擦力的均方差，cN。

μ_s 和 μ_k 值小，表示织物手感光滑，反之，有粗糙感。

$CV_{\mu k}$ 值与纱线的条干均匀性、刚柔性、屈曲波高差和布面毛羽多少等因素有关，一般 $CV_{\mu k}$ 值大，在服用中较有"爽"的感觉，并适宜于夏季用织物。

μ_k 和 $CV_{\mu k}$ 的组合评语为：如 μ_k 小，$CV_{\mu k}$ 小，表示织物滑腻；μ_k 小，$CV_{\mu k}$ 大，表示织物滑爽；μ_k 大，$CV_{\mu k}$ 大，表示织物粗爽。

（二）测量的方式

1. 单台单指标方式

例如，织物弯曲、悬垂等单项性能的测试仪器，这类仪器往往着重测试织物的某一项手感风格特性。

2. 单台多指标方式

YG 821 是单台多指标的织物风格测试仪,由上海纺织科学研究院设计。该仪器的特点是,在同一台仪器上加装不同的附属装置,可测量织物的多项力学性能指标。如织物的表面摩擦性能、交织阻力、弯曲性能、压缩性能、起拱变形和平整度,并作出织物相应的风格评语。

按照织物的弯曲、表面摩擦、压缩等方面进行序列性比较,从而作出手感的相应评语。就挺括而言,主要涉及弯曲性能。当活泼率(L_p)与弯曲刚性(S_{BI})两者数值均大时表示织物手感挺括;如果活泼率低而弯曲刚性大则表示手感板结,活泼率与弯曲刚性两者均小时则手感软而发烂。就丰满而言,几乎与所有压缩性能有关。对于滑爽而言,就涉及织物试样叠合在水平方向滑动摩擦力的表面摩擦性能,当动摩擦系数(μ_k)低而动摩擦系数变异系数(CV_μ)较大时表观为手感滑爽;对于滑糯则涉及弯曲、表面摩擦与压缩性能,当弯曲刚性小,活泼率大,动摩擦系数小,织物稳定厚度较大时,则手感表现为滑糯。当弯曲刚性、动摩擦系数、稳定厚度数值较小时则手感滑腻。在各类织物中,普遍以活泼率高、动摩擦系数较低,有关压缩的弹性率高的为好。不同品种的织物可以根据织物的结构特点,分别侧重选择有关的性能进行比较,例如粗纺呢绒则可偏重选择弯曲与压缩性能的有关指标进行评定。

(3)起拱变形试验

起拱变形试验是模拟服装的肘部与膝部受到反复弯曲,织物由于缓弹性变形与塑性变形的积累而产生的起拱变形,如图 4-10 所示。试样拱顶至一定高度(h_0),保持一定时间,然后半圆球回复,让试样回复一定时间,测定回复后的残留拱高(h),可得到起拱残留率指标 R_{ar}。

图 4-10 起拱变形

$$R_{ar} = \frac{h - h_d}{h_0} \times 100\%$$

式中:h_d ——起拱前测得的间隙高度。

R_{ar} 大,表示织物的抗张回复性差,在服用中膝部、肘部容易产生残留变形。

(4)平整度试验

织物平整度(CV_r)是在一定的压力条件下,用一定大小的圆形平面测出所测织物厚度的变异系数。织物厚度不匀是由于纱线张力不匀、条干不匀、绒毛不匀等原因所造成的厚度不匀。CV_r 大,表示织物厚度不匀,对绒类织物,表示缩绒或剪毛长度不匀。

3. 多台多指标方式

(1)KES-F 织物风格测试仪

KES-F 织物风格测试仪是属于多台多指标式的织物风格测试仪。

系统有拉伸、剪切试验仪,纯弯曲试验仪,压缩性试验仪和表面性能试验仪四台试验主机,并分别配备有数据处理装置,包括计算机、打印机、绘图仪等。

该系统可测试:低负荷下织物拉伸性能的拉伸比功 WT、拉伸功回复率 RT、拉伸曲线

的线性度 LT；压缩性能的压缩比功 WC、压缩功回复率 RC、压缩曲线的线性度 LC；弯曲性能的弯曲刚度 B、弯曲滞后矩 $2HB$；剪切变形性能的剪切刚度 G、剪切滞后量 $2HG$、剪切滞后量 $2HG5$；表面摩擦性能的平均摩擦系数 MIU、摩擦系数的平均差不匀率 MMD、表面粗糙度 SMD 等 14 个指标。除了测试上述 14 个力学性质指标外，还可测试与织物风格有关的两个物理指标：织物面密度 W（g/cm²）和织物厚度 T（mm）。该系统可测试共计 16 个织物的力学、物理性能指标。

以川端为首的日本 HESC 认为，由专家主观评定织物手感的过程为：

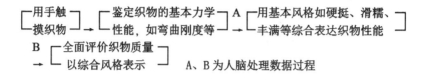

也就是说，主观评定得到的织物基本风格和综合风格的概念或等级是用手触摸织物，得到由织物力学性能对手的反作用的感觉，通过人脑思维而得出的。因此 HESC 首先设计了能测定影响织物手感的各项力学性能指标的 KES-F 测试系统。

在评定织物风格时，川端等把织物风格的客观评定分为三个层次：即织物的力学、物理量、基本风格和综合风格。如对男女冬季西服面料，基本风格为硬挺度、滑糯度和丰满度；夏季西服面料的基本风格为滑爽度、硬挺度、平展度和丰满度。每一基本风格值划分为 0～10 共 11 个级别，10 为优秀，0 为最差。然后由基本风格值进一步得到综合风格值，综合风格值划分为 0～5 共 6 个级别，5 为优秀，1 为很差，0 为极差或无法应用。客观评定的具体步骤为：

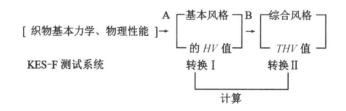

上述评定过程表示了由 KES-F 风格仪测得织物的 16 个基本力学、物理性质指标后，可以由计算式转换成该织物的基本风格值，进而由基本风格值按计算式转换成该织物的综合风格值。那么，转换Ⅰ和转换Ⅱ的计算式如何得到呢？川端等在日本国内收集了同一类别（如夏季女装、冬季男士西装）的织物 1 000 多种，从中挑选出 214 个品种织物，由手感评定专家小组用主观评定法评出各块织物试样的基本风格值（HV）和综合风格值（THV），同时对所有这些织物试样用 KES-F 风格仪测量其 16 个力学、物理指标，然后用多元线性回归方法建立了 16 个力学、物理指标与织物基本风格，以及基本风格与综合风格之间的回归方程。

现将冬季用男士西服面料织物的转换关系式举例如下：

KES-F 力学量与基本风格（HV）值的关系式为：

$$Y = C_0 + \sum_{i=1}^{16} C_i X_i \tag{4-1}$$

式中：Y ——专家评定手感值（HV）；

C_0、C_i ——常数；

X_i ——被标准化后的力学量。

$$X_i = \frac{x_i - \overline{x_i}}{\sigma_i} \tag{4-2}$$

式中：x_i ——各指标的测试值；

$\overline{x_i}$ ——各测试指标的平均值；

σ_i ——各测试指标的均方差。

对男士冬用服装用织物的力学量 x_i 和 214 种织物所得的 $\overline{x_i}$、σ_i 值列于表 4-3。

为了完善方程（4-1），采用分区逐步回归方法，得出不同基本风格值的加和顺序和 C_i 值列于表 4-4。

表 4-3 x_i、$\overline{x_i}$、σ_i 值

区段	i	x_i	$\overline{x_i}$	σ_i
1	1	LT	0.608 2	0.061 1
	2	lg WT	0.962 1	0.127 0
	3	RT	62.189 4	4.438 0
2	4	lg B	−1.008 4	0.126 7
	5	lg $2HB$	−1.347 6	0.180 1
3	6	lg G	−0.014 3	0.128 7
	7	lg $2HG$	0.080 7	0.164 2
	8	lg $2HG5$	0.409 4	0.144 1
4	9	LC	0.370 3	0.074 5
	10	lg WC	−0.708 0	0.142 7
	11	RC	56.270 9	8.792 7
5	12	MIU	0.208 5	0.021 5
	13	lg MMD	−1.810 5	0.123 3
	14	lg SMD	0.603 7	0.206 3
6	15	lg T	−0.127 2	0.079 7
	16	lg W	1.420 8	0.059 1

注：i 表示 KES-F 力学、物理指标排序。

表 4-4 C_i 值

j	硬挺度			滑糯度			丰满度		
	i	C_i	R	i	C_i	R	i	C_i	R
0	0	5.709 3		0	4.753 3		0	4.979 9	
1	4	0.845 9	0.740	13	−0.927 0	0.595	10	0.884 5	0.600
2	5	−0.210 4	0.780	14	−0.303 1	0.633	9	−0.204 2	0.616
3	6	0.426 8	0.849	12	−0.153 9	0.645	11	0.187 9	0.630
4	7	−0.079 3	0.854	10	0.527 8	0.734	13	−0.596 4	0.754
5	8	0.062 5	0.854	9	−0.170 3	0.742	14	−0.170 2	0.768
6	15	−0.171 4	0.868	11	0.097 2	0.749	12	−0.056 9	0.770
7	16	0.223 2	0.889	8	−0.370 2	0.794	1	−0.155 8	0.782
8	2	−0.134 5	0.896	6	−0.026 3	0.794	2	0.224 1	0.793
9	3	0.067 6	0.898	7	0.066 7	0.792	3	−0.089 7	0.795
10	1	−0.031 7	0.899	4	−0.165 8	0.807	8	−0.065 7	0.799
11	10	−0.064 6	0.900	5	0.108 3	0.803	6	0.096 0	0.800
12	9	0.007 3	0.900	1	−0.068 6	0.808	7	−0.053 8	0.802
13	11	−0.004 1	0.901	3	−0.161 9	0.812	15	0.083 7	0.807
14	13	0.030 7	0.901	2	0.073 5	0.813	16	−0.181 0	0.805
15	12	−0.025 4	0.901	16	0.012 2	0.813	5	0.084 8	0.805
16	14	0.000 9	0.901	15	−0.135 8	0.812	4	0.033 7	0.806

注：① j 表示方程(4-1)的加和顺序，i 表示织物力学指标的顺序。

② 根据织物所测 16 个力学指标，可以计算得手感值为：

硬挺度 = 5.709 3 + 0.845 9(lg B + 1.008 4)/0.126 7 − 0.210 4(lg 2HB + 1.347 6)/0.180 1 + 0.426 8 (lg G + 0.014 3)/0.128 7 − 0.079 3(lg 2HG − 0.080 7)/0.164 2 + …

综合风格值的评定可以根据基本风格值得到，根据专家评定的 THV 与 HV 间关系由下列线性回归方程式表示：

$$综合风格(THV) = C_0 + \sum_{i=1}^{3} z_i \qquad (4-3)$$

式中：$Z_i = C_{i1}(Y_i − M_{i1})/\sigma_{i1} + C_{i2}(Y_i^2 − M_{i2})/\sigma_{i2}$；

Y_i ——第 i 项基本手感值；

C_0、C_{i1}、C_{i2}、M_{i1}、M_{i2}、σ_{i1}、σ_{i2} ——常数(表 4-5)。

表 4-5 冬季男士用外衣织物常数表 $C_0 = 3.146 6$

i	Y_i	C_{i1}	C_{i2}	M_{i1}	M_{i2}	σ_{i1}	σ_{i2}
1	硬挺度	0.675 0	−0.534 1	5.709 3	33.903 2	1.143 4	12.112 7
2	滑糯度	−0.188 7	0.804 1	4.753 7	25.029 5	1.559 4	15.562 1
3	丰满度	0.931 3	−0.770 3	4.979 8	26.972	1.474 1	15.234 1

　　川端方法的优点：对于任意给定的织物试样，只要利用 KES-F 织物风格仪测出其力学性能指标后，分别代入方程(4-1)和(4-3)，就可以算出该织物的 HV 值和 THV 值。由于川端收集了日本国内几乎该类型品种的所有织物，具有广泛的代表性。因此，用仪器客观评定的结果与专家手感评定的结果甚为一致，应用十分方便。但是由于织物风格受到民族、风土人情、习惯、受好的心理和社会影响，上述方程并不完全适用于其他国家。经日本、中国、澳大利亚、印度四国联合对相同的织物试样进行了仪器测定和专家手感评定相对照，式(4-1)和式(4-3)在日本较为符合，而在其他国家对照的结果各国并不完全一致，因此，如果其他国家需要用 KES-F 织物风格仪对织物进行客观手感评定的话，则各国需要另外由本国专家组主观评定后建立新的适合于本国习惯的类似的线性回归方程式。

　　(2) FAST 织物风格测试仪

　　FAST 织物风格测试仪也是属于多台多测多指标式的织物风格仪。

　　FAST 是客观评价织物外观、手感和性能的简易测试系统。它包括三台仪器和一种测试方法：

　　FAST-1 压缩仪　测定织物在不同负荷下的厚度和织物表观厚度；

　　FAST-2 弯曲仪　测定织物的弯曲长度和弯曲刚度；

　　FAST-3 拉伸仪　测定在不同负荷下的伸长和织物的斜向拉伸伸长，用于计算织物的剪切刚度；

　　FAST-4 尺寸稳定性试验方法　测定织物的松弛收缩率(RS)和织物的吸湿膨胀率(HE)。

　　由 FAST 测定的 12 个物理、力学性质指标和 7 个计算指标共 19 个 FAST 指标列于表 4-6。

表 4-6　FAST 的力学和物理性能指标

仪器	指标名称	单位	测试条件	指标代号、计算	备注
FAST-1	厚度	mm	2 cN/cm²、100 cN/cm²	$T2$、$T100$	
	表观厚度	mm	计算	$ST = T2 - T100$	
	松弛厚度	mm	2 cN/cm²、100 cN/cm²	$T2R$、$T100R$	汽蒸以后的厚度
	表观厚度	mm	计算	$STR = T2R - T100R$	汽蒸以后
FAST-2	弯曲长度	mm		C	经向和纬向
	弯曲刚度	μN·m	计算	$B = W \times C^3 \times 9.81 \times 10^6$	W 为面密度(g/m²)
FAST-3	伸长	%	5 cN/cm、20 cN/cm、100 cN/cm	$E5$、$E20$、$E100$	经向和纬向
	斜向拉伸	%	5 cN/cm	$EB5$	右斜和左斜
	剪切刚度	N/m	计算	$G = 123/EB5$	
FAST-2&3	成形性	mm²	计算	$F = (E20 - E5) \times B/14.7$	
FAST-4	L_1	mm	原始干燥长度		经向和纬向
	L_2	mm	湿长度		经向和纬向
	L_3	mm	最后干燥长度		经向和纬向
	松弛收缩率	%	计算	$RS = [(L_1 - L_3)/L_1] \times 100$	经向和纬向
	吸湿膨胀率	%	计算	$HE = [(L_2 - L_3)/L_3] \times 100$	经向和纬向

FAST-1、FAST-2 和 FAST-3 可以测定和自动记录试验结果。FAST-4 则由手工记录结果。全部试验结果可以自动地以控制图(织物指纹图 Fabric Fingerprints)形式打印出来或由手工绘制。根据控制图可以估计织物是否适合最终用途。如果织物性能指标超出控制范围,可以事先采取措施,使织物符合最终用途的指标要求。织物的控制图示于图 4-17。织物性能在限定值范围内,成衣加工较顺利。

4. 其他方式

织物手感风格测试方法还有织物风格环测试方法和喷嘴式智能风格仪等。

织物风格环测试方法以一定直径的圆环套住织物,以一定速度下降,根据下降测得的负荷(位移曲线)计算负荷(位移曲线初始部分的斜率)曲线的最大峰值和曲线下的面积等与织物风格有关的指标。

喷嘴式智能风格仪是试样从一喷嘴式喇叭口拉出,记录其负荷-位移曲线,根据图形可以建立如初始斜率、最大峰高、峰宽以及峰值面积等与织物手感有关的指标。

第三节　织物光泽与视觉风格

一、织物的颜色与光泽感

(一)织物视觉风格的基本定义

织物或服装面料的外观给人的感知称为织物的视觉风格,它是由人的视觉器官对织物外观效果的质量评价,是一种心理感知。织物视觉风格不仅与布面的印花图形和色彩有关,同时也与织物的光泽、织纹和悬垂性有关。习惯上,将织物的光泽和悬垂性称为织物的视觉风格。

(二)织物的颜色及色调
1. 织物的颜色

织物的颜色可按色彩学分解为色泽、亮度和色度,再加上光泽和织物的表面结构(广义的光泽因素),便形成所谓色调。其中,色泽取决于染料,亮度基本取决于染色浓度,色度大体由染料决定。因此,从纤维方面看,所用染料、染色方法、染色深度是决定织物颜色的因素。归根到底,决定织物颜色的主要因素是支配以上因素的纤维内部结构、织物结构和染色加工条件。

纤维的化学结构和物理结构等纤维内结构特性,决定染色能力。具有酸性基团的纤维,在用盐基性染料染色时,形成离子结合型的染色。一般说来,酸性染料有齐全的色谱,能染得丰富多样的色泽。而属于酸性染料类型的金属络合染料,仅能得到暗淡的色调。聚酯纤维中没有极性基团,由于酯键而显示为偶极子,并和分散性染料的偶极子构成所谓极性范德华力结合。由于分散性染料大多不够鲜艳,故很难将聚酯纤维染成像聚丙烯腈纤维那样鲜艳的色泽。如果在聚酯纤维中以共聚或混合等方法接入极性基团,即可用酸性染料或盐基性染料染色,从而能染出丰富多彩的色泽。在聚丙烯纤维中,由于没有极性基团,也没有偶极子,只有所谓非极性的范德华力结合,因此更难染出多样的色调。除此之外,还有纤维素纤维以氢键结合的直接染料染色,黏胶纤维等用活性染料的共价结合染色,这些应根据所用染料的不同而显示其不同的特点。

在染色时,由于染料必须在纤维内扩散,因此纤维的致密性影响着染色的深浅。在一般情况下,纤维的非晶区比例高、整列度较差时,在实际染色中易染得深色。例如,将聚酯纤维在高温下进行弛缓热处理,使非晶区增多、扩大,即可在同一的染色条件下,获得更深的颜色。由于致密分子结构的松弛影响着染色性,故纤维的玻璃化转移温度和膨润性对染色的关系极大。

以上是与染色有关的因素。另外,纤维的光学性能也影响色彩。在一般情况下,透明度好的纤维能染出鲜艳的颜色。如纤维中添加有氧化钛,以及存在着不能反射可见光的空隙或折光率变化等而降低透明度的原因时,所染得的颜色则较浅。另外,具有异形截面、侧面凹凸、微细卷曲、纤度极细等,在光泽的散乱性能高时,也能使染色鲜艳度降低。

纱、布的结构也在某种程度上影响色泽,这种影响主要表现为上述的有关对光泽的散乱性原因和在染色时染液是否容易浸透等方面。再者,通过对染料进行调配,往往能染出雅致美观的色泽。印染加工条件是影响颜色的最直接因素,如烧毛、轧光、轧花、热定型、练漂条件等也影响色泽。

2. 色彩的测试

色彩的测试,可分为作为测试手段的测色和作为表示光谱特性的表色。

(1) 测色

利用光学系统进行测试,最为广泛的是用可见光分光光度计测定分光光谱和三刺激值 XYZ。国际照明协会(CIE)的三刺激值 XYZ 即

$$X = K \int_{380}^{780} P_\lambda \bar{x}_\lambda \rho_\lambda \mathrm{d}\lambda$$

$$Y = K \int_{380}^{780} P_\lambda \bar{y}_\lambda \rho_\lambda \mathrm{d}\lambda$$

$$Z = K \int_{380}^{780} P_\lambda \bar{z}_\lambda \rho_\lambda \mathrm{d}\lambda$$

式中：ρ_λ——反射物体的分光反射率；

$\qquad K$ ——对于标准日光在 $Y = 1$ 时由 $K = 1/\int_{380}^{780} P_\lambda \bar{y}_\lambda \mathrm{d}\lambda$ 计算而得；

$\qquad P_\lambda$ ——用于测定的标准光源的分光分布值；

$\qquad \bar{x}_\lambda$、$\bar{y}_\lambda$、$\bar{z}_\lambda$ ——光谱的三刺激值,由其波长分布决定。

试样对比标准白板的分光反射率 ρ_λ,可用分光光度计测定。同样,也适用于透过光的测色,这时要用分光透过率 τ_λ 代替 ρ_λ。XYZ 的计算可用人工进行,分光光度计上附有积分仪时则更为方便。标准白板用氧化镁制成。

对于纤维集合体的物体有效的测试手段,是显微分光光度计。这是显微镜和分光光度计组合而成的仪器,能对大约 $2 \sim 100 \ \mu\mathrm{m}$ 直径的试样进行测色,能用于一根单纤维的测色或测定混色织物的色彩分布。

(2) 表色

色的表示方法,分为显色系统和混色系统两大类。前者根据色的三属性(色相、明度、彩度),将色样的色彩进行测试。迈歇尔(Munsell)和奥斯特瓦尔特(Ostwald)的表色系统属于

这一类。例如,迈歇尔表色系统是将色相(H)分成 40 级,将明度(V)分为从 0(黑)到 10(白),将彩度(C)分为从 0(无彩色)到 14(最高彩度,红),采取立体地排列的方法。若以视觉为重点,则为知觉的等级制。

混色系统是以分光光谱为基础的表色系统,其代表是国际照明协会(CIE)的表色系统。根据分光分析,求三刺激值 XYZ。其中,$x=X/(X+Y+Z)$,$y=Y/(X+Y\pm Z)$,在 xy 直角坐标系上表示,称为色度图。中心周围表示的为色相,在中心的一定距离范围内表示出来的为刺激纯度。明度是由与此坐标成垂直方向的 Y 值表示。

(三)织物光泽感

织物光泽是评价织物外观质量的一项重要内容。织物光泽是指织物在一定的背景与光照条件下,织物表面的光亮度以及与各方向的光亮度分布的对比关系和色散关系的综合表现,它与织物表面的反射光以及反射光光强分布有密切联系。织物的光泽感是指在一定的环境条件下,织物表面的光泽信息对人的视觉细胞产生刺激,在人脑中形成的关于织物光泽的判断,是人对织物光泽信息的感觉和知觉。

1. 织物的光泽

织物的光泽是正反射光、表面散射反射光和来自内部的散射反射光的共同贡献。从光泽量的角度考虑,织物光泽与其反射光光强分布有关,如果从光泽质的角度考虑还与反射光的颜色纯度、内部反射光、透射光、光的干涉等有关。

正反射光:符合反射定律的光线称为正反射光,它的强弱与物质的反射率有关,还与织物表面状态有关。一般来说,表面愈光滑平整,反射光也就愈强。正反射光的光谱组成与原入射光的光谱基本一致。

表面散射光(漫射光):织物的表面复杂,不是理想镜面,因而会产生光的散射,漫射光较强,但组成织物的纤维、纱线又有一定的规律性,所以漫射光的分布也有一定的规律性。

内部反射光:光线折射进入织物后,由内部反射重新进入原介质(空气),这部分内部反射光要受到物质的选择吸收,使得它的光谱组成发生变化,如果入射光为白色,此时内部反射光会变为色光而呈现出物体的颜色。织物的内部反射光由纤维的内表面和纤维内部层状结构所形成,而且纤维的内部漫射光是由纤维内部结构的不均匀性或含有其他物质微粒如消光纤维中的二氧化钛造成的。内部反射光与织物光泽的质感有较大关系。

光的色散:不同频率的光在同一物质中折射时,折射率是不同的,会依其频率产生分离现象,这就是色散。色散现象会影响织物的光泽感,即使是白色纤维织物,由于色散现象,有时会隐隐看到彩色的晕光,这就是纺织材料的彩度,它给人以高贵的感觉。透射光决定纤维的透明度,但它对织物光泽的量和质也有影响。

2. 织物光泽的评价与测量

感官评定织物光泽是凭人的视觉,对织物光泽作出相对优劣的主观评定。具有简便、快速的优点,特别是实践经验丰富、判断能力强的检验人员,能对织物光泽作出校正确的评价,所以为实用检验。但与织物触觉风格的主观评定一样,人为因素较大,并受检验人员的熟练程度和心理状态影响。此外,主观评定很难给出定量特征,因而有局限性。所以人们设想用物理测量方法,用仪器测定来取代视觉评价。织物的光泽研究已有半个多世纪,许多研究者提出了众多的测试方法和分析方法,以下是一些有代表性的织物光泽测试方法及其相应的指标。

织物光泽感客观评价是用各种与反射光有关的物理量来进行量化。这些物理量一般取自以下几方面：①织物表面反射光的数量；②织物表面反射光的分布方向；③织物表面反射光中各种不同类型反射光组份的结构比例。此三个方面，可以取用的指标有镜面光泽度、来自二次元变角反射系统的对比光泽度以及来自三次元系统的各种对比光泽度，和与织物表面状态关系比较密切的 NF 光泽度、杰弗里斯（Jeffries）对比光泽度、英格索尔（Ingersoll）偏光光泽度等。

（1）镜面光泽度

也称为正反射光泽度，对光滑的表面来讲，这是反射光量最大的位置，如果纤维或纺织品表面凹凸不平显著，这个位置可能有较大的偏移。这一方向对于不同色调染色的丝织物，光线沿织物经向入射，入射角为 60°及 45°时，测试结果与视觉评价有较好的相关性。

（2）二维对比光泽度

指在二次元变角光度曲线上，同一个入射角，不同反射角，或同一反射角、不同入射角时测得的反射光量之比。比较常用的对比方式是取入射角与反射角相等为 45°时的反射光量为 I_{max}，用它与入射角为 0°、反射角等于 45°时的反射光量（I_{0-45}）之比表示，如图 4-11 所示。二维对比光泽度为

$$G_2 = I_{max}/I_{0-45}$$

（3）二维漫反射光泽度

二维漫反射光泽度是以二维漫反射曲线为基础，如图 4-12，漫射光泽度 G_D 的定义为：

$$G_D = \int_0^\alpha I_{\alpha-\theta} d\theta / I_{\alpha-\alpha}$$

（4）三维对比光泽度

三次元变角光度曲线测试方法及测试曲线如图 4-13 所示。它反映了与入射面垂直方向的光强分析。三维对比光泽度 G_3 指标定义如下：

$$G_3 = I_{a-0}/I_{a-\gamma}$$

式中：I_{a-0}——入射角 α 光线的正反射光强度；

$I_{a-\gamma}$——入射角 α 光线在与入射平面相垂直平面的 γ 角处的漫反射强度。

常以 γ 作对称变化（如 $\gamma = \pm 45°$）时两个反光读数的平均值代表。

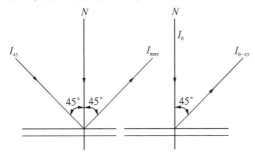

图 4-11 二维对比光泽度测试方法示意图

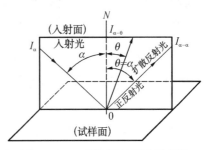

图 4-12 二维漫反射测试示意图

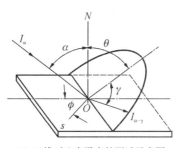
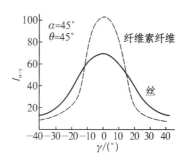

（a）三维对比光泽度的测试示意图 （b）三维对比光泽度的测试举例（平纹）

图 4-13 三维对比光泽度的测试方法与测试曲线示意图

（5）水平轴旋转法（NF 法）对比光泽度

测试方法及测试曲线如图 4-14 所示。光源和受光器固定，一般入射角与反射角都是 $45°$，试样以过入射点与入射面垂直的线为轴旋转，其对比光泽度 G_{NF} 定义为：

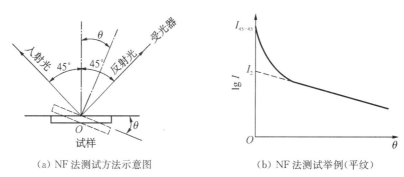

（a）NF 法测试方法示意图 （b）NF 法测试举例（平纹）

图 4-14 NF 法测试方法及测试曲线示意图

$$G_{NF} = I_{45-45} / I_2$$

式中：I_{45-45}——$\theta = 0°$ 时的镜面光泽度；

I_2——试样绕水平轴旋转 θ 角时的镜面光泽度。

（6）垂直轴旋转法（Jeffries 法）对比光泽度

测试方法及曲线如图 4-15。入射光、反射光和试样面法线在同一平面内，光源与反射光接受器固定，试样绕入射点法线轴转动。一般取入射角 $\psi_1 = 45°$，受光角 $\psi_2 = 75°$。所得曲线是反射光强度 I_θ 与试样回转角 θ 之间的关系曲线。其对比光泽度定义为：

$$G_J = (I_{max} - I_{min}) / I_{min}$$

式中：I_{max}——最大反射光强度；

I_{min}——最小反射光强度。

纤维的光泽和透明度不仅影响制品的光泽，也影响色彩。一般越是透明度高、反射程度偏差小的纤维织成的织物，色彩的鲜艳度越高。

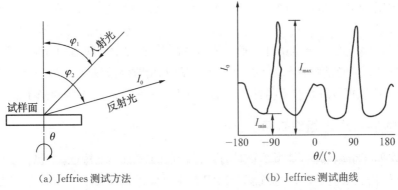

（a）Jeffries 测试方法　　　　　　　　（b）Jeffries 测试曲线

图 4-15　Jeffries 测试方法及测试曲线示意图

　　染色过的织物的光泽测定要加以注意，光电元件对于中间波长的可见光的感度较高，因而要进行修正。另外，对染色的试样，由于选择吸收的扩散光较弱，而镜面光不变，故越是浓色样品对比光泽度越高。在视感上越是浓色的，它的光泽感觉越强，因而对色相和彩度的影响较小。

　　织物光泽的物理测试目前仍处于探索过程中，还没有统一的测量方法与指标体系。国内学者研究认为：织物光泽感的形成，要经历光学信息对人的视觉感受器的物理刺激、感光神经末梢的生理刺激，大脑的心理判断及知觉的产生 3 个阶段。根据这 3 个阶段的各自特点，提出了织物光泽感的特征及其关系的理论模型，建立了织物光泽感的 3 个空间域。

　　3 个空间域之间关系如图 4-16 所示。

　　在物理学空间域中，认为织物二次元变角反光的分布曲线对织物光泽感的贡献主要有以下 4 个特征指标：

　　① 峰值反向率 G_m：指织物反射光最大处的光通量占入射光总光通量的百分数；

　　② 法向反射率 G_n：指织物法向方向的反光光通量占入射光总光通量的百分数；

　　③ 赤道反射率 G_p：指织物入射面内，反光总光通量占入射光总光通量的百分数；

　　④ $-65°$对比光泽度 $G_{(-65°)}$：指入射角一定时，峰值方向光通量与 $-65°$方向的光通量之比（法向方向定向 $0°$，入射角为负角）。

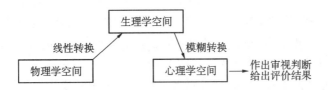

图 4-16　3 个空间领域的转换关系

　　经过 53 种不同类型织物的测试，并将以上指标对平均值 $\bar{G}$ 和标准差 σ 归一化后，利用数学上主成分分析方法，最终得到 3 个基本相互独立的综合参量指标如下：（1）反光度 X_1；（2）亮度差异率 X_2；（3）漫射光 X_3。

　　在生理学空间域也有 3 个相互独立的参量，即：①生理反射量 $Y_1 = f_1(X_1)$；②生理光泽量 $Y_2 = f_2(X_2)$；③生理漫射量 $Y_3 = f_3(X_3)$。

在心理学空间域亦应有 3 个模糊参量,即:①光亮度 $Z_1 = F_1(Y_1)$;②光泽度 $Z_2 = F_2(Y_2)$;③背景光 $Z_3 = F_3(Y_3)$。其中 F_1、F_2、F_3 均为模糊转换的隶属函数。

对 53 种不同织物的仪器测试和主观评价结果表明,心理学空间与物理学空间指标参量之间的拟合关系最大可能是对数函数($Z = a + b\ln X$)和指数函数($Z = a \cdot X^b$)型,其中,a,b 均为常数。因此,可以根据综合参量指标 X_1、X_2 和 X_3 来表征、估计织物的光泽感特征。

二、织物的纹理与组织效应

织物的纹理与组织效应,是指织物具有积极价值的附加外观特性,不包括织物的不匀疵病、起皱、起球、霜色效应等。这些纹理与组织效应具体的例子如绉纹、条纹、花纹、毛绒、纱圈、纱节、杂色等有不同凹凸性、纹样、条纹、被覆性的表面组织。表面组织通过纱、布组织的外观表现出来,因此可以说表面组织就是纱、布组织本身。影响这个组织的因素有纤维特性和制丝、纺纱、纱线加工、织布和染色整理等外部条件,具体可分为织物组织效应、织物的表面效应和织物的纹理效应三方面。

(一)织物组织效应

织物组织是指纱线在构成织物过程中相互交织、编结的规律。织物组织效应是指织物组织对织物的外观风格和内在质量产生的影响和效果。机织物按组织结构分可分为三原组织(平纹、斜纹、缎纹)织物、变化组织织物、联合组织织物、复杂组织织物等。针织物一般分为基本组织针织物、变化组织针织物和花色组织针织物等。各种织物组织对织物的外观风格和内在质量产生不同程度的效应。

平纹织物是机织物中组织结构最为简单的一种,是机织物三原组织之一。平纹织物的特点是在单位根数中经纬纱交织次数最多,即在原料、线密度、经纬密度相同的条件下平纹织物结构最紧密,布面最平整,手感最硬挺。

斜纹织物的组织结构比平纹织物复杂一些,有原组织斜纹和复合斜纹等。一般地说,斜纹织物纱线交错次数较平纹织物少而比缎纹织物多。不同斜纹组织纱线交错次数也是不同的,在原料、线密度、经纬密度相同的条件下,交错次数少的织物比交错次数多的织物稀松、柔软。斜纹织物表面有明显的斜向纹路,线织物呈现右斜纹,纱织物呈现左斜纹。斜纹织物的质地一般比较丰满、柔软,纱线之间的空隙较大,易于吸汗、透湿、保暖等。

缎纹织物是三原组织中结构最复杂的一种。缎纹织物的特点是织物浮长比较长,交织点少,手感柔软,一般配置较高的经纬密度,纱支较细,布面细腻、光洁、平滑,没有明显纹路,织物质地饱满,光泽好。缎纹织物厚实、柔软、弹性好。

机织物组织除了平纹、斜纹、缎纹三原组织和三原组织的变化组织之外,还有一些将两种或两种以上的原组织或变化组织按一定的方式联合起来的组织,称联合组织。联合组织织物一般都有各自的外观和特点。例如:绉组织织物,织纹细密平整,没有连续的方向性纹路,光泽柔和;凸条组织织物,布面凹凸明显,条纹清晰,立体感强;透孔组织织物,布面有均匀小孔,透气吸湿,常和平纹组织结合构成不同的图案花纹;网目组织织物,由于组织点的配置,使设计的网目经或纬作屈曲移动,布面呈现网络状图案;蜂巢组织织物,由平纹和不同的经纬浮长构成布面蜂窝状凹凸效果的织物,织物蓬松、柔软、保温性好等。

复杂组织织物一般质地较厚实,正反两面纱线重叠构成,在机织物中交织规律最复杂。

复杂组织织物经、纬纱线中至少有一向为两个或两个以上系统的纱线组成,组织包括二重组织和多重组织、双层组织和多层组织、起绒组织、毛巾组织、纱罗组织和填芯组织等。复杂组织织物手感丰满、柔软,吸湿透气,织物风格独特,多数织物正反两面的花纹图案不同。

针织物组织有基本组织、变化组织和花色组织等。基本组织是所有针织物的基础,由线圈以最简单的方式组合而成。这类组织有纬编平针、罗纹、双反面,经编、经链、经平、经缎等。变化组织是在一个基本组织的相邻线圈纵行间,配置另一个或另几个基本组织的线圈纵行而成,织物外观略有变化。花色组织主要有提花、集圈、纱罗、菠萝、抽花、衬垫、毛圈、添纱、波纹、长毛绒及由以上组织组合而成的复合组织等。这类组织具有显著的花色效应。

(二) 织物表面效应

织物表面效应是指织物表面特性对织物的外观风格和内在质量产生的影响。表面变化、凹凸明显的织物感觉层次丰富,立体感强;表面整齐、平坦的面料感觉细腻、爽洁。通常棉织物、麻织物、丝织物、毛织物有其典型的表面外观效应。纺织新产品的开发已打破了棉、毛、丝、麻的界线,纺织原料的应用互相渗透,"新合纤"的开发,使纺织品的性能逐渐趋于天然化,具有仿真、仿毛的特性;两种或多种纤维(短纤维和长丝)混纺、交并、交织,发挥了各种纤维的优良特性,从而提高了纺织产品的服用性能及感官效果。

棉织物外观朴素,手感较软,色谱较齐全。线密度较小的棉织物、精梳棉织物,手感柔软,布面光洁,织物精细;线密度较大的棉织物、粗梳棉织物,织物蓬松,布面较粗糙,风格较粗犷。经过丝光处理的棉织物,布面光泽特别好,织物饱满、细腻、柔软。

麻纤维整齐度差,成纱条干不均匀,织物表面常有参差不齐的粗节纱和大肚纱,这种纱疵反倒形成了麻织物的独特风格,为现代人所钟爱,并为各种化学纤维织物竞相仿效。麻纤维结晶度高,染色性能较差,麻织物颜色多以白色和浅杂色为主。用于服装的麻织物主要是苎麻织物和亚麻织物等,外观不尽相同:苎麻织物光泽较好,手感挺爽,表面毛羽较多;亚麻织物光泽柔和,手感较松软等。

丝织物具有明亮、均匀、层次丰富的美丽光泽,颜色鲜艳,质地轻柔平滑,外观高雅华丽。丝织物手感柔软,绸面丰满、光滑,富有弹性,并具独特的"丝鸣"感。

毛织物外观端庄优雅,光泽自然柔和,颜色莹润,手感丰满有弹性,布面平整服贴,不易折皱,是高档服装用织物。毛织物分精纺、粗纺和长毛绒三类。精纺毛织物表面光洁,织纹清晰;粗纺毛织物表面覆盖绒毛,织纹较模糊,或者不显露;长毛绒表面有几毫米高的绒毛,手感柔软。

"新合纤"(Shin-gosen)是在超细线密度纤维基础上发展起来的、运用先进的生产技术和后加工技术生产的新型合成纤维及其织物。新合纤的出现,代表了合成纤维从本质上摆脱了模仿天然纤维的时代,进入了合成纤维自身发展的新时期。它在性能(舒适性、色彩风格、手感、视觉和听觉)上已全面超过了天然纤维织物,即所谓的达到了超真的程度,其给消费者带来了一种全新的冲击和感受。按日本东丽公司的分类,新合纤可分为四类:①新丝型(New Silky),强调的是蓬松、悬垂性和有丝鸣,其主要技术是细线密度异收缩复合丝技术;②桃皮型(Pehch Skin),由 0.55dtex 以下的超细纤维配置在织物表面,其主要技术包括纱和织物结构的设计以及物理磨毛和化学起绒技术;③新粗纺毛型,又称新精梳毛型(New

Woolly)，具有蓬松、柔软、高紧密度和超羊绒的感觉；④干爽型(Dry Touch)触摸时有一种轻爽清凉感或干燥温暖的感觉，其主要技术是纤维的异截面及材料改性。

(三) 织物的纹理效应

织物的纹理是展现织物外观风格的重要方面。织物的纹理效应是指织物生产工艺中不同的花纹产生的不同的外观效果和给人的不同的心理感受，主要涉及花色纱线织物、织花织物、印花织物、烂花织物、绣花织物、轧花织物、剪花织物等其他起花工艺织物的纹理效应。

花色纱线织物是指用各种不同形状、色彩和结构的花色纱线织制的织物面料。花色纱线织物的特点是花纹随意活络，织物层次丰富，布面肌理感强，风格多种多样。花色纱线织物的风格主要是由织物纱线的风格决定的。彩芯线多用于粗纺的霍姆斯本和钢花呢织物，不规则的彩芯彩点给织物带来丰富和浪漫的情感；结子线、疙瘩纱多用于仿麻织物，效果非常逼真；毛圈大小不同的花色线，织制的毛圈呢蓬松柔软，表面效果独特；断丝线常用于中、薄型高档衬衫织物中，丰富协调的色彩搭配、不规则的布面显现效果和参差不齐的断丝风格，使织物别具一格；雪尼尔纱织物具有丝绒般的外观和柔软舒适的手感。

织花织物是指织物在织制过程中，纱线按不同的规律织造运动，产生花纹图案的纺织品。织花是纱线交织或编织起花、纱线色彩的变化和不同纱线运动规律的配合，显现的图案花纹感觉是交错的、立体的、多层次的。比如在毛织物中，各种条形图案、山形图案、菱形图案等一些简单几何形图案应用比较多；在丝绸织物和部分棉织物中，大提花图案应用比较多。一些高档正规的毛料服装常采用小提花织物，含蓄丰富的花纹质感、莹润渗透的色泽以及高雅端庄的款式，融合成一种高尚的着装氛围，给人极深的印象和感染力。丝绸中的大提花织花织物更是精致灵巧，富丽堂皇。很久以来，中国丝绸就以其精美的图案花纹、精湛的织制工艺、华丽亮艳的色彩享誉海内外。

印花织物是指在已经织就的织物上，用颜料或染料施印花纹图案而成的纺织品。印花织物表现题材的面较广，从比较复杂的或循环较大的大花图案到简单的或小循环的花型图案，从多色配色图案到单色图案，从白底图案到色底图案等。它的效果是在织物的面上的，因此感觉较浅表。

其他起花工艺织物。在纺织织物的起花工艺中，除了印花、织花和花色纱线等主要的工艺之外，还有许多其他起花方法。例如，烂花织物是用烂花整理工艺将涤纶长丝与棉纤维的混纺织物或包芯纱织物花纹中的棉纤维去除，显现出透明花纹图案的纺织织物。烂花织物中还有印花烂花、色织烂花、丝绒烂花等种类，风格有些差异，但总的给人的印象是烂花织物华美高雅，织物肌理层次丰富，花纹时隐时现，很能表现女性神秘浪漫的风采，因此常在夏季女装中流行。绣花织物绣花工艺一般用于服装的局部装饰。织物绣花有机绣和电脑绣等工艺。织物绣花是在织制完成的织物上刺绣连续、循环的花纹图案。绣花织物是极富艺术性的图案织物。轧花织物是将织制完成的织物，经轧花工艺处理，使织物表面具有凹凸效果的花纹图案的织物。轧花织物具有浮雕风格的立体效应和特别的光泽效果。尤其是化学纤维织制的轧花织物，花纹保持持久，凸纹处光泽亮艳如丝绸，风格华丽。

剪花织物。剪花织物是一种花型间隔距离较大，底层纱线用人工或机器剪除的织花工艺织物。剪花织物地布平整、光洁、细薄，起花部位花纹凸起、紧密、厚实。剪花织物工艺较复杂，一般用于装饰性较强的织物。

三、织物的形态风格

织物形态风格是一种由织物形态效果来判别的风格,而反映织物外观形态美观的要素是悬垂性。织物悬垂性的优劣,关系到织物实际使用时能否形成优美的曲面造型和良好的贴身性。

(一) 织物的悬垂性

悬垂性根据其运动状态可分为静悬垂性和动悬垂性。所谓美的静悬垂性,就是人穿着衣服不动时,服装无架子感,又不会缠身,能形成缓和、流畅的曲面,能使各部分比例均匀、和谐,给人一种协调性美感。美的动态悬垂性的感觉要素是在步行和微风吹拂时,衣服能与人体动作协调,而人不动时又能恢复静的悬垂美感。

织物悬垂性,对于衣服的轮廓和"活泼性"起重要的作用。轮廓的构成因素,虽然有形状、平衡、调和、动态、丰满度等,但归纳起来,从观察织物的轮廓角度看,就是织物的曲面形态(静态悬垂性)和"活泼性"(动态悬垂性)两大因素。

对织物悬垂性好坏的评价,不仅要评价织物悬垂程度的大小,还要评价悬垂形态的优劣。悬垂程度是指织物悬垂的自由端在自重作用下下垂的程度。下垂程度越大,织物的悬垂性越好。通常用悬垂系数来度量织物的悬垂程度。悬垂形态是指悬垂的织物能形成优美的曲面造型,给人以视觉上的美感。美的悬垂形态是指悬垂曲面应呈现缓和而流畅的线条、波纹无死棱角、波纹形态分布均匀对称等特征。悬垂状态的评价不仅取决于织物本身的物理机械性质,而且与个人的主观因素有关。

各国学者对悬垂性的研究已有半个多世纪,主要工作是测试仪器和方法的研究及悬垂性的评价方法,包括悬垂性指标以及织物悬垂性与织物结构、性能间关系等方面的评价方法。

(二) 织物的曲面造型性

织物曲面造型性,是指在服饰造型方面能否形成美观的曲面性能的织物的特性。相同的织物,如果服饰形式设计、花样、缝制尺寸大小、垫布里子的选择和使用方法、缝制方法不同,则所得到的衣服曲面造型性是不同的。

织物的曲面造型性和悬垂性等风格特性有密切的联系。因此,可将曲面造型性看成是弯曲性能的一部分,其中悬垂性和织物的弯曲性能在许多内容上存在着差别。静态悬垂性是布在空间静置时布的悬垂重力和布的弯曲应力达到平衡点而自然出现的形状。动态悬垂性具有波动性。但是,和所有弯曲性能不同,布的重量是悬垂性的决定因素。透气性和静电性也和动态悬垂性有一定的间接关系。另外,经过填充、垫衬、压呢的衣料,其熨烫性也能影响缝制品的造型性。

第四节　织物加工成衣性

一、织物加工成衣性概述

1. 织物加工成衣性的概念

织物加工成衣性,或称成形性,主要指二维织物面料制成三维服装时面料性能对服装三维曲面造型的适合程度。除此之外,人体在运动过程中由面料力学性能支配的服装形体美感也包括在成形性范畴。由于服装款式多样,不同款式服装的空间曲面造型情况差别很大,所以对面料成形性的要求也不同。例如,悬垂类服装要求的面料成形性主要是悬垂性,而制服类服装则要求面料在肩、背等部位具有良好的曲面造型能力。

2. 织物加工成衣性的意义

作为织物既是纺织生产的产品,又是服装生产的主要原料。通过测量它在低应力下的力学物理性能,可控制指导纺织生产过程,可高质量生产出符合消费者需要的产品。服装生产者也可根据织物的客观力学性能预测成衣加工中可能出现的问题和困难。在日本,以KESF 系统作为服装面料的评价系统,控制和指导服装生产工艺。

川端等人致力于织物客观力学性能测定,来评定织物手感和风格,并预测和控制毛织物的西服生产工艺。R. Postle 等人在客观测量毛织物服装生产加工性能方面有了突破,并发展起他们的客观测量织物的仪器 FAST(Fabric Assurance by Simple Testing),这一系统已在欧州以及美国等地得到应用。

其他国家研究机构也在这一领域开展研究。在英国布拉福(Bradford)大学,以G. Stylios 为首的研究人员研究用简单化织物客观测量技术、先进的计算机技术、人工智能和敏感自动技术开发自动缝纫系统。旨在提供在线织物测量,预测织物可缝性和优化自动缝纫生产中缝纫机器状态,使纺织和服装工业生产一体化。TEFO 发展起了客观评定服装加工性能系统,这个系统从服装生产过程出发,考虑面料的性能、缝纫过程、喂入与传送面料等工序效率,来评价成衣生产的难易。美国北卡罗来纳(North Carolina)大学以 T. J. Little 为主研究高速缝纫中,缝纫机器设置、缝纫线、缝针与织物之间的关系。

随着纤维工业、纺纱技术、染整工艺的进步,轻薄低特(高支)纱线与织物的品种得到了很大的发展,随着超细纤维的发展,新型的各类微细旦变形纱及其织物服装也涌现出来,相应地带来了许多服装加工问题,由于这些织物中纤维纱线比较细,纱线弯曲刚度、扭转刚度较小,其织物硬挺度较低,手感柔软,抗剪切能力低,所以其面料可缝性较差。因此,研究织物客观力学物理性能与服装加工性能关系,对于指导织物生产、服装款式设计和服装缝纫加工工艺具有重要意义。

二、织物成形性的基本指标

1. Lindberg 的成形性指标

Lindberg 最早注意到服装造型效果优劣的决定因素之一是两长度不等的织物是否能通过一侧超喂缝制成无皱折的自然曲面,如西服的肩袖缝合区、肩部的前后身缝合区和西裤的腰部等。为此,Lindberg 定义了如下成形性指标 F

$$F = C \cdot B \qquad (4-4)$$

式中:F ——成形性;

C ——面料在自身平面内(如经、纬向)压缩变形曲线的线性度(参见拉伸曲线的线性度)。

2. FAST 的成形性指标

由于式(4-4)中压缩变形曲线的线性度指标 C 的测试非常困难,一些人推测织物在同一方向的拉伸压缩性能必定有关,并给出用拉伸指标取代压缩指标的近似公式,式(4-5)就是一例,它是澳大利亚联邦科学工业研究组织(CSIRO)开发的在 FAST 基本力学性能指标下的成形性指标:

$$F = \frac{E_{20} - E_5}{14.7} \cdot B \tag{4-5}$$

式中:E_{20}、E_5——拉伸应力 20 cN/cm 和 5 cN/cm 下的伸长率%。

应该说上述成形性指标只反映了服装曲面造型的某些特殊方面,而不是全部。在很多情况下,服装是曲线裁剪等量喂入缝制成曲面(如制服的腰部),还有些情况是通过面料悬垂形成曲面,可见在不同款式类型的服装上成形性的主要内容或侧重面不同。对于造型复杂的服装,很可能面料的成形性根本不能用一个指标去表征,大量研究表明面料的成形性主要与剪切性能、弯曲性能、面密度及低负荷下的拉伸性能有关。

3. 织物成衣性控制图

FAST 系统下的力学指标分布图是制衣过程控制图,如图 4-17,若性能落在阴影区域则表明制衣过程需要特别控制,KES 系统下也有类似的图形。

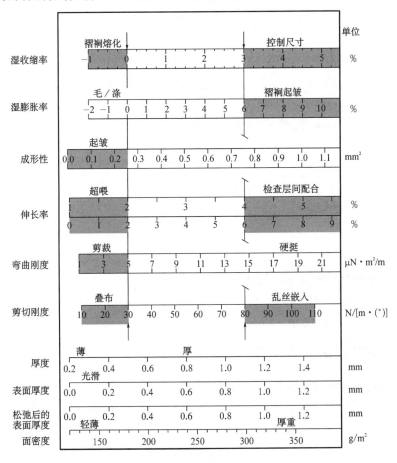

注:图中阴影区域表示制衣过程需加控制。

图 4-17 轻薄西服面料的 FAST 控制图

图 4-17 还给出了织物剪裁、缝纫、熨烫的指导说明。

松弛收缩 RS：

$RS-1$ 或 $RS-2<0$　会造成织物熨烫、黏合等的困难，要重新整理增加松弛收缩。

$RS-1$ 或 $RS-2$ 在 $3.0\%\sim4.0\%$　会引起服装尺寸不稳定，裁剪时面料长度要增加 2%。

$RS>4\%$　重新整理面料以减小松弛收缩。

吸湿膨胀 HE：

HE 在 $5\%\sim6\%$　成形服装有可能打褶和起皱，因此，服装要进行热压。

$HE>6\%$　重新整理织物，减小吸湿膨胀。

成形性 F 值：

$F1<0.25$，$F2<0.25$　服装要起皱，重新整理布料增加伸长能力。

$F1$ 在 $0.25\sim0.30$，$F2$ 在 $0.20\sim0.25$　在贮存后检验所成服装以防缝纫的成品起皱。

伸长能力 E：

$E100-1<1.5\%$　引起服装成形困难。

$E100-2<1.3\%$　重新整理布料，增加伸长能力。

$E100-1$ 在 $1.5\%\sim2\%$　缝纫前拉长曲线缝的外边，对长缝放宽缝边并施以额外的熨烫，或裁剪时稍斜向裁。

$E100-1$ 在 $4.0\%\sim5.0\%$　展开布料时要仔细，叠放时要特别检查。

$E100-1>5\%$，$E100-2>6\%$　重新整理面料，以减少织物伸长能力。

弯曲刚度 B：

$B1<5\ \mu N\cdot m$　面料，裁剪、传送和缝纫困难

$B2<5\ \mu N\cdot m$　裁剪时要用真空台。

剪切刚度 G：

$G<20\ N/m$　铺幅落料比较困难，重新整理面料。

G 在 $20\sim30\ N/m$　缝肩缝时要仔细，确保缝制后的尺寸符合要求，在裁剪前展放织物要平直。

G 在 $80\sim100\ N/m$　上袖和成形较困难，完成 $48\ h$ 后检查缝纫起皱情况。

$G>100$　重新整理面料，以减少剪切刚度。

松弛表面厚度 STR 没有限定，但推荐在 $0.100\sim0.180\ mm$ 为宜，STR/ST 以不超过 2.0 为宜。织物面密度 W 越小，生产出满意的服装越困难。

三、影响织物成形性的因素

1. 织物的各向异性对织物加工成衣性的影响

平面内织物沿纵向压缩性能，沿织物与经向成 $45°$ 方向有较大的压缩能力（或较小的压缩模量）和较宽的压缩环辫。沿与经向成一定角度方向压缩量大约是沿经向的 $2.5\sim7$ 倍，原因是这些方向具有较大的剪切能力。机织物在斜向的成形性 F 值是经向的 $1.7\sim4.2$ 倍。织物沿不同方向（经向、纬向）拉伸模量、弯曲模量以及 F 值都有明显不同。

在成衣制作中，要将平面织物变成三维曲面，沿织物不同方向缝纫是不可避免的。沿织

物任意方向的缝纫效果与织物的拉伸模量及弯曲模量成正相关,而与织物剪切模量和织物成形性 F 值成负相关。两织物衣片缝合沿织物易伸长方向(30°~30°)—(60°~60°)比沿经向(0°~0°)或纬向(90°~90°)具有较高的缝纫强度。

2. 织物的吸湿膨胀(HE)和松弛收缩(RS)对织物加工成衣性的影响

在分析服装面料成衣性时,不仅要考虑面料的力学性能,织物尺寸稳定性也是重要的一方面,特别是在制衣的蒸压或热压过程中面料尺寸的变化,应作为面料成形性或成衣性的基本的一部分考虑。而吸湿膨胀、松弛收缩是服装穿着、干洗或熨烫后,织物尺寸变化、织物结构不稳定的重要根源。汽蒸和化学定型织物会增加织物吸湿膨胀的变化程度。

服装加工过程中,毛织物回潮率在不断变化,相应的力学物理性能也在变化,因此在预测成衣性的模型中要考虑吸湿膨胀、吸湿滞后对关键的织物力学性能的影响。过大的 HE 会引起服装外观问题,特别是在低的湿度环境下制衣,而穿着在高的湿度环境下,服装易发生缝边起皱、黏合衬表面面料扭皱、变化等。

服装加工中反复加热、加压、烘干、加湿的作用,从最初与最终情况看,面料尺寸差不多,但中间过程尺寸变化大,这势必导致影响可缝性、成形性,其中主要受 HE、RS 的影响。

熨烫对最终成衣外观起着重要的影响。熨烫效果的评价可用面料的折皱经熨烫后的回复角表达。低的回复角意味着好的熨烫。面料有高的熨烫恢复角经熨烫后缝制效果较差。低的熨烫回复角的面料在熨烫后缝制效果主要取决于面料的剪切模量、松弛收缩 RS 值和织物面密度。大的 RS 值对熨烫过程中去除缝纫起皱是有好处的,较低的剪切模量能使织物形成光滑的缝纫面并调节宽余量。

3. 织物性能与缝纫工艺条件对服装缝纫性能的影响

织物的可缝性是指由织物自身结构和特性决定的,在缝纫工艺过程中表现出来的缝纫加工的难易程度。它具有广泛的含义,其影响因素是复杂的。根据各方面的研究,其影响因素可以绘成图 4-18 的鱼刺图。

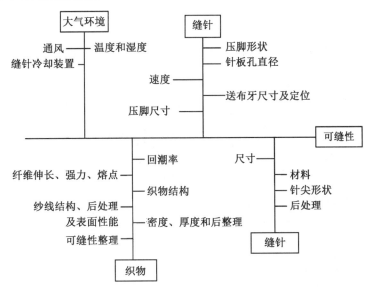

图 4-18 织物可缝性影响因素分析图(鱼刺图)

　　织物性能对缝纫起皱的影响程度指标依次为：厚度、经向弯曲刚度、纬向弯曲刚度、拉伸模量、剪切刚度、剪切滞后、经密、纵向压缩、透气性和经纬线密度。缝纫起皱程度与织物结构挤紧程度有关。在可缝纫条件方面为缝纫张力、压脚压力和缝纫速度等参数，通过它们的最佳优化条件试验，可改善缝纫起皱。织物性能与锁缝和包缝中缝纫机器状态、缝针、缝纫速度的最佳优化组合关系研究，开发专家系统可预测织物的缝纫起皱和织物缝纫损伤情况。

　　在织物缝纫阻力与织物结构、力学性能之间的关系中，缝针直径、针尖刺入缝纫深度及缝料与缝针的包围角为影响缝纫阻力的主要因素。缝针号数的变化，对缝纫阻力的影响很大。加工中，选择缝纫针号时，不仅要按一般常规考虑缝料厚度和原料的不同，还应同时考虑容针空隙与缝针粗细相适应。缝纫速度和缝纫层数也对缝纫阻力有较大影响。缝纫阻力与织物力学性能中交织阻力关系密切，与织物结构中厚度和织物总紧度也有较大的相关性。

下 篇

精纺织物结构、性能和风格

随着人们收入水平的提高,时尚服装的消费也不断增长。以往研究表明,市场对羊毛面料服装的需求增加极大地反映出人们收入水平的提高。也就是说,随着人们收入的增长,羊毛面料服装的消费量也跃上一新台阶。这一点在较高档的羊毛面料服装——超细羊毛服装面料方面体现更为明显。尽管自 2002 年以来中国零售市场羊毛需求量下降,但需求金额在同一时期内有所上升。这归因于中国开始转用价格较高的羊毛,也就是说,从澳大利亚进口服装用羊毛的比例增加了,价格更高的超细羊毛(19 μm 以下)用量提高了。另外,澳大利亚出口至中国的超细羊毛(19 μm 以下)有所增长,出口到中国的细度 19 μm 以下的澳毛在澳毛总出口金额中所占比例一路攀升。同时羊毛变细后,其织物物理力学性能发生了一系列变化,使其具有不同于普通羊毛的独特性能,从而赋予毛精纺织物崭新的风格,产品轻薄细腻,穿着舒适。

本书在上篇介绍织物结构性能基础知识基础上,下篇重点介绍精纺织物结构、性能和风格。包括:毛精纺及半精纺面料的特色与应用;超细羊毛精纺毛织物结构、服用性能和风格;典型意大利风格面料与国产毛织物面料风格对比;赛络菲尔精纺毛织物结构、服用性能和风格;拉细羊毛及混纺织物结构与风格;松结构精纺毛织物结构、服用性能和风格;消防服用面料服用性能、风格和热防护性能等。

第五章

精纺及半精纺面料的特色与应用

传统意义上,毛织物主要分为精纺毛织物及粗纺毛织物,也就是我们通常说的精纺面料和粗纺面料。半精纺面料主要是特指该面料所用纱线为半精纺纱线,其纺纱工艺与传统的精纺或粗纺纺纱工艺流程有所区别。半精纺纺纱系统是近年来我国毛纺工业自主创新并不断完善的一种新型纺纱工艺系统,采用半精纺纱织制的面料即为半精纺面料。

第一节 精纺面料的特色与应用

一、国际羊毛局

国际羊毛局(The Woolmark Company)是羊毛的全球权威。通过其跨越国际纺织和时尚行业的广泛关系网络,该公司突出了澳大利亚羊毛作为奢侈纺织品中高级天然纤维和重要组分的地位。

国际羊毛局是隶属于澳大利亚羊毛创新公司(Australian Wool Innovation (AWI))的子公司,同时也是全球范围内美丽诺羊毛研究的权威机构。其总部位于澳大利亚悉尼,由不断增加的全球各区域办事处所支持。通过这些支持,国际羊毛局投资于全球羊毛供应链发展中的创新。

澳大利亚羊毛创新公司是澳洲羊毛产业研究、发展和营销的实体,由 60 000 多名牧民与澳大利亚政府共同投资,支持澳大利亚羊毛创新公司和国际羊毛局在全球羊毛供应链发展中所承办的活动。AWI 的愿景是通过向全球提供最好的天然纤维来推动建立一个充满生机、稳定且具有盈利能力的羊毛产业的重要贡献者。AWI 的业务遍及全球供应链——从牧民到零售商。公司的使命是加强澳大利亚羊毛产业的可盈利能力、国际竞争力和可持续发展力,并增加对于澳大利亚羊毛的需求和市场认知。

澳洲羊毛中美丽诺羊毛为服装产业提供了稳定及持久性、柔软及奢华的纤维。这一纤维一直受到设计师的喜爱,但是对于出生在"用即弃"时代的年轻消费者,对它的天然优点却知之甚少。羊毛是一种 100%天然且可更新的纤维。羊群以草、水、新鲜的空气和阳光为生。羊毛是天生的一种纤维,它不是人造的。羊每年都可以长出新的羊毛,使得羊毛是一种可更新的资源。跨越全球整个羊毛供应链的网络中,国际羊毛局建立了羊毛作为高级原料,并宣传其作为天然高级纤维所拥有的独一无二的优点。

二、精纺面料

精纺面料属于精梳系统的产品,采用精梳毛纱织制,所用原料纤维较长而细,其自然长度一般在 80 mm 左右,长度离散控制在 37% 以内,30 mm 以下的短毛含量一般小于 3%。精纺面料对羊毛纤维的细度要求较高,一般采用 60～70 S,精纺毛物所用的化纤通常为毛型化纤,长度在 70～102 mm 之间,细度一般在 0.33～0.55 tex(3～5 D)之间。同时要求对纤维的梳理保持平直,纤维在纱线中排列整齐,纱线结构紧密。精纺呢绒的经纬纱常用双股16.67～27.78 tex(36～60 Nm)毛线。品种有花呢、华达呢、哔叽、啥味呢、凡立丁、派力司、女衣呢、贡呢、马裤呢和巧克丁等。多数产品表面光洁,织纹清晰。一般幅宽为 144 cm 或149 cm,一般轻薄的精纺呢绒面密度仅 100 g/m²,厚重的在 380 g/m² 以上。

(一) 原料特色

精纺毛织物所选用的原料主要是精梳毛条,包括羊毛及化纤。随着市场的需求和技术的发展,麻、丝、羊绒在精纺毛织物中越来越频繁使用,特别是汉麻在精纺毛织物中的应用取得了较好的效果。

精纺毛织物使用的化纤通常多为涤纶、锦纶、腈纶和黏胶纤维,一些新型的化纤及特种功能性纤维也逐步在精纺毛织物中推广使用,棉纤维一般在织物嵌条中使用。精纺毛织物有纯毛、毛混纺、纯化纤三大类。

(二) 加工工艺特色

精纺毛织物的纺纱工艺流程长,经过多次并合、牵伸、梳理,并采用精梳机以去除不符合工艺要求的短纤维,因而毛纱中的纤维排列平顺整齐,结构紧密,外观光洁,强力较好。精纺毛织物的染色,会根据品种要求的不同,可以安排在纺纱之前用毛条染色,称为条染;也可以安排在织造前,用纱线染色,称为筒染;还可以安排在织造后,用呢坯染色,即匹染。对于毛混纺产品,可以用一部分条染毛条和另一部分未染色的毛条混合,加工纺纱、织造工序到染整,再用匹染的方法,将未染色的纤维进行染色,这种方法叫套染。

在织物的整个加工工艺流程中,精纺毛织物较粗纺毛织物的纺纱工艺道数多,流程长。但经过染色整理后,除手感、光泽、身骨及弹性有明显提高外,花型外观不会产生很大变化,而粗纺毛织物经过整理后,外观质量会发生非常大的变化。

精纺织物和粗纺织物两者之间的区别如表 5-1 所示。

表 5-1　精纺织物和粗纺织物的区别

区别	精纺羊毛织物	粗纺羊毛织物
纱线种类	来源于精纺毛纱	来源于粗纺毛纱
纺纱原料	用毛条进行纺纱	粗纺梳理
织物表面	通常表面光洁	表面多毛
织物纹理	织物纹理清晰可见	织物纹理模糊不清晰
适用范围	通常适用于针织和机织面料的生产	面料通常是机织物,针织物较少

精纺粗做是一种创新,既可减轻织物重量,又可改善外观,因纱支均匀度改善,且能降低成本,因此,能与传统粗纺产品竞争。粗纺面料整理有很多不同风格整理,它采用不同的湿整理和干整理程序,可以整理出各种手感和外观效果。如将一种经过洗呢、缩绒的粗纺坯布做如下处理:做裤料的可经过压熨整理;做夹克衫的可再进行重缩绒;做大衣料的可起毛制成不同的风格,使毛料增加厚度和蓬松度,达到保暖效果。精纺粗做可达到轻质保暖,又能保持粗纺蓬松的效果。

(三)典型产品简介

哔叽:是精纺产品中最基本的品种之一。常用织物组织为 2/2 斜纹,厚哔叽也可采用 3/3 斜纹。多为匹染素色,纬经密度比约为 0.8~0.9,呢面斜纹角度呈 50°左右,斜纹间距较宽。织物手感丰满、柔糯、富有弹性,光泽自然柔和,呢面洁净,斜纹清晰,边道平直。光面哔叽要求光洁平整,不起毛。毛面哔叽经轻缩后,表面有毛绒覆盖,由于毛绒短小,底纹斜条仍可见。

啥味呢:常用织物组织为 2/2 斜纹,斜纹线倾斜角度为 50°左右。啥味呢与哔叽的主要区别在于,啥味呢是混色夹花的,而哔叽是单色的。产品为条染混色,在深色毛中混入部分白毛或其他浅色毛。混纺产品可利用不同纤维的吸色性能匹染。织物手感柔软、丰满、有身骨、弹性好,呢面平整,毛茸齐短匀净,混色均匀,光泽自然柔和。毛面啥味呢经轻缩后呢面有短细毛茸。

华达呢:织物通常要求具有一定的拒水性,要求呢面具有较大倾斜角度的斜纹贡子。组织可采用 2/2 斜纹、2/1 斜纹、缎背组织,分别称为单面华达呢、双面华达呢和缎背华达呢。产品多为匹染素色,纬经密度比为 0.51~0.57,斜纹线倾斜角度为 63°左右。织物手感结实挺括、有身骨、紧密、弹性足,呢面光洁,色泽匀净,条干均匀,贡子清晰、饱满,光泽自然柔和。

凡立丁:是夏季服用轻薄织物。采用平纹组织,原料好、纱线细、捻度大,经纬密度较小,经电压,光泽美观无折痕。呢面光洁平整,经直纬平,忌鸡皮绉,条干均匀,无雨丝痕,色泽鲜明、匀净、膘光足。手感滑、挺、糯、活络、有弹性,透气性好。织物多为匹染素色,色泽以中浅色为主。

派力司:也是夏季衣着面料,条染混色产品,比凡立丁更轻薄爽挺,为双经单纬的平纹织物。其外观主要特点为具有比主色调较深的毛纤维随机地分布在呢面上,形成派力司独特的风格。织物呢面平整、洁净、自然,异色分明,混色均匀。手感滑、挺、薄、活络、弹性足。

花呢类:是精纺毛织物的主要产品大类。多为条染,可用不同色彩的纱线,如素色、混色、异色合股、各种花式线,正反捻排列组成格、条、点子花纹等。光面花呢要求呢面光洁平整,不起毛,花纹清晰。毛面花呢经轻缩或重洗,以洗代缩或洗缩结合。组织变化较多。根据织物面密度分类,在 195 g/m² 以下的称为薄花呢,在 195~315 g/m² 的称为中厚花呢,在 315 g/m² 以上的称为厚花呢。花呢品种较多,常见的有素花呢、条花呢、格子花呢、粗平花呢、板司呢、海力蒙、单面花呢、薄花呢等类型。

直贡呢:又称礼服呢,是精纺产品中纱线较粗、经纬密度大而又厚重的品种。组织采用急斜纹和缎纹变化组织。呢面织纹凹凸分明,纹路间距小,斜纹倾斜角度在 75°左右,织物表面具有清晰细密的贡纹。身骨紧密、厚实,手感滋润、柔软,呢面细洁、活络。

第二节　半精纺面料的特色与应用

一、半精纺毛织物的特色

半精纺工艺在 20 世纪 90 年代末崭露头角,它是介于精梳毛纺和粗梳毛纺之间的一项创新技术,目前我国行业内的半精纺工艺流程大致相仿,都是采用毛纺设备和棉纺设备的有机结合。半精纺纺纱通常使用两种以上的原料进行混纺。如果采用纱线染色或坯布染色,由于不同纤维的同色性不易控制,很难保证染色质量。所以半精纺产品一般都选择散毛染色,即将不同的纤维分别染色,冲洗烘干后再和毛混匀。半精纺纺纱工艺打破了常规的毛纺织传统工艺,根据产品及原料的需要,结合毛纺特点,对传统的毛纺设备和棉纺设备进行改革,将毛纺技术及棉纺技术有机结合,形成了一种新型的多组分混合工艺。

(一) 原料特色

在原料应用上,半精纺产品既能加工生产棉、绒、毛、麻、丝等天然纤维,也能生产包括新型功能性纤维在内的多种化学纤维,不仅可做单一成分的纯纺,又可适用各种成分、不同比例的混纺。其所制纱线无论是应用在精纺面料、粗纺面料上,或是应用于针织毛衣上,产品风格都是独树一帜。经过近年的发展,作为国内毛纺行业独自开发的一项原创性技术,半精纺不仅丰富了毛纺产品的多样性,在行业中也初具规模。

半精纺可以实现棉毛丝麻等天然纤维与其他新型人造纤维、化学纤维等各种短纤维混纺,其生产的纱线可以应用于精粗纺面料或针织毛衣上,产品风格独特,面料手感、垂性、身骨很有新意,有别于传统的毛精纺粗纺产品风格。半精纺对加工原料的适应性极强,利用半精纺工艺可以把多种纤维任意配比,纺纱细度可为 8.3～83.3 tex(12～120 Nm),半精纺的原料涵盖了从山羊绒、羊毛、绢丝、兔绒、棉、苎麻等天然纤维,大豆蛋白质纤维、牛奶蛋白纤维、天丝、莫代尔、竹纤维、黏胶纤维等人造纤维以及腈纶、涤纶、锦纶等化学纤维的成功混纺,产品原料组分异常丰富。

(二) 加工工艺特色

半精纺作为一种不同于传统毛纺织的新工艺,它最大的加工工艺特色就是在于纺纱工序,半精纺吸收了精纺技术和粗纺技术的精华,将棉纺技术与毛纺技术融为一体,形成了一种新型的多组分混合工艺。装备与工艺的改变,解决了原来毛纺设备不能解决的问题,半精纺与粗毛纺的不同之处在于不使用双联或多联毛机,而用棉纺梳棉机,与精毛纺的不同之处在于不经过精针梳机,半精纺工艺与精毛纺工艺相比具有生产流程短,生产的纱线比精毛纺纱蓬松、柔软,与粗毛纺工艺相比具有纱支细、条干均匀、表面光洁等特点。

半精纺纺纱最大的特点是对加工原料的适应性强,可以把毛、棉、丝、麻及各种化学纤维以任意配比进行混纺。利用"半精纺"纺纱工艺开发的多种纤维混纺面料,产品新颖独特,使产品结构变得异常丰富,顺应了市场需求和毛纺技术的发展潮流。

采用半精纺工艺纺纱,所用原料的纤维长度有一定要求:不能像精纺原料那么长,否则梳理、并条时会拉断纤维、牵伸不开,上了细纱机还会产生严重的橡皮筋纱;不能像粗纺原料那么短,太短的话,则梳理成条时落毛多,条子强力低,难以进行并合牵伸。因为各种纤维本身的强度不同,对不同的半精纺原料,适纺长度也就不同。纤维强度低的,原料适纺长度可稍长一些,反之,则可短些。

国家毛纺新材料工程技术研究中心经过试验比较,认为选用的纤维长度(mm)如下:羊毛 55,绢丝 40,苎麻 40,亚麻 40,棉 29,黏胶 38 等参数对关键设备机台的顺利运转具有重要的现实意义。半精纺原料较短的纤维长度,决定了纺纱时所需的纤维截面根数要比毛精纺工艺高得多,一般要求达到 55 根以上,才能保证纺纱顺利进行。

二、品种特色及应用

半精纺产品纱线细度细,面料品种门类齐全,在原料上选用的是各种短纤维,既可以织造机织物,也可以生产针织物,既可以精纺粗做,也可以粗纺精做,产品的风格都是独树一帜,面料的手感、垂性、身骨都很有新意,既可以达到客户要求,又能降低生产成本,其市场前景广阔。

相比于毛精纺产品的纱支高,织物平整细腻,但蓬松性差且用料范围较窄,原料损耗高,产品变化小;粗梳毛纺产品蓬松、柔软、手感好,原料适应范围广,但细度粗,条干及粗细节不易控制,易起毛起球等。半精纺产品却能弥补这两者的不足,适应了当今休闲时尚的主题,穿着随意,体现个性化发展。其代表产品如丝绒混纺纱、超细柔软毛纱、纯兔毛纱等,既有粗梳纱的风格,纺纱细度又大大提高,条干 CV 值降低,起毛起球指标亦有改善。

半精纺面料中有较多采用天然纤维,以满足国内外市场对面料环保性能的要求,产品适宜制作单件休闲装,也能制作休闲西装。当前,半精纺面料已被日本、欧美市场客户所接受,产品具有很高的附加值。该类产品同精纺同质同类产品相比,原料成本降低 30% 左右,为企业能带来更好的经济效益,且市场反响良好。半精纺纱线由于原料组合多,产品风格独特,无论应用于机织面料还是针织毛衣,都具有很好的创意,取得了良好的市场效果,可以预测,在未来半精纺面料的市场份额将会越来越大。

(一) 半精纺纱线在精纺风格面料上的应用

应用于精纺风格面料的半精纺纱线,采用的生产原料有棉/麻、毛/棉、毛/棉/绢丝、绢丝/黏胶、纯羊绒等,织物纱线通常采用双经双纬,该类产品克服了精纺面料中不能应用棉、高比例绢丝的生产难题,利用纯羊绒开发的半精纺纱线用于精纺面料中可以降低成本,使面料风格独特。解决好半精纺纱线开发精纺面料中的一些关键技术,可以进一步扩大精纺面料的原料使用范围和开发更多风格的适合市场销售的产品。

(二) 半精纺纱线在粗纺风格面料上的应用

应用于粗纺风格面料的半精纺纱线,其原料主要采用绵毛绒、绢丝、羊绒、黏胶、尼龙、棉等。产品风格以短顺毛为主,由于采用了绢丝、棉、绵羊绒等细度很细的纤维原料,所以面料表面光泽好,手感柔软、顺滑,富有一定的弹性,通过不断地利用粗纺风格面料的半精纺纱线开发出的新产品可以大大地提高在市场的售价。以 400 g/m² 左右的半精纺纱线织制的短顺毛粗纺面料为例,其平均售价要比一般粗纺面料高出 20%~30%,而生产成本与原料成本则差异不大。

(三) 典型产品介绍

超薄型双面顺毛呢绒面料:该面料是粗纺面料升级产品,该粗纺精织的产品能适应各种款式服装,是秋冬服饰首选面料。传统双面顺毛呢绒面料是通过环锭纺传统工艺生产,工艺简单、可仿性强,成品克重难以控制,不能满足秋冬面料的需要。而通过采用半精纺纱线织造面料,并对后整理部分工序采用轻工艺参数、重工艺道数后,产品具有绒面饱满、手感活络、悬垂性佳、色彩饱和度高、色系丰富之特点。

顺毛大衣呢: 秋冬服饰中十分常见的毛呢面料 其特征就是表面有朝着一个方面倒的绒毛。因一定高度的绒毛会遮掩住织物本身的底纹,从而呈现出类似兽类皮草的外观,外观有很强的膘光性,颜色靓丽大方。这种面料做出的服饰往往有相当华美的效果 可广泛应用于秋冬男女大衣、箱包、鞋帽等。

毛/丝女装面料: 该产品常用高支纱,光面风格,花型多样,面料外观华丽典雅,光泽细腻柔和,手感蓬松、舒适、丝滑,呈现典型高端女装面料风格。

第六章

超细羊毛精纺毛织物结构、服用性能和风格

羊毛作为一种重要的纺织原料，它具有弹性好、吸湿性强、保暖性好、不易沾污、光泽柔和等特性，用其织成的织物具有独特的风格和使用功能。用羊毛可以织制各种高级衣用织物，有手感滑糯、丰厚有身骨、弹性好、呢面洁净、光泽自然的春秋织物，如中厚花呢等；有质地丰厚、手感丰满、保暖性强的冬季织物，如格类大衣呢等。羊毛也可以织制工业用呢绒、呢毡、毛毯、衬垫材料等。此外，用羊毛织制的各种装饰品如壁毯、地毯，名贵华丽。实际生产中，通常需要使用高支羊毛纱线，于是人们首先就会想到使用细支和超细支羊毛纤维，直径小于 19 μm 的超细羊毛主要生产于澳大利亚。澳大利亚是世界上羊毛品质最好的地方，因为其地理环境优越，牧场众多，羊皮、羊毛产量及出口量均居世界首位，约占世界羊毛总产量的 1/3，被誉为"骑在羊背上"的国家，其中 80% 以上是美利奴羊毛，它以其高纤维密度、优良的毛质等成为世界羊毛皮中的珍品。澳洲毛按粗细分为三类：16～20 μm 的细毛型、20～23 μm 的中细毛型、23～27 μm 的粗壮毛型，其羊毛的净毛率在 60% 以上。澳洲羊毛的 80% 适用于精纺，其余可用于制造毛毯、粗呢和地毯等。我国是澳洲羊毛进口大国，平均每年进口羊毛 20 万吨左右，而今，出口到中国的 19 μm 以下的澳毛在澳毛总出口金额的三分之一以上，这类羊毛在国际市场上仍属紧俏。

为此，本文以超细羊毛精纺毛织物为研究对象，着重研究了超细羊毛精纺毛织物的力学风格。超细羊毛柔软、飘逸，品质能与山羊绒相媲美，适合织制轻薄柔软和舒适无刺痒的面料，属我国毛纺工业紧缺纺织原料。用这种羊毛经过深度加工制成的羊毛围巾、手套、帽子，尤其是西服，被时装界公认为是纯羊毛制品中的"极品"。本章以平均直径为 14.5 μm、16.5 μm、17.5 μm、18.5 μm 四种超细羊毛及以该四种超细羊毛为原料的结构参数相似的四种超细羊毛精纺毛织物为研究对象，主要研究了超细羊毛纤维的表面形态结构和超细羊毛精纺毛织物的多项服用性能及风格。

第一节　超细羊毛的微细结构

采用的试验材料主要有：超细羊毛 1#（平均直径为 14.5 μm）、超细羊毛 2#（平均直径为 16.5 μm）、超细羊毛 3#（平均直径为 17.5 μm）、超细羊毛 4#（平均直径为 18.5 μm），对比材料为细羊毛和山羊绒。采用的试验仪器主要有扫描电子显微镜（SEM）。

一、超细羊毛纤维形态特征的扫描电镜研究

试样在室温 20 ℃、相对湿度 65% 的外部环境下平衡 24 h 后，用离子型喷射仪真空喷金

30 min,然后采用扫描电子显微镜(SEM)对纤维纵向进行观察,并拍摄照片。放大倍数分别为 500、1 000 和 3 000。

试验步骤:①制样,分为取样、清洗、固定三步。取适当大小的样品,用无水乙醇清洗样品表面,将试样固定在样品台上,用双面黏胶纸和导电胶等固定。②将备好的试样放入高真空镀膜仪内,按溅射法喷镀金。③将试样放入扫描电镜内,抽真空达 26.6 kPa,便可开机调像进行观察。

在扫描电子显微镜(SEM)上观察 4 种超细羊毛纤维并拍摄电镜照片,图 6-1~图 6-4 所示分别是超细羊毛 1#、超细羊毛 2#、超细羊毛 3# 和超细羊毛 4# 在放大倍数为 500、1 000、3 000 下的电镜照片。

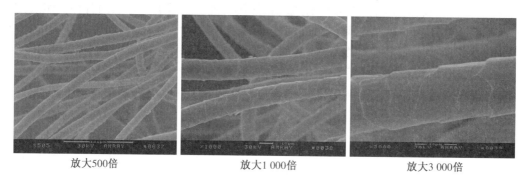

放大500倍　　　　　放大1 000倍　　　　　放大3 000倍

图 6-1　超细羊毛 1# 的电镜照片

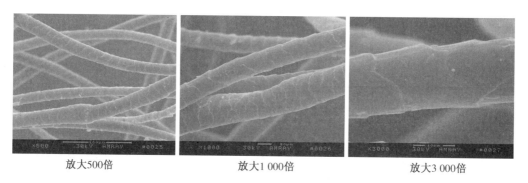

放大500倍　　　　　放大1 000倍　　　　　放大3 000倍

图 6-2　超细羊毛 2# 的电镜照片

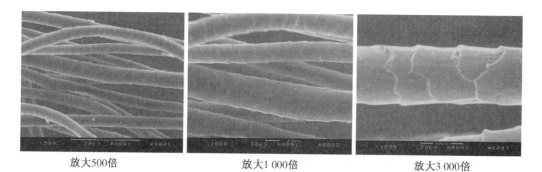

放大500倍　　　　　放大1 000倍　　　　　放大3 000倍

图 6-3　超细羊毛 3# 的电镜照片

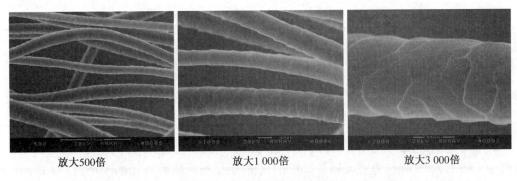

放大500倍　　　　　　放大1 000倍　　　　　　放大3 000倍

图6-4　超细羊毛 4# 的电镜照片

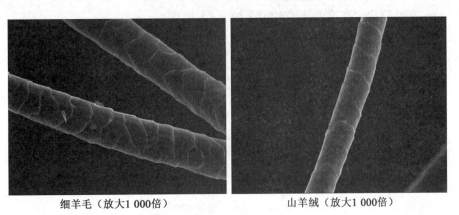

细羊毛（放大1 000倍）　　　　　　　山羊绒（放大1 000倍）

图6-5　细羊毛和山羊绒的电镜照片

试验结果分析：超细羊毛 4# 的鳞片呈瓦状或倾斜状排列，鳞片自由向外张开，互相覆盖，镶嵌连接，表面边缘不平滑，倾角高于山羊绒，鳞片与鳞片间连续排列覆盖程度大，鳞片密度大，宽度与高度的比例较大，与细羊毛的结构相似。随着细度的减小，超细羊毛 1# 和超细羊毛 2# 的鳞片多呈环状覆盖，少数呈斜环形，与超细羊毛 4# 相比，鳞片较薄，表面及边缘平滑，开角较小，紧密地贴在皮质层上，排列较稀，覆盖间距较宽，密度较小，高度较高，宽度与高度比例较大，与山羊绒的结构较接近。

二、超细羊毛纤维的鳞片结构特征

描述毛绒类纤维鳞片结构的主要参数是鳞片高度、密度、鳞片径高比等，这些统称为显微镜下的外观形态。通过观察并测量所拍摄的大量电镜照片，将超细羊毛与细羊毛、山羊绒主要鳞片结构参数的测试数据进行对比，结果见表6-1。

表6-1　超细羊毛与细羊毛、山羊绒的主要鳞片结构参数对比

项目	鳞片高度平均值/μm	鳞片密度/个·mm^{-1}	径高比平均值
超细羊毛 1# (14.5 μm)	14.0	70～110	1.04
超细羊毛 2# (16.5 μm)	13.8	72～118	1.20
超细羊毛 3# (17.5 μm)	13.6	75～125	1.29

项目	鳞片高度平均值/μm	鳞片密度/个·mm^{-1}	径高比平均值
超细羊毛 4$^{\#}$(18.5 μm)	13.4	75～127	1.38
细羊毛	11.77	80～130	1.40
山羊绒	19.6	60～80	0.80

表 6-1 显示,超细羊毛 4$^{\#}$鳞片结构参数与细羊毛的较接近,鳞片高度为 13.4 μm,鳞片密度为 75～127 个/mm,直径与鳞片高度的比值为 1.38。随着直径的越小,超细羊毛的各鳞片结构参数与山羊绒的越接近,超细羊毛 1$^{\#}$的鳞片高度为 14.0 μm,鳞片密度为 70～110 个/mm,直径与鳞片高度的比值较山羊绒大,为 1.04。

超细羊毛越细,其鳞片表面形态越类似于山羊绒,鳞片多呈环状覆盖,少数呈斜环形,鳞片较薄,表面及边缘线较平滑,开角较小,紧密地贴在皮质层上,排列较稀,覆盖间距较宽,密度较小,高度较高,宽度与高度比值较小。各项鳞片结构参数介于山羊绒与细羊毛之间。

第二节　超细羊毛精纺毛织物服用性能及风格

选用的织物分别是以超细羊毛 1$^{\#}$(平均直径为 14.5 μm)、超细羊毛 2$^{\#}$(平均直径为 16.5 μm)、超细羊毛 3$^{\#}$(平均直径为 17.5 μm)和超细羊毛 4$^{\#}$(平均直径为 18.5 μm)为原料,结构参数相近的四种超细羊毛精纺毛织物:1$^{\#}$织物、2$^{\#}$织物、3$^{\#}$织物和 4$^{\#}$织物,具体织物规格如表 6-2 所示。

表 6-2　织物规格表

织物编号	原料成分	纱线线密度/tex		织物组织	经纬密度/根·(10 cm)$^{-1}$		织物面密度/g·m^{-2}
		经纱	纬纱		经密	纬密	
1$^{\#}$织物	超细羊毛 1$^{\#}$(平均直径为 14.5 μm):100%	9.26×2	16.67	2/2 斜纹	483	406	166
2$^{\#}$织物	超细羊毛 2$^{\#}$(平均直径为 16.5 μm):100%	10.00×2	16.67	2/2 斜纹	430	400	168
3$^{\#}$织物	超细羊毛 3$^{\#}$(平均直径为 17.5 μm):100%	11.90×2	18.52	2/2 斜纹	407	382	178
4$^{\#}$织物	超细羊毛 4$^{\#}$(平均直径为 18.5 μm):100%	12.50×2	18.52	2/2 斜纹	370	366	186

一、超细羊毛精纺毛织物表面形态电镜观察

通过扫描电子显微镜(SEM)观察四种织物中的纤维形态结构,织物表面结构、组织点及交织情况,其电镜照片如图 6-6～图 6-8 所示。

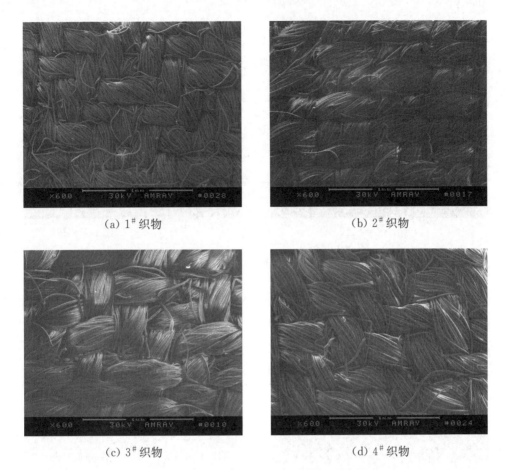

(a) 1# 织物　　　　　　　　　　　　　(b) 2# 织物

(c) 3# 织物　　　　　　　　　　　　　(d) 4# 织物

图 6-6　超细羊毛精纺毛织物的电镜照片（60 倍）

由图 6-6 可以看出，1# 织物中羊毛纤维在纱线中的倾斜角度较大，纱线捻度较大是为了增加纤维间的抱合力，这与超细羊毛 1# 的摩擦效应较小有一定的关系。纤维间隙较小，织物结构较密实，织物的这一结构与后节超细羊毛精纺毛织物透气性能测试与分析中所测试的织物的透气性有较大的关系，并可知该织物具有良好的光泽、平滑性，织物表面光洁，纹路清晰。

(a) 1# 织物　　　　　　　　　　　　　(b) 2# 织物

(c) 3#织物 (d) 4#织物

图 6-7 超细羊毛精纺毛织物的电镜照片(放大 150 倍)

由图 6-7 可以看出,1#织物中,纤维与纤维间、纱线与纱线间的缝隙都较小,纱线间重叠交叉部分较多,这说明 1#织物结构紧密,同样也与后面所测的 1#织物透气量较小的结论是一致的。

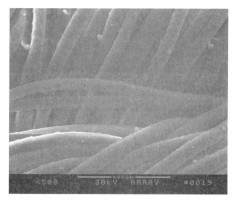

(a) 1#织物 (b) 2#织物

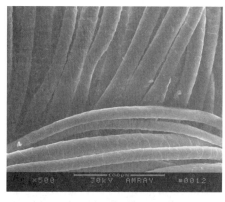

(c) 3#织物 (d) 4#织物

图 6-8 超细羊毛精纺毛织物的电镜照片(放大 500 倍)

由图 6-8 可以看出，1#织物中纤维的细度较细，并且细度较均匀（与纤维细度的测试结果一致），该织物质地轻薄。

二、超细羊毛精纺毛织物服用性能测试与分析

（一）超细羊毛精纺毛织物折皱性能测试与分析

织物的耐皱性与纤维的弹性、纤维的初始模量、纤维的形态尺寸、纤维的拉伸变形恢复能力、纱线的细度、纱线的捻度、织物的组织结构、织物的密度及后整理等因素有关。

表 6-2 是四种织物的折皱回复角测试结果。

表 6-2　织物折皱回复角测试结果

织物编号	急弹性回复角/(°)		缓弹性回复角/(°)		缓折皱回复角/(°)	回复率/%	
	经向	纬向	经向	纬向	经向＋纬向	经向	纬向
1#织物	158.7	150.8	164.9	153.8	318.7	92	85
2#织物	162.6	151.9	166.2	157.5	323.7	92	88
3#织物	161.7	153.5	166.0	159.2	325.2	92	88
4#织物	160.5	159.8	164.9	166.1	331.0	92	92

表 6-2 显示，1#织物的经、纬向急弹性回复角分别为 158.7°、150.8°，经、纬向缓弹性回复角分别为 164.9°、153.8°，缓折皱回复角为 318.7°，这几项指标在四者之中均较小，这是因为 1#织物采用的羊毛原料细度较细，原料的刚度较小，初始模量较小，在变形之后的回复能力较小，其织物的折皱回复性稍低。

（二）超细羊毛精纺毛织物起毛起球性能测试与分析

衡量织物的起球程度的方法一般有三种：①将起球后的织物与标准样照进行对比，确定试样的起球程度，一般级数越小，表示织物起球越严重；级数越大，表示抗起球性能越好。在试样评级时，根据需要在各级之间还有半级的一档。②计算织物试样单位面积上的起球个数。③用以纵坐标表示起球个数、横坐标表示摩擦时间的起球曲线来分析起球的程度及起球形成与脱落的速率。

在实际试验过程中，将试样在起毛起球仪上磨一万次，织物表面仍未有起球现象，但起毛、掉毛、褪色现象严重，故本试验采用重量减少率来表示织物磨损情况。表 6-3 是测得的各织物的重量减少情况，图 6-9 表示织物重量减少率与磨损次数的关系。

表 6-3　织物磨损后重量减少情况

磨损次数	1#织物		2#织物		3#织物		4#织物	
	磨损后重量/g	重量减少率/%	磨损后重量/g	重量减少率/%	磨损后重量/g	重量减少率/%	磨损后重量/g	重量减少率/%
0	1.533 1	0.00	1.747 3	0.00	1.701 3	0.00	1.764 8	0.00
500	1.527 2	0.38	1.736 4	0.62	1.692 2	0.53	1.758 6	0.35

（续表）

磨损次数	1# 织物		2# 织物		3# 织物		4# 织物	
	磨损后重量/g	重量减少率/%	磨损后重量/g	重量减少率/%	磨损后重量/g	重量减少率/%	磨损后重量/g	重量减少率/%
1 000	1.524 4	0.57	1.733 3	0.80	1.690 1	0.66	1.755 8	0.51
1 500	1.522 7	0.68	1.732 2	0.86	1.687 8	0.79	1.753 4	0.65
2 000	1.520 0	0.85	1.730 8	0.94	1.686 8	0.85	1.751 4	0.76
2 500	1.518 2	0.97	1.729 5	1.02	1.680 5	1.22	1.750 1	0.83
3 000	1.517 0	1.05	1.728 6	1.07	1.678 9	1.32	1.748 9	0.90
3 500	1.514 3	1.23	1.727 1	1.16	1.676 4	1.46	1.747 8	0.96
4 000	1.514 0	1.25	1.726 1	1.21	1.675 3	1.53	1.746 9	1.01
4 500	1.513 2	1.30	1.723 9	1.34	1.674 0	1.60	1.745 9	1.07
5 000	1.512 1	1.37	1.722 9	1.40	1.672 3	1.70	1.744 8	1.13
5 500	1.511 8	1.39	1.721 4	1.48	1.671 8	1.73	1.743 2	1.22
6 000	1.510 1	1.50	1.720 3	1.55	1.671 2	1.77	1.742 1	1.29
6 500	1.509 4	1.55	1.720 1	1.56	1.671 0	1.78	1.741 7	1.31
7 000	1.509 0	1.57	1.718 7	1.64	1.670 9	1.79	1.740 9	1.35
7 500	1.509 0	1.57	1.718 2	1.67	1.670 1	1.83	1.740 7	1.37
8 000	1.508 0	1.64	1.717 4	1.71	1.669 8	1.85	1.740 5	1.38
8 500	1.508 0	1.64	1.716 5	1.76	1.669 2	1.89	1.740	1.41
9 000	1.506 3	1.75	1.716 1	1.79	1.668 9	1.90	1.739 2	1.45
9 500	1.505 6	1.79	1.715 1	1.84	1.668 2	1.95	1.738 8	1.47
10 000	1.502 0	2.03	1.713 3	1.98	1.668 1	1.95	1.737 9	1.52

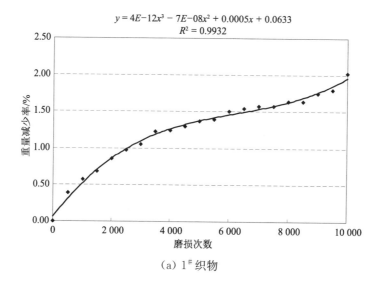

$$y = 4E\text{-}12x^3 - 7E\text{-}08x^2 + 0.0005x + 0.0633$$
$$R^2 = 0.9932$$

（a）1# 织物

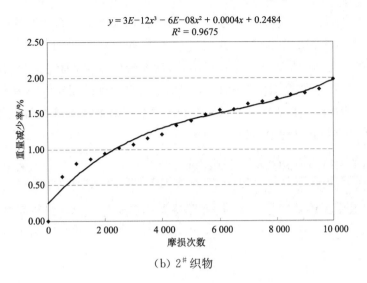

（b）2[#]织物

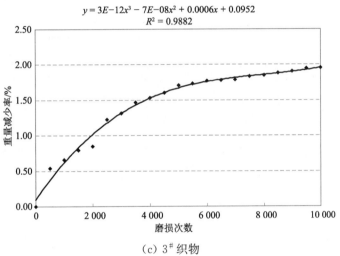

（c）3[#]织物

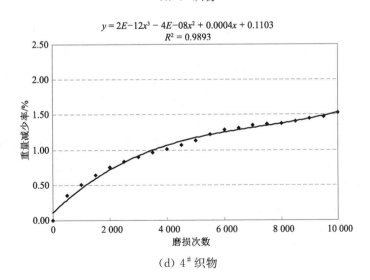

（d）4[#]织物

图 6-9　织物重量减少率与磨损次数的关系

由图 6-9 可以看出,在磨损次数为 10 000 的条件下,3#、4# 织物的重量减少率与磨损次数的关系为,随着磨损次数的增多,曲线趋于平滑,曲率减小,而 1#、2# 织物的重量减少率与磨损次数的关系为,曲率先增大后减小,随后又继续增大,曲线拟合的相关系数高达 0.95 以上,相关性显著,在磨损次数为 10 000 时,1#、2# 织物的重量减少率较大,为 2.00% 左右,比 3#、4# 织物的重量减少率大,说明由于 1#、2# 织物所采用的原料细度较细,其刚度较小,使得织物在穿着过程中不耐磨。

(三) 超细羊毛精纺毛织物透气性能测试与分析

人体穿着服装,其主要目的是保持人体与周围环境之间能量的平衡。当周围环境变化时,利用增减服装量来调节能量平衡,仍可保持人体皮肤为定值。服装起着防寒去暑的作用。服装是织物制成品,它在人体—环境系统中起着重要调节作用。为了研究织物这方面的性质,就需要测量透气性。

表 6-4 所示是试验所测得的织物的透气量。

表 6-4　织物的透气量测试结果

品号	孔径/mm	透气量/$L \cdot m^{-2} \cdot s^{-1}$			透气量平均值/$L \cdot m^{-2} \cdot s^{-1}$
		1	2	3	
1# 织物	2	40.208	40.934	41.634	40.925
2# 织物	3	63.904	63.866	64.706	64.159
3# 织物	3	77.068	78.426	79.323	78.272
4# 织物	3	82.96	84.83	84.792	84.194

由表 6-4 测试结果可以看出,4 种织物的透气量分别为 40.925 L/($m^2 \cdot s$)、64.159 L/($m^2 \cdot s$)、78.272 L/($m^2 \cdot s$)、84.194 L/($m^2 \cdot s$),1# 织物的透气量明显小于其他三种织物,由表 6-1 可知,1# 织物与 2# 织物相比,除 1# 织物的经纱密度大于 2# 织物以外,两者的其它结构参数基本上相同,这说明经纱密度较大使得 1# 织物的透气量较小,另外,1# 织物所采用的羊毛原料细度小于 2# 织物所采用的羊毛原料细度,可能原料细度过细使得纱线单位面积内的羊毛根数增加,比表面积过大,阻碍了空气的流通。

(四) 超细羊毛精纺毛织物光泽测试与分析

织物光泽是织物表面反射出来的亮光,它是纺织品的重要外观特征之一,织物光泽是评价织物外观质量的一项重要内容。织物光泽是指织物在一定的背景和光照条件下,织物表面的光亮度以及与各方向的光亮度分布的对比关系和色散关系的综合表现,它与织物表面的反射光以及反射光光强分布有密切联系。

表 6-5 所示是试验所测得的四种织物的光泽指标测试结果。

表 6-5　织物光泽测试结果

品号	Gs/%			Gd/%			Gc 平均值
	1	2	3	1	2	3	
1#织物	25.6	26.1	27.3	24.2	25.1	26.0	23.7
2#织物	18.0	18.0	20.3	17.5	17.8	19.8	29.7
3#织物	20.6	20.8	20.5	20.0	20.3	19.3	23.6
4#织物	21.5	22.0	19.9	21.0	20.8	19.2	23.6

　　由表 6-5 可以看出，1#织物的正反射光强 Gs 和漫反射光强 Gd 分别为 26.3% 和 25.1%，在四者之中较大，其对比光泽度 Gc 为 23.7，小于 2#织物，与 3#织物和 4#织物大小基本相同，说明 1#织物的光泽柔和。

三、超细羊毛精纺毛织动态悬垂性能测试与分析

　　织物的形态风格是一种由织物形态效果来判别的风格，而反映织物外观美观性的要素是悬垂性。织物悬垂性的优劣，关系到织物实际使用时能否形成优美的曲面造型和良好的贴身性。对织物悬垂性的好坏，不仅要评价织物悬垂程度的大小，还要评价悬垂形态的优劣。

　　试验布样取直径为 240 mm 的圆形，中间开直径为 4 mm 的孔径，表 6-6 所示为对每种试样测试三次后的试验结果的平均值。

表 6-6　织物悬垂测试结果

样品名称：1#织物		
静态悬垂度平均值 F_0/%	74.79	静态投影图
动态悬垂度平均值 F_1/%	74.01	
静态波峰平均数 N_0/个	5.00	
动态波峰平均数 N_1/个	5.00	
静态投影轮廓总平均半径 R_{0m}/mm	78.99	动态投影图
动态投影轮廓总平均半径 R_{1m}/mm	79.13	
活泼率 Ld/%	3.09	
美感系数 Ac/%	54.56	
硬挺系数 Y/%	31.89	

（续表）

样品名称：2# 织物		静态投影图
静态悬垂度平均值 F_0/%	70.93	
动态悬垂度平均值 F_1/%	67.04	
静态波峰平均数 N_0/个	5.70	
动态波峰平均数 N_1/个	6.00	
静态投影轮廓总平均半径 R_{0m}/mm	81.74	动态投影图
动态投影轮廓总平均半径 R_{1m}/mm	84.06	
活泼率 Ld/%	13.38	
美感系数 Ac/%	46.88	
硬挺系数 Y/%	40.10	
样品名称：3# 织物		静态投影图
静态悬垂度平均值 F_0/%	69.60	
动态悬垂度平均值 F_1/%	68.05	
静态波峰平均数 N_0/个	4.70	
动态波峰平均数 N_1/个	5.00	
静态投影轮廓总平均半径 R_{0m}/mm	82.32	动态投影图
动态投影轮廓总平均半径 R_{1m}/mm	83.03	
活泼率 Ld/%	5.10	
美感系数 Ac/%	47.81	
硬挺系数 Y/%	38.39	
样品名称：4# 织物		静态投影图
静态悬垂度平均值 F_0/%	68.34	
动态悬垂度平均值 F_1/%	67.28	
静态波峰平均数 N_0/个	4.00	
动态波峰平均数 N_1/个	4.00	
静态投影轮廓总平均半径 R_{0m}/mm	82.88	动态投影图
动态投影轮廓总平均半径 R_{1m}/mm	83.22	
活泼率 Ld/%	3.35	
美感系数 Ac/%	46.57	
硬挺系数 Y/%	38.70	

由表 6-6 可以看出,1#织物的静态悬垂度平均值和动态悬垂度平均值分别为 74.49%、74.01%,在四者之中较大,说明 1#织物的静态悬垂性及动态悬垂性均较好,其静态波峰平均数及动态波峰平均数都是 5.00,说明其悬垂形态较美,静态投影轮廓总平均半径及动态投影轮廓总平均半径 78.99 mm、79.13 mm,在四者之中其值较小,由于该织物采用的原料较细,原料刚度较小,使得织物也相对较柔软,下垂感较好。1#织物的美感系数为 54.56%,大于另外三种织物,说明 1#织物的综合悬垂风格较好。另外,从悬垂投影图可以看出,1#织物在动、静态悬垂性测试时,悬垂曲面波纹数较多,织物呈极深的凹凸轮廓,匀称的下垂面成半径较小的圆弧折裥,投影面积相对较小,悬垂图形美观。而 4#织物在动、静态悬垂性测试时,悬垂曲面波纹数较少,织物成大而突出的折裥,下垂面不匀称,投影面积较大,悬垂图形不美观。综合有关悬垂指标的测试结果及投影图形的测得,可知 1#织物的综合悬垂风格较好,悬垂形态较美。

四、超细羊毛精纺毛织物低应力下的力学性能测试与分析

服装在日常被穿用过程中,运动着的人体往往要对面料施加很多种力的作用。如胸背部、肘膝部位的面料要承受拉伸、剪切、弯曲和压缩等类负荷的作用,这些负荷的量值很小,绝大多数情况下不会超过断裂负荷的 5%,通常这类负荷称为低负荷。在低负荷作用下,服装面料会发生弯曲变形、剪切变形、拉伸变形、压缩变形及它们的复合变形。面料在低负荷下的变形行为将确定服装的穿着舒适性、成形性、手感等服用性能。

KES-F 织物风格仪基于尽可能全面地反映织物特性的出发点,测试并采用曲线表征了织物在小应力、小变形条件下的拉伸、剪切、弯曲、压缩的全过程,而且表征了其变形回复过程,采用日本 KES-F 织物风格仪测定织物的风格,能得到反映风格特征的物理力学量来评价风格的优劣程度,然后用数学方法得到评价风格优劣的定量指标。这些指标主要反映织物在低应力力学性能下的小负荷变形,与服装加工生产有着密切的关系,这是因为服装缝纫对小负荷区域的力学性能更敏感,且与服装穿着合体有关。

(一) 织物的拉伸特性

由表 6-7 和图 6-10、图 6-11 可以看出,1#织物的经向拉伸功 WT 和延伸率 EMT 较小,分别为 6.00 g・cm/cm²、3.93%,纬向拉伸功 WT 和延伸率 EMT 较大,分别为 15.85 g・cm/cm²、10.74%,说明在低应力状态下 1#织物的经向抗拉伸变形能力较好,但纬向抗拉伸变形的能力相对较弱;其经向拉伸回复率 RT 较大,为 80.93%,纬向拉伸回复率 RT 较小,为 67.19%,说明 1#织物的经向拉伸弹性回复性能较好,但纬向较差。

表 6-7　织物的拉伸特性

特性	力学指标	1#织物		2#织物		3#织物		4#织物	
		经向	纬向	经向	纬向	经向	纬向	经向	纬向
拉伸	LT	0.611	0.590	0.576	0.624	0.625	0.579	0.592	0.630
	$WT/cN \cdot cm \cdot cm^{-2}$	6.00	15.85	6.50	13.50	5.80	12.85	7.00	10.25
	$RT/\%$	80.93	67.19	80.00	67.41	80.17	71.60	79.29	71.71
	$EMT/\%$	3.93	10.74	4.51	8.66	3.71	8.88	4.73	6.51

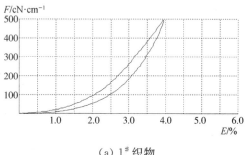

(a) 1# 织物

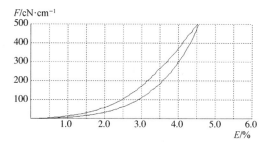

(b) 2# 织物

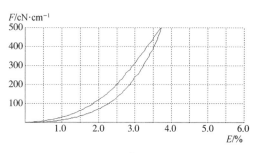

(c) 3# 织物

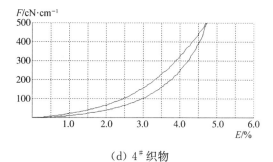

(d) 4# 织物

图 6-10　织物的经向拉伸特性

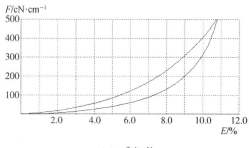

(a) 1# 织物

(b) 2# 织物

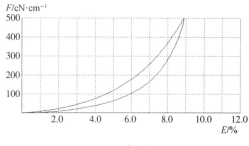

(c) 3# 织物

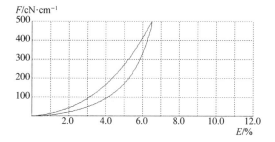

(d) 4# 织物

图 6-11　织物的纬向拉伸特性

（二）织物的剪切特性

由表 6-8 和图 6-12、图 6-13 可以看出，尽管 1# 织物的原料（14.5 μm 羊毛）较细，但其经纬向剪切刚度 G 分别为 0.73 cN/[cm·(°)] 和 0.62 cN/[cm·(°)]，大于另外三种织物，说明 1# 织物抵抗剪切变形的能力较大；在剪切角为 0.5° 的条件下，经向剪切滞后值 $2HG$ 较大，为 0.35 cN/cm，纬向剪切滞后值 $2HG$ 较小，为 0.28 cN/cm，在剪切角为 5° 的条件下，经、纬向剪切滞后值 $2HG_5$ 均较大，分别为 1.25 cN/cm、1.13 cN/cm，说明 1# 织物的剪切变形回复能力稍小，在制衣过程中要特别注意袖口、领口等处的缝合情况。

表 6-8　织物的剪切特性

特性	力学指标	1# 织物		2# 织物		3# 织物		4# 织物	
		经向	纬向	经向	纬向	经向	纬向	经向	纬向
剪切	$G/\text{cN}\cdot\text{cm}^{-1}\cdot(°)^{-1}$	0.73	0.62	0.59	0.53	0.53	0.45	0.59	0.58
	$2HG/\text{cN}\cdot\text{cm}^{-1}$	0.35	0.28	0.28	0.30	0.30	0.33	0.28	0.33
	$2HG_5/\text{cN}\cdot\text{cm}^{-1}$	1.25	1.13	0.88	0.85	0.80	0.78	1.10	1.00

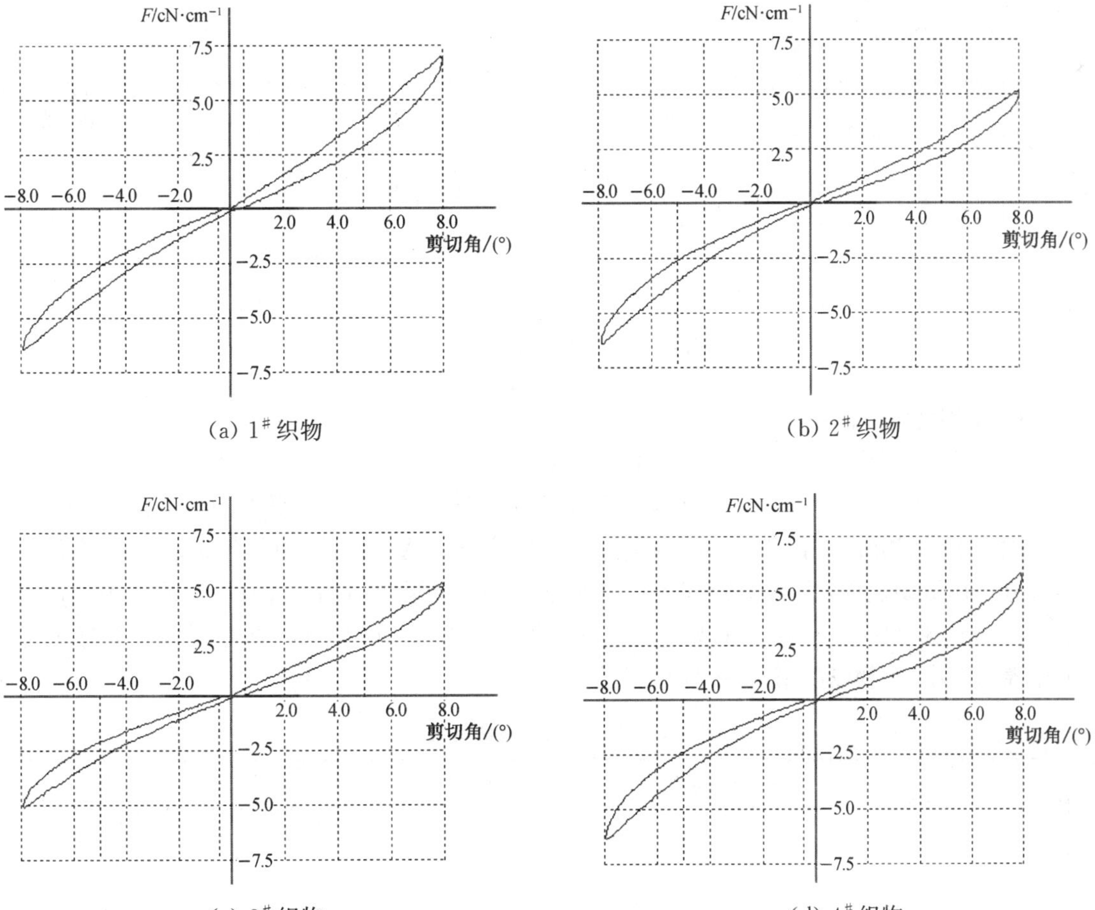

（a）1# 织物　　（b）2# 织物　　（c）3# 织物　　（d）4# 织物

图 6-12　织物的经向剪切特性

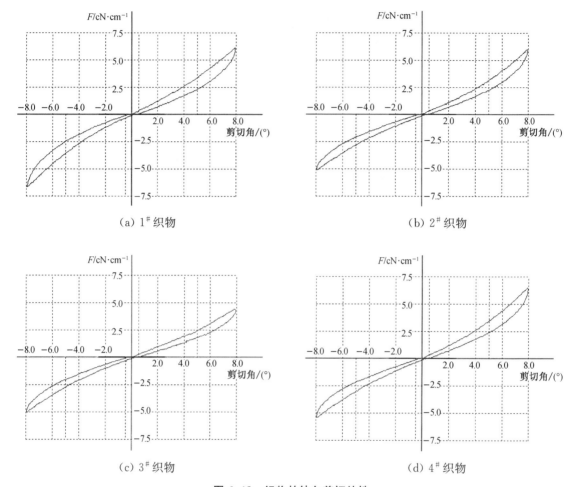

(a) 1# 织物　　　　　　　　　　　　(b) 2# 织物

(c) 3# 织物　　　　　　　　　　　　(d) 4# 织物

图 6-13　织物的纬向剪切特性

(三) 织物的弯曲特性

由表 6-9 和图 6-14、图 6-15 可以看出，1# 织物的经纬向弯曲刚度 B 分别为 0.037 9 g·cm²/cm 和 0.022 2 g·cm²/cm，其值明显小于另外三种织物，说明 1# 织物较柔软，这主要是因为 1# 织物所采用的原料较细，加大了纱线中纤维间的空隙，使得纤维以毛羽或毛圈形式分布在织物表面，提高了纱线及织物的蓬松度；其弯曲滞后矩 $2HB$ 分别为 0.013 0 g·cm/cm、0.007 1 g·cm/cm，相对于另外三种织物来说，其值较小，说明 1# 织物在弯曲变形中滞后较小，织物较活络，弹跳性较好。

表 6-9　织物的弯曲特性

特性	力学指标	1# 织物		2# 织物		3# 织物		4# 织物	
		经向	纬向	经向	纬向	经向	纬向	经向	纬向
弯曲	B/g·cm²·cm⁻¹	0.037 9	0.022 2	0.040 8	0.035 9	0.054 2	0.035 9	0.061 3	0.041 0
	$2HB$/g·cm·cm⁻¹	0.013 0	0.007 1	0.011 6	0.007 5	0.013 2	0.008 1	0.016 0	0.008 6

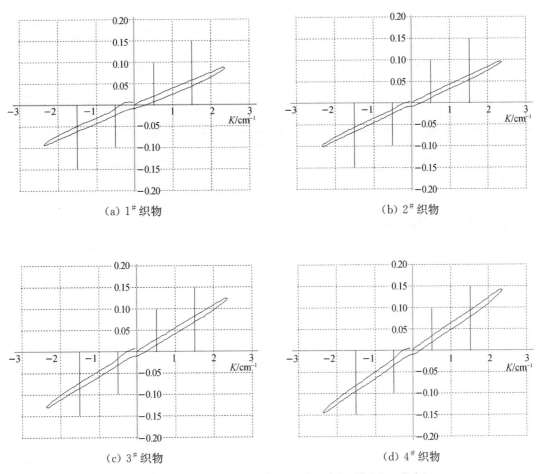

图 6-14　织物的经向弯曲特性(纵坐标：弯矩；横坐标：曲率)

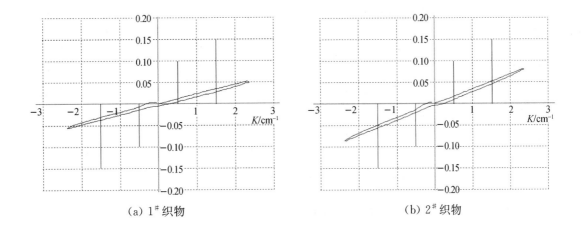

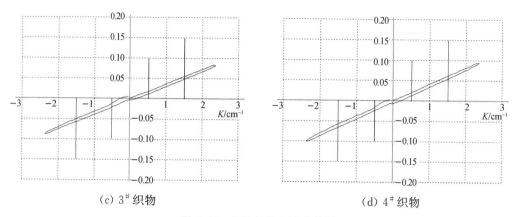

(c) 3#织物　　　　　　　　　　　(d) 4#织物

图 6-15　织物的纬向弯曲特性

（四）织物的压缩性能

由表 6-10 和图 6-16 可以看出，1#织物的压缩线性度 LC 为 0.269，与另外三种织物相比，其值较小，说明该织物较柔软；其压缩能 WC、压缩回弹性 RC、表观厚度 T_0 和稳定厚度 T_m 分别为 0.072 g·cm/cm^2、65.28%、0.356 mm 和 0.249 mm，与另外三种织物相比，其值也较小，说明 1#织物较轻薄。

表 6-10　织物的压缩特性

特性	力学指标	1#织物		2#织物		3#织物		4#织物	
		经向	纬向	经向	纬向	经向	纬向	经向	纬向
压缩	LC	0.269		0.322		0.347		0.372	
	WC/g·cm·cm^{-2}	0.072		0.083		0.072		0.082	
	RC/%	65.28		69.88		70.83		67.07	
	T_0/mm	0.356		0.381		0.381		0.410	
	T_m/mm	0.249		0.278		0.298		0.308	

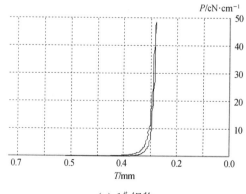

（a）1#织物

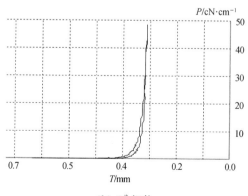

（b）2#织物

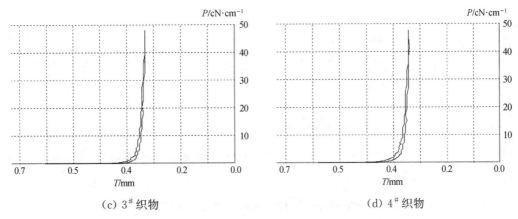

(c) 3#织物　　　　　　　　　　　　　　　　(d) 4#织物

图 6-16　织物的压缩特性(纵坐标:压力;横坐标:厚度)

(五) 织物的表面特性

由表 6-11 和图 6-17、图 6-18 可以看出,1#织物的经向平均摩擦系数 MIU 和经向摩擦系数平均差 MMD 分别为 0.136、0.011 7,相对于另外三种织物来说,其值均较大,纬向平均摩擦系数 MIU 和纬向摩擦系数平均差 MMD 分别为 0.126、0.006 8,与另外三种织物相近,说明 1#织物的表面摩擦状态差异较大,这可能是因为羊毛较细给生产加工工艺带来了较高的难度;1#织物的经向表面粗糙度 SMD 和纬向表面粗糙度 SMD 分别为 1.641、1.724,相对于另外三种织物来说,其值均较小,说明 1#织物较细腻。

表 6-11　织物的表面特性

特性	力学指标	1#织物		2#织物		3#织物		4#织物	
		经向	纬向	经向	纬向	经向	纬向	经向	纬向
表面	MIU	0.136	0.126	0.121	0.118	0.130	0.128	0.138	0.129
	MMD	0.011 7	0.006 8	0.006 6	0.007 1	0.007 4	0.013 4	0.006 5	0.005 8
	$SMD/\mu m$	1.641	1.724	1.807	1.777	1.548	2.188	1.724	2.671

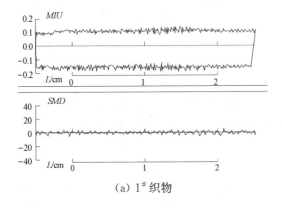

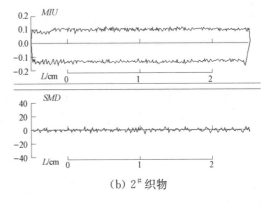

(a) 1#织物　　　　　　　　　　　　　　　　(b) 2#织物

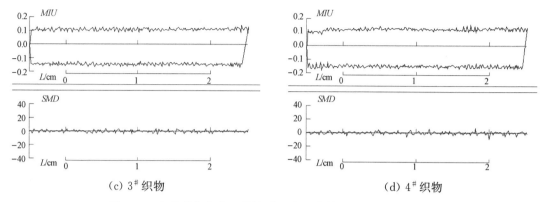

(c) 3# 织物　　　　　　　　　　　　　(d) 4# 织物

图 6-17　织物的经向表面特性(纵坐标：摩擦系数；横坐标：长度)

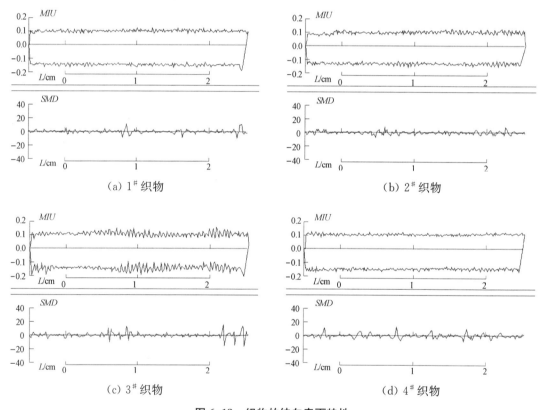

(a) 1# 织物　　　　　　　　　　　　　(b) 2# 织物

(c) 3# 织物　　　　　　　　　　　　　(d) 4# 织物

图 6-18　织物的纬向表面特性

测试了以四种超细羊毛为原料的四种结构参数相近的超细羊毛精纺毛织物的服用性能，包括：折皱性能、起毛起球性能、透气性、光泽、悬垂性及低应力下的力学性能，可归纳为以下几点：

① 通过与细羊毛、山羊绒的对比，超细羊毛纤维鳞片表面形态鳞片多呈环状覆盖，少数呈斜环形，鳞片较薄，表面及边缘较平滑，开角较小，紧密地贴在皮质层上，排列较稀，覆盖间距较宽，密度较小，高度较高，宽度与高度比值较大；超细羊毛纤维鳞片高度在 13.4～

14.0 μm 之间,鳞片密度在 70~127 个/mm 之间,直径与鳞片高度的比值在 1.04~1.38 之间,其鳞片结构的各项参数介于山羊绒与细羊毛的各项参数之间,超细羊毛越细,其鳞片表面形态越类似于山羊绒。

② 通过超细羊毛精纺毛织物服用性能的对比,以直径约为 14.5 μm 的超细羊毛为原料的织物,其透气量小于另外三种织物,为 40.925 L/(m^2·s);其美感系数较大,为 54.56%,且悬垂投影图形美观;其对比光泽度 Gc 为 23.7,织物光泽柔和;其缓折皱回复角较小,为 318.7°;通过起毛起球性能的测试,发现超细羊毛精纺毛织物的起球现象不明显,但起毛、褪色现象较严重。

③ 动态悬垂性能:通过对四种超细羊毛精纺毛织物动态悬垂性能的测试结果可以看出,直径约为 14.5 μm 的超细羊毛 1# 织物的静态悬垂度平均值和动态悬垂度平均值较大,分别为 74.49%、74.01%,静态投影轮廓总平均半径及动态投影轮廓总平均半径较小,分别为 78.99 mm、79.13 mm,悬垂风格综合系数即美感系数较大,为 54.56%,另外,从悬垂投影图可以看出,1# 织物在动、静态悬垂性测试时,悬垂曲面波纹数较多,织物呈极深的凹凸轮廓,匀称的下垂面成半径较小的圆弧折裥,投影面积较小,悬垂图形美观。综合有关悬垂指标的测试结果及投影图形的测得,可知 1# 织物的综合悬垂风格较好,悬垂形态较美。

④ 低应力下的力学性能:通过使用 KES-FB-AUTO-A 织物风格仪对四种超细羊毛精纺毛织物的测试,可以看出直径约为 14.5 μm 的超细羊毛 1# 织物的:经向拉伸功 WT 较小,为 6.00 cN·cm/cm^2,经向拉伸恢复率 RT 较大,为 80.93%,说明 1# 织物的经向抗拉伸变形能力及拉伸回复能力较好;经纬向剪切刚度较大,分别为 0.73 cN/[cm·(°)] 和 0.62 cN/[cm·(°)],说明 1# 织物抵抗剪切变形的能力较大,剪切滞后值 $2HG$ 和 $2HG_5$ 较大,说明其剪切变形回复能力稍弱,在制衣过程中要特别注意袖口、领口等处的缝合情况;1# 织物的经纬向弯曲刚度及经纬向弯曲滞后矩 $2HB$ 较小,分别为 0.037 9 cN·cm^2/cm、0.022 2 cN·cm^2/cm、0.013 0 cN·cm/cm、0.007 1 cN·cm/cm,说明 1# 织物较柔软,在弯曲变形中黏性较小,织物较活络,弹跳性好;其压缩能 WC、压缩回弹性 RC、表观厚度 T_0 和稳定厚度 T_m 较小,分别为 0.072 cN·cm/cm^2、65.28%、0.356 mm 和 0.249 mm,说明 1# 织物较薄;1# 织物的经向平均摩擦系数 MIU 和经向摩擦因数平均差 MMD 较大,这可能是因为羊毛较细给生产加工工艺带来了较高的难度所致。

通过使用 KES-F 织物风格仪对四种超细羊毛(羊毛平均直径为 14.5~18.5 μm)精纺毛织物的测试,可以得出:

① 较细的超细羊毛织物经向拉伸功 WT 较小,经向拉伸恢复率 RT 较大,织物的经向抗拉伸变形能力及拉伸回复能力较好;经纬向剪切刚度较大,其织物抵抗剪切变形的能力较大,剪切滞后值 $2HG$ 和 $2HG_5$ 较大。

② 较细的超细羊毛织物的经纬向弯曲刚度及经纬向弯曲滞后矩 $2HB$ 较小,其织物较柔软,在弯曲变形滞后较小,织物较活络,弹跳性好;织物压缩功 WC、压缩回弹性 RC、表观厚度 T_0 和稳定厚度 T_m 较小,其织物较轻薄。

③ 较细的超细羊毛织物的经向平均摩擦系数 MIU 和经向摩擦系数平均差 MMD 较大,其织物的表面摩擦状态差异较大,经向表面粗糙度 SMD 和纬向表面粗糙度 SMD 较小,其织物较细腻。

第七章

意大利精品面料与国产毛织物面料风格对比

第一节　试验样品、试验仪器与测试方法

一、试验样品规格

高档毛精纺产品通常以超细羊毛、羊绒、优质蚕丝等为原料,采用或纯毛,或混纺,或伴纺,或毛与其他纤维合股等工艺技术,纺制出超高支毛纱或毛丝纱。通过合理控制织造工艺,运用后整理中的相应技术研制成物理指标和服用性能均能达到国家标准的超高支轻薄面料。该类织物更轻、更柔、更薄,悬垂性更好,手感更优,触感如婴肤般柔滑、细腻,具有蓬松性和保暖性,羊毛织物的综合风格值明显提高。

1. 超细羊毛试样规格

近年来超细羊毛越来越受到人们的青睐,其产品具有轻薄滑爽等更高性能的特点,因此,加强对超细羊毛的各项性能研究,已经成为迎合市场需求的必然选择。虽然对超细羊毛性能的研究已经比较全面,但是仍没有见对超细羊毛的单纤维压缩弯曲性能的研究。基于超细羊毛原料及市场需求现状,研究超细羊毛单根纤维压缩弯曲性能可以更好地了解纤维自身弯曲性质和纺织品的柔软性,作者对不同细度超细羊毛的弯曲压缩性能进行了研究,通过对不同细度超细羊毛弯曲压缩性能的测量,获得不同细度超细羊毛纤维的峰值力、等效弯曲模量、抗弯刚度的统计值,以及弯曲压缩曲线。分析比较不同细度的超细羊毛的弯曲压缩性能的变化情况,得到不同细度超细羊毛弯曲压缩性能的一般规律。表 7-1 为超细羊毛试样直径规格,有 14.5 μm 羊毛、15.5 μm 羊毛、16.5 μm 羊毛、17.5 μm 羊毛、18.5 μm 羊毛、19.5 μm 羊毛 6 种规格,超细羊毛细度(Super 值)为 80～180。

表 7-1　超细羊毛试样规格

超细羊毛	14.5 μm 羊毛	15.5 μm 羊毛	16.5 μm 羊毛	17.5 μm 羊毛	18.5 μm 羊毛	19.5 μm 羊毛
Super 值	180	160	140	120	100	80
实测平均细度/μm	14.42	15.82	16.58	17.71	18.91	19.69

2. 意大利风格精品面料试样规格

选取的意大利风格精品面料试验样品(简称意大利风格试样)共计 26 块(由山东南山纺

织服饰有限公司提供),主要以意大利风格精品系列全毛产品为主,还有含羊绒、膨体羊毛、毛丝、毛麻产品,原料涉及超细羊毛细度(Super 值)为 110～150,织物组织以 2/2 斜纹及其变化组织为主,另有少量织物组织为 3/3 及其他变化组织织物。26 块意大利风格精品面料试样的规格详见表 7-2。

表 7-2 意大利风格精品面料试样规格

序号	编号	品名	纱线细度/Nm		织物经纬密度/根·(10 cm)⁻¹		面密度/g·m⁻²	原料	成分
			经向	纬向	经向	纬向			
1	F1	全毛花呢	72/2	72/2	278	216	152.6	Super110^s	W100
2	F2	绒面花呢	12/1	12/1	126	111	219	英国羊毛纱	W100
3	F3	全毛哔叽	104/2	104/2	438	379	173.2	Super150^s	W100
4	F4	全毛哔叽	80/2	52/1	343	318	162.3	Super110^s	W100
5	F5	绒面花呢	104/2	104/2	435	379	173.2	Super150^s	W100
6	F6	全毛哔叽	80/2	52/1	370	360	176.5	Super110^s	W100
7	F7	绒面花呢	80/2+50/3	80/2+50/3	274	232	259.7	Super110^s	W100
8	F8	全毛哔叽	80/2	52/1	394	358	173.2	Super110^s	W100
9	F9	全毛板司呢	94/2	58/1	409	386	173.2	Super130^s	W100
10	F10	全毛哔叽	80/2	52/1	347	323	162.3	Super110^s	W100
11	F11	全毛花呢	94/2	94/2	423	300	166.7	Super130^s	W100
12	F12	全毛弹力花呢	80/2	80/2	351	303	192.8	Super110^s	W98L2
13	F13	全毛哔叽	80/2	52/1	346	323	163.4	Super110^s	W100
14	F14	绒面花呢	64/2	64/2	268	232	175.3	Super110^{s}70%膨体羊毛 30%	W100
15	F15	绒面花呢	52/2	52/2	248	217	204.5	Super110^s	W100
16	F16	绒面羊绒花呢	104/2	104/2	412	371	176.5	Super150^s	W95C5
17	F17	全毛贡呢	80/2	52/1	488	355	209.2	Super110^s	W100
18	F18	毛丝花呢	80/2	120/2+52/1	302	295	137.3	Super110^{s}绢丝	W80S20
19	F19	全毛哔叽	80/2	52/1	368	377	179.7	Super110^s	W100

序号	编号	品名	纱线细度/Nm		织物经纬密度/根·(10 cm)⁻¹		面密度/g·m⁻²	原料	成分
			经向	纬向	经向	纬向			
20	F20	绒面花呢	80/2	52/1	374	369	186.3	Super110ˢ	W100
21	F21	绒面花呢	80/2	52/1	376	384	189.5	Super110ˢ	W100
22	F22	毛绒丝花呢	64/2	64/2	254	210	150.3	Super110ˢ	W58S35C7
23	F23	全毛板司呢	94/2	58/1	407	385	172.1	Super130ˢ	W100
24	F24	毛麻花呢	80/2	80/2+36/1	343	305	179.7	Super110ˢ 亚麻	W73F27
25	F25	毛丝花呢	90/2	90/2	320	267	150.3	Super110ˢ 桑蚕丝	W90S10
26	F26	全毛板司呢	80/2	52/1	384	363	183	Super110ˢ	W100

注：W—羊毛,C—羊绒,S—蚕丝,F—亚麻,L—莱卡。

3. 国产毛织物面料试样规格

选取的国产毛织物面料试样（简称国产试样）共计 35 块，纱线细度从 36/2～110/2 Nm 不等，织物组织以 2/2 斜纹为主，除此以外还有一些 1/1、2/1 及少量变化组织，成分有全毛、毛涤、毛丝、毛莱卡、毛涤天丝导电纤维等。品种以哔叽、花呢为主，涉及少量的薄花呢、强捻花呢、绒面弹力花呢等，规格详见表 7-3。

表 7-3　国产毛织物面料试样规格

序号	编号	品名	纱线细度/Nm		织物经纬密度/根·(10 cm)⁻¹		面密度/g·m⁻²	原料	成分
			经向	纬向	经向	纬向			
1	N1	毛涤薄花呢	100/2	100/2	327	291	131.6	100ˢ 2DP	W50P39.7 T10AS0.3
2	N2	全毛强捻花呢	72/2	72/2	287	226	152.6	100ˢ	W100
3	N3	全毛花呢	110/2	110/2	450	388	168.8	160ˢ	W100
4	N4	绒面花呢	70/2	40/1	354	345	213.8	100ˢ	W100
5	N5	全毛哔叽	90/2	58/1	409	380	173.2	120ˢ	W100
6	N6	绒面花呢	50/3	50/3	189	165	251.6	80ˢ	W100
7	N7	绒面哔叽	80/2	52/1	342	333	173.2	100ˢ	W100

（续表）

序号	编号	品名	纱线细度/Nm		织物经纬密度/根·(10 cm)⁻¹		面密度/g·m⁻²	原料	成分
			经向	纬向	经向	纬向			
8	N8	全毛花呢	100/2	60/1	434	398	169.9	140ˢ	W100
9	N9	全毛弹力花呢	80/2	80/2	280	266	164.5	110ˢ	W96L4
10	N10	全毛绒面花呢	80/2	80/2	285	277	166.7	110ˢ	W100
11	N11	绒面花呢	80/2	52/1	408	408	199.3	110ˢ	W100
12	N12	全毛哔叽	70/2	48/1	324	316	176.5	80ˢ	W100
13	N13	毛涤哔叽	80/2	50/1	348	336	166.7	80ˢ2DP	W70P30
14	N14	全毛花呢	80/2	80/2	647	485	348.7	110ˢ	W98L2
15	N15	全毛哔叽	80/2	52/1	359	325	169.9	100ˢ	W100
16	N16	绒面花呢	80/2	52/1	565	565	277.8	100ˢ	W100
17	N17	毛丝花呢	90/2	58/1	405	385	174.3	120ˢ 桑蚕丝	W90S10
18	N18	全毛花呢	80/2 +70/2	80/2 +70/2	369	316	198.1	100ˢ	W100
19	N19	全毛哔叽	80/2	52/1	380	367	183	100ˢ	W100
20	N20	绒面花呢	36/2	36/2	315	258	358.6	80ˢ	W100
21	N21	绒面弹力花呢	80/2	80/2	377	312	207.7	100ˢ	W98L2
22	N22	绒面花呢	64/2	64/2	323	266	199.3	80ˢ	W100
23	N23	毛丝花呢	60/2	60/2	263	230	172.1	80ˢ 柞蚕丝	W48S52
24	N24	高级花呢	90/2	60/1	424	400	173.2	80ˢ 2DP	W50P49.5 AS0.5
25	N25	绒面哔叽	80/2	52/1	365	320	173.2	100ˢ	W100
26	N26	全毛弹力花呢	80/2	80/2	378	316	199.3	100ˢ	W98L2
27	N27	绒面花呢	36/2 +64/2	36/2 +64/2	266	230	236.8	80ˢ	W100
28	N28	绒面花呢	80/2	80/2	367	315	189.5	100ˢ	W100
29	N29	绒面花呢	36/2	36/2	195	190	241.8	80ˢ	W100
30	N30	绒面花呢	36/2	36/2	171	165	209.7	80ˢ	W100

（续表）

序号	编号	品名	纱线细度/Nm		织物经纬密度/根·(10 cm)⁻¹		面密度/g·m⁻²	原料	成分
			经向	纬向	经向	纬向			
31	N31	毛丝花呢	90/2	58/1 +120/2	396	389	167.8	120ˢ 绢丝	W78 S22
32	N32	全毛花呢	70/2	48/1	360	350	196.1	80ˢ	W100
33	N33	全毛哔叽	90/2	58/1	396	395	173.2	120ˢ	W100
34	N34	绒面花呢	80/2	80/2 +50/3	466	342	276.3	100ˢ	W100
35	N35	绒面花呢	52/2	52/2	270	232	212.4	80ˢ	W100

注：W—羊毛，2DP—细度为 2：2dtex 的涤纶，S—蚕丝，T—天丝，AS—导电纤维，L—莱卡。

二、主要试验仪器

1. 单纤维压缩弯曲仪

对于单纤维弯曲性能测量，由于纤维细而软，两端同时握持困难，为减小在弯曲过程中

图 7-1 JQW03C 单纤维压缩弯曲仪

不必要的力值损失和纤维与握持点的摩擦作用，一般不采用常规三点弯曲法，而是采用下端握持上端铰链的单纤维压缩弯曲方法来构造测量装置，如图 7-1 单纤维压缩弯曲仪 JQW03C。

JQW03C 单纤维压缩弯曲仪采用压缩弯曲法测量纤维的压缩弯曲性能，它的力值测量范围最大为 135 mN，最小可以分辨率 1.5 μN 的力，是表征纤维最基本力学参数的综合性仪器。

JQW03C 单纤维压缩弯曲仪工作温度一般是室温，工作湿度为相对湿度 30%～85%，试验条件：温度 20℃，相对湿度 65%。

2. 织物风格测试系统

本文涉及的低应力下的基本性能测试是利用日本 KES-FB-AUTO-A 织物风格测试系统完成的。该系统属于多台多指标式的织物风格仪，包括拉伸、剪切试验仪 KES-FB1，纯弯曲试验仪 KES-FB2，压缩性试验仪 KES-FB3 和表面性能试验仪 KES-FB4 四台试验主机，测试了低负荷下织物拉伸性能的拉伸比功 WT、拉伸功回复率 RT、拉伸曲线的线性度 LT、伸长率 EMT；剪切变形性能的剪切刚度 G、剪切滞后矩 $2HG$、剪切滞后矩 $2HG_5$；弯曲性能的弯曲刚度 B、弯曲滞后矩 $2HB$；压缩性能的压缩比功 WC、压缩功回复率 RC、压缩曲线的线性度 LC、表观厚度 T_0、稳定厚度 T_m；表面摩擦性能的平均摩擦系数 MIU、摩擦系数的平均差不匀率 MMD、表面粗糙度 SMD 共计 17 个力学、物理性能指标。

三、测试方法

1. 纤维压缩弯曲过程

通过观察压缩弯曲过程中的测试图可以清晰看到超细羊毛纤维在压弯过程中的长度和挠度变化。超细羊毛压缩弯曲的具体测试过程为：首先，将纤维针样本放入下夹持器中，调整下夹持器的位置，使纤维针对准镜头的光轴中心，然后开启单纤维压缩弯曲仪运行程序，调整镜头焦距，使纤维清晰地位于图像中，最后设定下平台上升速度为 0.001 25 mm/s，程序每隔 5 s 拍摄一次，记录纤维压缩弯曲的照片。由于每次超细羊毛纤维压缩弯曲性能测试时间大约为 2 min，测试程序每隔 5 s 拍摄一次。本文选取比较具有代表性的图片对纤维压缩弯曲过程展示。

根据图 7-2 可知，超细羊毛纤维的外观形态不都是成直线型，由于纤维细度小，容易在纤维的某些段出现卷曲，由于测试过程中不能去除，使其表现出了一定的区别于其他纤维的外观弯曲特性，并且各个纤维试样并不统一，所以实际轴向压缩过程和理论模型有所不同，但是一般情况下，都可以把单纤维的压缩弯曲过程划分为 5 个区域，分别为零载荷区、纯压缩区、偏心弯曲区、平衡弯曲区和屈服弯曲区。

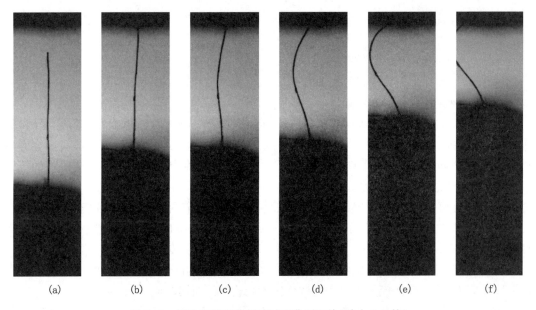

(a)　　　　(b)　　　　(c)　　　　(d)　　　　(e)　　　　(f)

图 7-2　纤维压缩弯曲测试过程典型图片（放大 2.5 倍）

在单纤维压缩弯曲性能测试过程中，纤维刚开始的试样图片如图 7-2(a)所示；随后，测试仪上夹头不动，下夹持器向上运动，单纤维的上端与微力传感器的表面未实质性接触，而是进入微力传感器表面的微孔中，因此该阶段并无载荷，称为零载荷区，如图 7-2(b)所示；如果继续压缩，使单纤维的上端与微孔的底端接触，瞬时单纤维针被纯压缩，载荷急剧增加，此时单纤维并无弯曲，使得被压单纤维迅速跳过轴向纯压缩阶段进入弯曲阶段，即无挠度的产生称为纯压缩区，如图 7-2(c)所示；当轴向压缩增加，纤维出现横向挠度，根据基本压杆模型中临界载荷的定义，当单纤维为结构均匀且无偏心加载时，沿纤维轴压缩达到临界载荷后,其压缩弯曲过程进入随遇平衡,此时载荷不变,挠度逐渐增大,通过实际压缩弯曲曲线可以发现,载荷随挠度的增加而增加,称为偏心弯曲区,如图 7-2(d)所示;当轴向位移进一步增加,纤维横向挠度一直增大,但压缩弯曲曲线在最大承载力值附近波动。此时虽然单纤维最内层与最外层的原纤应力较大,但未超过纤维轴向拉伸应力-应变曲线中的线性弹性区,表现为载荷基本不变,而挠度逐渐增大,因此称为平衡弯曲区,如图 7-2(e)所示;当挠度进一步增大,纤维的轴向承载能力下降,随弯曲的加剧,纤维刺扎应力增加幅度减缓,称为屈服弯曲区,如图 7-2(f)所示。在本研究中,纤维压缩弯曲试验中纤维压缩弯曲位移大致为 1.5 mm。

2. 纤维压缩弯曲指标

临界载荷的表达式为

$$Pcr = \frac{20.19\pi r^4 E_B \phi}{4L^2} \tag{7-1}$$

又

$$R_B = E_B I_0 = E_B \frac{\pi r^4}{4} = 0.049 E_B D^4 \tag{7-2}$$

式中：Pcr ——临界载荷,mN;

R_B ——抗弯刚度,10^{-5} cN·cm^2;

E_B ——等效弯曲模量,GPa;

I_0 ——正圆形的最小惯性矩;

D、r ——纤维的直经、半径,μm;

φ ——截面形状系数,正圆形 $\varphi = 1$。

纤维压缩弯曲临界载荷(Pcr)是纤维一旦弯曲时所对应的载荷,然而在实际测量时,如果纤维比较柔软,容易弯曲,则纤维临界载荷概念的确定会很不容易,因此,一般我们会考虑用纤维压缩弯曲整个过程所出现的峰值力(P_m)来描述,峰值力为整个压缩弯曲过程的纤维压缩弯曲出现最大峰值时的力。

等效弯曲模量(E_B)是由单纤维材料自身分子结构决定,在数值上等效于纯压缩模量沿纤维截面和拉伸模量的积分平均和,不受纤维直径的影响,反映纤维材料本质抗弯性能。

抗弯刚度(R_B)反映了纤维抵抗弯曲的能力,即通常所指刚硬还是柔软,其综合了纤维本质弯曲因素(等效弯曲模量 E_B)和横截面因素(直径 D 与横截面形状)。

测试超细羊毛纤维的压缩弯曲性能,得到峰值力、等效弯曲模量和抗弯刚度等参数指标。

第二节　超细羊毛的弯曲压缩性能研究

一、超细羊毛性能测试结果

超细羊毛纤维毛条的基本试验数据见表 7-4。

表 7-4　超细羊毛纤维毛条的基本试验数据

试验项目	14.5 μm 羊毛	15.5 μm 羊毛	16.5 μm 羊毛	17.5 μm 羊毛	18.5 μm 羊毛	19.5 μm 羊毛
平均细度/μm	14.42	15.82	16.58	17.71	18.91	19.69
均方差/μm	2.94	3.31	3.48	3.73	3.97	4.01
离散系数/%	20.4	21	21	21	21	20.4
豪特长度 H/mm	62.1	65.8	67.7	70.8	74.8	76.6
离散系数/%	47.3	46.4	48.2	46	46.7	51.5
豪特(H)<30%	14.7	12.2	12.6	10	8.8	14.4
巴布长度 B/mm	75.9	79.8	83.4	85.7	91.1	96.9
离散系数/%	38.9	37.9	38.6	37.1	37	37
巴勃(B)<30%	5.5	4.5	4.4	3.4	2.9	4
重量不匀率/%	3	1.6	0.4	2.3	2.1	0.7
回潮率/%	15	11.8	13.3	15.5	13.5	15.2
含油率/%	0.69	0.64	0.46	0.41	0.38	0.52
pH 值	7.61	8.03	7.94	7.98	7.93	5.92

二、超细羊毛的弯曲压缩性能研究

1. 不同细度单纤维弯曲压缩曲线

通过测量不同细度超细羊毛纤维,根据大多数试样的弯曲曲线形态,得到 6 种纤维类型的弯曲压缩曲线,如图 7-3 所示。

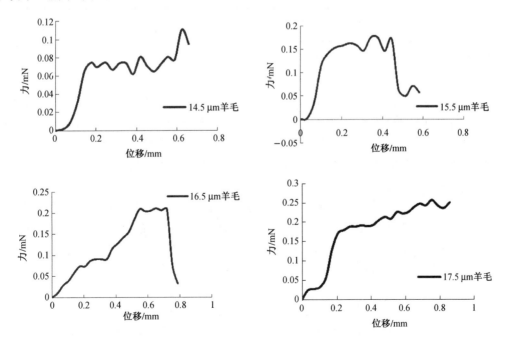

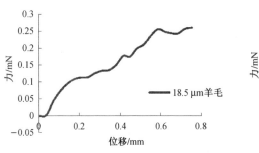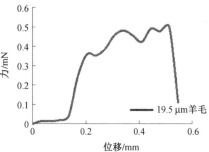

图 7-3　单纤维弯曲压缩曲线

图 7-3 中纵坐标表示的力值即单纤维被压弯时所受的弯曲载荷,由图 7-3 可知: 14.5 μm 的纤维所受弯曲载荷在 0.07 mN 左右,其最大值达到 0.12 mN,15.5 μm 的纤维 所受弯曲载荷一般在 0.15 mN 左右,这两种纤维弯曲压缩曲线均存在较多峰值;16.5 μm 的 纤维所受的弯曲载荷在 0.2 mN 左右,其曲线缓慢增加到最大值后快速下降;17.5 μm 的羊 毛纤维所受的弯曲载荷一般在 0.25 mN 左右,18.5 μm 的羊毛纤维的弯曲载荷一般在 0.25 mN,17.5 μm 和 18.5 μm 的纤维弯曲压缩过程相似,两种纤维所受载荷在弯曲压缩试 验开始后一直在缓慢增加;19.5 μm 的纤维所受的弯曲载荷是测试纤维中最大的,在 0.4 mN 左右,该纤维的弯曲过程中弯曲载荷达到最大时持续一段时间便很快减小。

2. 不同细度超细羊毛的弯曲压缩性能指标

对 14.5～19.5 μm 的六种羊毛做弯曲压缩试验,每种纤维类型选取 50 组纤维试样进 行测试,得到直径、峰值力、等效弯曲模量和抗弯刚度四个测试指标平均值,如表 7-5 所示。

表 7-5　单纤维弯曲压缩试验数据

试样种类	14.5 μm 羊毛	15.5 μm 羊毛	16.5 μm 羊毛	17.5 μm 羊毛	18.5 μm 羊毛	19.5 μm 羊毛
直径 $D/\mu m$	14.90	15.60	16.48	17.47	18.59	19.63
峰值力 P_{max}/mN	0.12	0.15	0.20	0.24	0.24	0.41
抗弯刚度 $R_B/$ 10^{-5} cN·cm^2	0.38	0.37	0.55	0.73	0.61	1.22
等效弯曲模量 E_B/GPa	1.48	1.28	1.53	1.57	1.03	1.68

(1)峰值力

由表 7-5 可知超细羊毛单纤维的峰值力随着纤维直径的增加而逐渐增加,每两个临近 细度的纤维的峰值力平均值相差均不超过 0.1 mN,14.5 μm 的超细羊毛纤维的峰值力 (0.12 mN)最小,17.5 μm 和 18.5 μm 峰值力相近,均为 0.24 mN,当细度达到 19.5 μm 时, 峰值力达到 0.41 mN,相较于 18.5 μm 的超细羊毛纤维的峰值力平均值相差略大。

(2)抗弯刚度

纤维抗弯刚度反映了纤维抵抗弯曲的能力,即通常所指刚硬还是柔软,其综合了纤维本质 弯曲因素(即弯曲模量)和横截面因素(即直径与横截面形状)。抗弯刚度是等效弯曲模量和惯性矩的乘积,惯性矩受纤维直径和纤维截面形态影响。由表 7-5 知抗弯刚度随着纤维细度的增加而增加,这一变化趋势和峰值力相似。14.5 μm 的超细羊毛纤维的抗弯刚度平均值是最小为 0.38×10^{-5} cN·cm^2,细度达到 18.5 μm 时,抗弯刚度的平均值为 0.61×10^{-5} cN·cm^2,从 14.5 μm 到 18.5 μm 四个纤维细度中,抗弯刚度的平均值变化较小,细度从 18.5 μm 到 19.5 μm,其抗弯刚度增加的幅度大,即从 0.61×10^{-5} cN·cm^2 到 1.22×10^{-5} cN·cm^2。

（3）等效弯曲模量

等效弯曲模量是独立于纤维直径反映纤维材料抗弯性能的本质特征值,由单纤维材料自身分子结构决定,在数值上等效于拉伸模量和纯压缩模量沿纤维截面的积分平均。试验表明,各细度纤维的等效弯曲模量平均值变化无明显规律,在 1～1.7 GPa。

第三节　意大利精品面料与国产毛织物面料风格测试

选取了 26 种意大利精品面料 F1～F26,35 种国产毛织物面料 N1～N35 进行了织物风格测试,包括拉伸特性和剪切特性、弯曲特性和压缩特性、表面摩擦特性三大方面,17 项力学指标测试结果,试样经向、纬向和平均值。

一、意大利精品面料风格测试结果

1. 拉伸特性和剪切特性

26 块试样的拉伸性能和剪切特性测试结果如表 7-6 所示。

表 7-6　意大利精品面料拉伸特性和剪切特性

织物编号		拉伸特性				剪切特性		
		LT	$WT/$ cN·cm·cm^{-2}	$RT/\%$	$EMT/$ $\%$	$G/$cN· $[cm \cdot (°)]^{-1}$	$2HG/$ cN·cm^{-1}	$2HG_5/$ cN·cm^{-1}
F1	经向	0.498	5.95	83.19	4.78	0.54	0.28	0.83
	纬向	0.496	23.70	71.94	19.11	0.43	0.25	0.70
	平均	0.497	14.83	77.57	11.95	0.49	0.27	0.77
F2	经向	0.526	11.25	60.44	8.56	0.41	0.65	0.93
	纬向	0.499	19.25	50.13	15.42	0.39	0.68	1.00
	平均	0.513	15.25	55.29	11.99	0.40	0.67	0.97
F3	经向	0.587	5.55	81.08	3.78	0.65	0.45	1.28
	纬向	0.559	14.25	70.88	10.20	0.54	0.43	1.23
	平均	0.573	9.90	75.98	6.99	0.60	0.44	1.26
F4	经向	0.593	4.70	86.17	3.17	0.64	0.28	1.05
	纬向	0.558	15.40	72.73	11.03	0.49	0.33	0.90
	平均	0.576	10.05	79.45	7.10	0.57	0.31	0.98

（续表）

织物编号		拉伸特性				剪切特性		
		LT	$WT/$ $cN \cdot cm \cdot cm^{-2}$	$RT/\%$	$EMT/$ $\%$	$G/cN \cdot$ $[cm \cdot (°)]^{-1}$	$2HG/$ $cN \cdot cm^{-1}$	$2HG_5/$ $cN \cdot cm^{-1}$
F5	经向	0.581	8.00	79.38	5.51	0.68	0.45	1.25
	纬向	0.557	14.00	72.86	10.05	0.60	0.40	1.10
	平均	0.569	11.00	76.12	7.78	0.64	0.43	1.18
F6	经向	0.595	6.35	81.89	4.27	0.59	0.30	0.93
	纬向	0.546	12.05	75.10	8.83	0.53	0.35	0.93
	平均	0.571	9.20	78.50	6.55	0.56	0.33	0.93
F7	经向	0.513	6.70	72.39	5.22	0.69	0.83	1.50
	纬向	0.496	18.50	55.68	14.93	0.64	0.95	1.63
	平均	0.505	12.60	64.04	10.08	0.67	0.89	1.57
F8	经向	0.655	7.55	74.83	4.61	0.60	0.43	1.10
	纬向	0.619	9.70	75.77	6.27	0.55	0.38	1.00
	平均	0.637	8.63	75.30	5.44	0.58	0.41	1.05
F9	经向	0.606	5.80	81.03	3.83	0.52	0.28	0.75
	纬向	0.543	13.95	70.97	10.27	0.43	0.30	0.60
	平均	0.575	9.88	76.00	7.05	0.48	0.29	0.68
F10	经向	0.625	5.00	85.00	3.20	0.60	0.23	0.83
	纬向	0.593	12.30	75.20	8.30	0.56	0.30	0.88
	平均	0.609	8.65	80.10	5.75	0.58	0.27	0.86
F11	经向	0.602	6.10	78.69	4.05	0.93	0.50	1.73
	纬向	0.583	12.10	77.69	8.30	0.73	0.35	1.58
	平均	0.593	9.10	78.19	6.18	0.83	0.43	1.66
F12	经向	0.550	6.50	80.00	4.73	0.57	0.55	1.10
	纬向	0.489	29.00	56.90	23.72	0.40	0.43	0.80
	平均	0.520	17.75	68.45	14.23	0.49	0.49	0.95
F13	经向	0.569	5.90	82.20	4.15	0.53	0.30	0.90
	纬向	0.606	10.20	75.49	6.73	0.55	0.33	0.93
	平均	0.588	8.05	78.85	5.44	0.54	0.32	0.92

（续表）

织物编号		拉伸特性				剪切特性		
		LT	$WT/$ cN·cm·cm^{-2}	$RT/\%$	$EMT/\%$	$G/$cN· $[\text{cm}\cdot(°)]^{-1}$	$2HG/$ cN·cm^{-1}	$2HG_5/$ cN·cm^{-1}
F14	经向	0.504	7.50	72.67	5.95	0.41	0.58	0.90
	纬向	0.513	13.60	60.66	10.61	0.39	0.60	0.85
	平均	0.509	10.55	66.67	8.28	0.40	0.59	0.88
F15	经向	0.491	6.95	73.38	5.66	0.43	0.48	0.80
	纬向	0.435	14.80	63.51	13.62	0.37	0.55	0.75
	平均	0.463	10.88	68.45	9.64	0.40	0.52	0.78
F16	经向	0.677	6.85	73.72	4.05	0.58	0.60	1.20
	纬向	0.544	11.70	68.80	8.61	0.52	0.63	1.18
	平均	0.611	9.28	71.26	6.33	0.55	0.62	1.19
F17	经向	0.597	9.10	73.08	6.10	0.47	0.38	0.85
	纬向	0.584	12.30	66.26	8.42	0.48	0.55	1.03
	平均	0.591	10.70	69.67	7.26	0.48	0.47	0.94
F18	经向	0.645	7.35	78.91	4.56	0.79	0.30	1.33
	纬向	0.646	8.75	78.86	5.42	0.83	0.30	1.23
	平均	0.646	8.05	78.89	4.99	0.81	0.30	1.28
F19	经向	0.623	5.20	79.81	3.34	0.44	0.28	0.78
	纬向	0.597	15.70	61.78	10.52	0.43	0.38	0.83
	平均	0.610	10.45	70.80	6.93	0.44	0.33	0.81
F20	经向	0.622	5.80	77.59	3.73	0.80	0.38	1.58
	纬向	0.622	11.65	67.38	7.49	0.79	0.40	1.60
	平均	0.622	8.73	72.49	5.61	0.80	0.39	1.59
F21	经向	0.698	7.15	72.73	4.10	0.78	0.63	1.90
	纬向	0.702	11.30	59.73	6.44	0.73	0.65	1.80
	平均	0.700	9.23	66.23	5.27	0.76	0.64	1.85
F22	经向	0.577	5.35	81.31	3.71	0.56	0.48	0.98
	纬向	0.538	9.55	72.25	7.10	0.48	0.38	0.88
	平均	0.558	7.45	76.78	5.41	0.52	0.43	0.93
F23	经向	0.573	5.10	81.37	3.56	0.64	0.43	1.25
	纬向	0.558	14.70	71.09	10.54	0.61	0.38	1.20
	平均	0.566	9.90	76.23	7.05	0.63	0.41	1.23

（续表）

织物编号		拉伸特性				剪切特性		
		LT	$WT/$ cN·cm·cm^{-2}	$RT/\%$	$EMT/\%$	$G/$cN· [cm·(°)]$^{-1}$	$2HG/$ cN·cm^{-1}	$2HG_5/$ cN·cm^{-1}
F24	经向	0.602	10.10	60.40	6.71	0.41	0.45	0.75
	纬向	0.623	13.20	40.91	8.47	0.35	0.43	0.73
	平均	0.613	11.65	50.66	7.59	0.38	0.44	0.74
F25	经向	0.560	7.40	80.41	5.29	0.71	0.25	1.03
	纬向	0.558	10.00	79.00	7.17	0.64	0.20	0.95
	平均	0.559	8.70	79.71	6.23	0.68	0.23	0.99
F26	经向	0.604	5.75	84.35	3.81	0.55	0.35	0.93
	纬向	0.570	15.25	69.51	10.71	0.52	0.40	0.93
	平均	0.587	10.50	76.93	7.26	0.54	0.38	0.93

拉伸特性：由表 7-6 可以看出，试验选取的 26 种意大利精品面料（编号 F1～F26 的拉伸线性度 LT 在 0.435～0.702 之间，平均值为 0.575；拉伸功 WT 在 4.70～20.00 cN·cm/cm^2 之间，平均值为 10.42 cN·cm/cm^2；拉伸功回复率 RT 在 40.91%～86.17% 之间，平均值为 72.64%；最大拉伸应力 500 cN/cm 时的伸长率 EMT 在 3.17%～23.72% 之间，平均值为 7.48%。通过对比拉伸性能测试数据结果表明，意大利精品面料全毛哔叽（编号 F3），原料为 Super150^s，经纬纱细度（104/2 Nm × 104/2 Nm），经纬向拉伸功回复率 RT 较高，为 81.08%、70.88%，全毛绒面花呢 F5、全毛弹力花呢 F12、全毛花呢 F1、毛绒丝花呢 F22 的 RT 也较高，绒面羊绒花呢 F16 的 RT 适中，毛麻花呢 F24 的经纬向 RT 较低，为 60.40%、40.91%；试样的拉伸线性度 LT、拉伸功 WT 有一定区别；拉伸时 500 cN/cm 的伸长率（EMT）经向比纬向低，但全毛高支纱面料整体较高，全毛弹力花呢 F12 纬向明显高，为 23.72%，这主要是由于其纬向加了 2% 的莱卡氨纶丝。这说明这些精纺毛织物在初始拉伸时更容易变形，织物更柔软。

剪切特性：由表 7-6 可以看出，试验选取的 26 种意大利精品面料 F1～F26 的剪切刚度 G 在 0.35～0.93 cN·[cm·(°)]$^{-1}$ 之间，平均值为 0.57 cN·[cm·(°)]$^{-1}$；剪切变形角 $\phi = 0.5°$ 时的剪切滞后矩 $2HG$ 在 0.20～0.95 cN/cm 之间，平均值为 0.43 cN/cm；剪切变形角 $\phi = 5°$ 时的剪切滞后矩 $2HG_5$ 在 0.60～1.90 cN/cm 之间，平均值为 1.07 cN/cm。

在剪切性能上，意大利精品面料试样 F24、F2、F14、F15、F19、F17、F1 等的剪切刚度 G 明显低于相同线密度的常规精纺毛织物，其原因是：意大利精品面料毛织物的经纬线密度较低，因此当织物受到剪切力作用时，织物中的纱线更易发生相对移动，更易产生剪切变形；意大利精品面料试样 F9、F1、F15、F24、F10 等的剪切滞后矩 $2HG$（剪切变形角 $\phi = 0.5°$）和剪切滞后矩 $2HG_5$（剪切变形角 $\phi = 5°$）都低于常规精纺毛织物，意大利风格织物具有更好的剪切回复性。

2. 弯曲特性和压缩特性

26 块试样的弯曲特性和压缩特性测试结果如表 7-7 所示。

表 7-7　意大利精品面料弯曲特性和压缩特性

织物编号		弯曲特性		压缩特性				
		$B/$ $cN \cdot cm^2 \cdot cm^{-1}$	$2HB/$ $cN \cdot cm \cdot cm^{-1}$	LC	$WC/$ $cN \cdot cm \cdot cm^{-2}$	RC $/\%$	T_0 $/mm$	T_m $/mm$
F1	经向	0.050 3	0.011 4	0.322	0.087	64.37	0.386	0.278
	纬向	0.025 6	0.009 5	0.308	0.087	66.67	0.386	0.273
	平均	0.038 0	0.010 5	0.315	0.087	65.52	0.386	0.276
F2	经向	0.120 5	0.051 0	0.337	0.564	59.22	1.475	0.806
	纬向	0.114 0	0.032 5	0.333	0.573	58.99	1.504	0.815
	平均	0.117 3	0.041 8	0.335	0.569	59.11	1.490	0.811
F3	经向	0.049 6	0.024 0	0.449	0.082	62.20	0.356	0.283
	纬向	0.034 2	0.013 0	0.481	0.077	63.64	0.342	0.278
	平均	0.041 9	0.018 5	0.465	0.080	62.92	0.349	0.281
F4	经向	0.058 8	0.015 8	0.400	0.078	65.39	0.342	0.264
	纬向	0.030 0	0.013 2	0.418	0.071	67.61	0.332	0.262
	平均	0.044 4	0.014 5	0.409	0.075	66.50	0.337	0.263
F5	经向	0.047 1	0.017 1	0.436	0.085	69.41	0.381	0.303
	纬向	0.041 7	0.018 2	0.414	0.091	68.13	0.391	0.303
	平均	0.044 4	0.017 7	0.425	0.088	68.77	0.386	0.303
F6	经向	0.059 1	0.018 9	0.430	0.085	68.24	0.352	0.273
	纬向	0.047 1	0.012 8	0.391	0.086	68.61	0.366	0.278
	平均	0.053 1	0.015 9	0.411	0.086	68.43	0.359	0.276
F7	经向	0.134 0	0.060 6	0.373	0.351	62.96	0.947	0.571
	纬向	0.087 6	0.027 7	0.372	0.340	63.24	0.928	0.562
	平均	0.110 8	0.044 2	0.373	0.346	63.10	0.938	0.567
F8	经向	0.059 1	0.020 9	0.441	0.086	67.44	0.361	0.283
	纬向	0.040 8	0.012 1	0.441	0.086	68.61	0.371	0.293
	平均	0.050 0	0.016 5	0.441	0.086	68.03	0.366	0.288
F9	经向	0.057 6	0.019 6	0.353	0.090	66.67	0.400	0.298
	纬向	0.037 8	0.012 8	0.355	0.087	67.82	0.396	0.298
	平均	0.047 7	0.016 2	0.354	0.089	67.25	0.398	0.298

织物编号		弯曲特性		压缩特性				
		$B/$ $\mathrm{cN \cdot cm^2 \cdot cm^{-1}}$	$2HB/$ $\mathrm{cN \cdot cm \cdot cm^{-1}}$	LC	$WC/$ $\mathrm{cN \cdot cm \cdot cm^{-2}}$	RC $/\%$	T_0 $/\mathrm{mm}$	T_m $/\mathrm{mm}$
F10	经向	0.052 3	0.014 1	0.376	0.078	74.36	0.342	0.259
	纬向	0.033 0	0.010 6	0.368	0.081	72.84	0.347	0.259
	平均	0.042 7	0.012 4	0.372	0.080	73.60	0.345	0.259
F11	经向	0.058 1	0.025 3	0.461	0.068	69.12	0.313	0.254
	纬向	0.042 7	0.019 3	0.412	0.070	67.14	0.317	0.249
	平均	0.050 4	0.022 3	0.437	0.069	68.13	0.315	0.252
F12	经向	0.061 3	0.021 3	0.343	0.109	65.14	0.444	0.317
	纬向	0.040 3	0.016 5	0.352	0.116	63.79	0.454	0.322
	平均	0.050 8	0.018 9	0.348	0.113	64.47	0.449	0.320
F13	经向	0.048 6	0.013 2	0.433	0.079	70.89	0.337	0.264
	纬向	0.038 1	0.014 5	0.415	0.081	69.14	0.342	0.264
	平均	0.043 4	0.013 9	0.424	0.080	70.02	0.340	0.264
F14	经向	0.068 9	0.031 4	0.397	0.305	63.61	0.825	0.518
	纬向	0.057 6	0.018 7	0.412	0.302	63.25	0.796	0.503
	平均	0.063 3	0.025 1	0.405	0.304	63.43	0.811	0.511
F15	经向	0.081 5	0.033 8	0.365	0.263	65.02	0.791	0.503
	纬向	0.061 0	0.025 7	0.361	0.260	64.62	0.791	0.503
	平均	0.071 3	0.029 8	0.363	0.262	64.82	0.791	0.503
F16	经向	0.051 8	0.021 3	0.389	0.143	67.83	0.518	0.371
	纬向	0.039 8	0.016 9	0.384	0.145	68.28	0.522	0.371
	平均	0.045 8	0.019 1	0.387	0.144	68.06	0.520	0.371
F17	经向	0.078 1	0.026 4	0.388	0.128	67.19	0.542	0.410
	纬向	0.041 7	0.015 8	0.397	0.126	66.67	0.532	0.405
	平均	0.059 9	0.021 1	0.393	0.127	66.93	0.537	0.408
F18	经向	0.049 1	0.012 3	0.265	0.071	66.20	0.327	0.220
	纬向	0.028 1	0.018 7	0.256	0.078	62.82	0.342	0.220
	平均	0.038 6	0.015 5	0.261	0.075	64.51	0.335	0.220
F19	经向	0.069 8	0.022 4	0.386	0.085	67.06	0.371	0.283
	纬向	0.040 5	0.011 4	0.359	0.088	65.91	0.381	0.283
	平均	0.055 2	0.016 9	0.373	0.087	66.49	0.376	0.283

（续表）

织物编号		弯曲特性		压缩特性				
		$B/$ $cN \cdot cm^2 \cdot cm^{-1}$	$2HB/$ $cN \cdot cm \cdot cm^{-1}$	LC	$WC/$ $cN \cdot cm \cdot cm^{-2}$	RC /%	T_0 /mm	T_m /mm
F20	经向	0.074 5	0.029 2	0.347	0.118	66.95	0.439	0.303
	纬向	0.046 1	0.016 5	0.333	0.110	68.18	0.430	0.298
	平均	0.060 3	0.022 9	0.340	0.114	67.57	0.435	0.301
F21	经向	0.084 7	0.036 7	0.379	0.125	65.60	0.474	0.342
	纬向	0.055 2	0.023 7	0.403	0.128	64.06	0.474	0.347
	平均	0.070 0	0.030 2	0.391	0.127	64.83	0.474	0.345
F22	经向	0.045 6	0.017 4	0.379	0.074	64.87	0.298	0.220
	纬向	0.035 2	0.012 6	0.366	0.076	65.79	0.298	0.220
	平均	0.040 4	0.015 0	0.373	0.075	65.33	0.298	0.220
F23	经向	0.055 7	0.027 9	0.441	0.076	61.84	0.342	0.273
	纬向	0.038 1	0.017 2	0.476	0.081	60.49	0.337	0.269
	平均	0.046 9	0.022 6	0.459	0.079	61.17	0.340	0.271
F24	经向	0.056 4	0.026 6	0.309	0.294	51.02	0.801	0.420
	纬向	0.098 6	0.036 9	0.316	0.289	50.52	0.762	0.396
	平均	0.077 5	0.031 8	0.313	0.292	50.77	0.782	0.408
F25	经向	0.048 1	0.016 7	0.348	0.081	67.90	0.366	0.273
	纬向	0.037 6	0.018 2	0.400	0.073	69.86	0.337	0.264
	平均	0.042 9	0.017 5	0.374	0.077	68.88	0.352	0.269
F26	经向	0.064 7	0.018 0	0.410	0.080	67.50	0.361	0.283
	纬向	0.040 0	0.012 7	0.382	0.084	65.48	0.381	0.293
	平均	0.052 4	0.015 4	0.396	0.082	66.49	0.371	0.288

弯曲性能：由表 7-7 可以看出，试验选取的 26 种意大利风格精品面料 F1～F26 的弯曲刚度 B 在 0.025 6～0.134 0 cN·cm²/cm 之间，平均值为 0.056 1 cN·cm²/cm；弯曲滞后矩 $2HB$ 在 0.009 5～0.060 6 cN·cm/cm 之间，平均值为 0.021 0 cN·cm/cm。

由表 7-7 可以看出，意大利风格精品面料试样的弯曲刚度 B、弯曲滞后矩 $2HB$ 整体上较小。弯曲性能测试选取的 26 块精纺毛织物试样中，试样 F3 全毛哔叽，原料为 Super150^s，经纬纱细度（104/2 Nm×104/2 Nm），其经纬向弯曲刚度 B 较小，为 0.049 6 cN·cm²/cm、0.034 2 cN·cm²/cm，其经纬向弯曲滞后矩 $2HB$ 也较小，为 0.024 0 cN·cm/cm、0.013 0 cN·cm/cm；织物较柔软，这主要是因为该织物所采用的原料较细，加大了纱线中纤维间的空隙，使得纤维以毛羽或毛圈形式分布在织物表面，提高了纱线及织物的蓬松度，其弯曲滞后矩 $2HB$ 值较小，说明该织物在弯曲变形中滞后较小，织物较活络，弹跳性较好。全毛花呢 F1、全毛哔叽 F4、全毛绒面花呢 F5、毛绒丝花呢 F22 等的 B 和 $2HB$ 也较小,织物手感柔软、活络。

压缩性能:由表 7-7 可以看出,试验选取的 26 种意大利精品面料 F1～F26 的压缩线性度 LC 在 0.256～0.481 之间,平均值为 0.382;压缩功 WC 在 0.068～0.573 cN·cm/cm² 之间,平均值为 0.142 cN·cm/cm²;压缩功回复率 RC 在 50.52%～74.36% 之间,平均值为 65.58%;表观厚度 T_0 在 0.298～1.504 mm 之间,平均值为 0.495 mm;稳定厚度 T_m 在 0.220～0.815 mm 之间,平均值为 0.340 mm。

整体上看意大利精纺毛织物,在压缩线性度 LC 上略高于与常规精纺毛织物;压缩功 WC 与常规精纺毛织物没有明显差异;压缩功回复率 RC 略高于常规精纺毛织物,说明该精纺毛织物的压缩弹性更好;同规格精纺毛织物稳定厚度 T_m 和表观厚度 T_0 略大于常规精纺毛织物,说明该织物蓬松、有丰厚感。

3. 表面摩擦特性

26 块试样的表面摩擦特性测试结果如表 7-8 所示。

表 7-8　意大利精品面料表面摩擦特性

织物编号		摩擦系数 MIU				摩擦系数的平均差不匀率 MMD				表面粗糙度 SMD/μm			
		1	2	3	平均	1	2	3	平均	1	2	3	平均
F1	经向	0.146	0.144	0.145		0.034 5	0.040 9	0.049 1		6.868	7.422	8.231	
	纬向	0.135	0.133	0.132		0.012 0	0.014 6	0.010 6		3.606	3.841	3.326	
	平均	0.140	0.138	0.138	0.139	0.023 2	0.027 8	0.029 9	0.027 0	5.237	5.631	5.779	5.549
F2	经向	0.213	0.216	0.225		0.010 3	0.011 2	0.011 9		5.110	5.207	4.032	
	纬向	0.225	0.221	0.228		0.008 5	0.008 8	0.009 8		3.807	4.407	4.115	
	平均	0.219	0.218	0.226	0.221	0.009 4	0.010 0	0.010 8	0.010 1	4.458	4.807	4.073	4.446
F3	经向	0.136	0.129	0.123		0.007 5	0.008 1	0.007 2		1.477	1.437	1.466	
	纬向	0.130	0.131	0.127		0.005 3	0.006 1	0.006 4		2.035	1.986	1.883	
	平均	0.133	0.130	0.125	0.129	0.006 4	0.007 1	0.006 8	0.006 8	1.756	1.712	1.675	1.714
F4	经向	0.129	0.128	0.130		0.013 3	0.009 1	0.011 4		2.189	1.968	2.513	
	纬向	0.128	0.122	0.126		0.010 5	0.008 5	0.009 4		2.892	2.590	2.482	
	平均	0.129	0.125	0.128	0.127	0.011 9	0.008 8	0.010 4	0.010 4	2.541	2.279	2.497	2.439
F5	经向	0.114	0.113	0.115		0.006 2	0.006 1	0.004 9		1.851	1.927	1.970	
	纬向	0.128	0.127	0.126		0.006 4	0.006 1	0.006 0		3.920	3.142	3.170	
	平均	0.121	0.120	0.121	0.121	0.006 3	0.006 1	0.005 5	0.006 0	2.885	2.535	2.570	2.663
F6	经向	0.136	0.134	0.141		0.006 4	0.006 1	0.006 6		1.533	1.470	1.461	
	纬向	0.129	0.127	0.123		0.006 0	0.006 3	0.006 0		1.751	1.668	1.681	
	平均	0.132	0.131	0.132	0.132	0.006 2	0.006 2	0.006 3	0.006 2	1.642	1.569	1.571	1.594
F7	经向	0.141	0.144	0.137		0.005 7	0.006 1	0.005 3		2.372	2.433	1.986	
	纬向	0.142	0.147	0.148		0.006 6	0.006 1	0.007 1		2.046	2.288	2.070	
	平均	0.142	0.146	0.142	0.143	0.006 1	0.006 1	0.006 2	0.006 1	2.209	2.361	2.028	2.199

（续表）

织物编号		摩擦系数 MIU				摩擦系数的平均差不匀率 MMD				表面粗糙度 SMD/μm			
		1	2	3	平均	1	2	3	平均	1	2	3	平均
F8	经向	0.131	0.127	0.137		0.009 5	0.015 9	0.010 1		1.835	2.274	2.249	
	纬向	0.125	0.132	0.127		0.007 3	0.006 7	0.008 8		1.752	1.875	1.941	
	平均	0.128	0.129	0.132	0.130	0.008 4	0.011 3	0.009 5	0.009 7	1.794	2.075	2.095	1.988
F9	经向	0.138	0.133	0.132		0.005 9	0.005 6	0.005 0		1.572	1.337	1.622	
	纬向	0.122	0.119	0.122		0.009 8	0.006 7	0.009 3		1.492	1.444	1.609	
	平均	0.130	0.126	0.127	0.128	0.007 8	0.006 2	0.007 2	0.007 1	1.532	1.391	1.615	1.513
F10	经向	0.125	0.131	0.134		0.005 8	0.008 6	0.006 3		2.348	1.422	2.245	
	纬向	0.123	0.126	0.123		0.007 3	0.006 8	0.006 7		1.898	1.868	2.210	
	平均	0.124	0.128	0.128	0.127	0.006 6	0.007 7	0.006 5	0.006 9	2.123	1.645	2.227	1.998
F11	经向	0.117	0.118	0.121		0.007 0	0.007 4	0.008 0		2.207	2.067	1.919	
	纬向	0.117	0.119	0.121		0.009 6	0.011 7	0.009 6		2.142	1.819	2.062	
	平均	0.117	0.118	0.121	0.119	0.008 3	0.009 5	0.008 8	0.008 9	2.175	1.943	1.990	2.036
F12	经向	0.142	0.139	0.142		0.006 3	0.007 0	0.007 3		1.850	1.645	1.739	
	纬向	0.136	0.137	0.143		0.004 6	0.005 6	0.007 2		2.400	2.274	2.300	
	平均	0.139	0.138	0.143	0.140	0.005 4	0.006 3	0.007 3	0.006 3	2.125	1.959	2.019	2.034
F13	经向	0.130	0.121	0.122		0.009 3	0.008 6	0.007 2		1.824	2.203	1.663	
	纬向	0.118	0.122	0.123		0.008 9	0.011 2	0.009 4		3.400	3.725	3.538	
	平均	0.124	0.122	0.122	0.123	0.009 1	0.009 9	0.008 3	0.009 1	2.612	2.964	2.600	2.725
F14	经向	0.139	0.136	0.136		0.004 9	0.005 5	0.005 7		3.469	3.383	3.329	
	纬向	0.142	0.143	0.138		0.005 9	0.005 9	0.006 2		3.296	2.765	2.885	
	平均	0.140	0.139	0.137	0.139	0.005 4	0.005 7	0.006 0	0.005 7	3.382	3.074	3.107	3.188
F15	经向	0.128	0.126	0.128		0.005 7	0.005 6	0.006 6		1.739	2.037	2.066	
	纬向	0.129	0.131	0.125		0.006 8	0.005 9	0.004 6		2.197	2.218	2.189	
	平均	0.129	0.129	0.126	0.128	0.006 3	0.005 7	0.005 6	0.005 9	1.968	2.128	2.128	2.075
F16	经向	0.125	0.122	0.125		0.006 6	0.004 9	0.005 3		2.754	2.470	2.580	
	纬向	0.129	0.133	0.132		0.006 9	0.006 4	0.007 1		3.267	2.952	2.480	
	平均	0.127	0.128	0.128	0.128	0.006 8	0.005 6	0.006 2	0.006 2	3.011	2.711	2.530	2.751
F17	经向	0.145	0.139	0.137		0.006 6	0.007 0	0.006 6		1.743	1.600	1.615	
	纬向	0.138	0.127	0.133		0.007 1	0.007 0	0.006 5		1.890	1.736	2.080	
	平均	0.141	0.133	0.135	0.136	0.006 9	0.007 0	0.006 6	0.006 8	1.816	1.668	1.848	1.777

（续表）

织物编号		摩擦系数 MIU				摩擦系数的平均差不匀率 MMD				表面粗糙度 SMD/μm			
		1	2	3	平均	1	2	3	平均	1	2	3	平均
F18	经向	0.134	0.131	0.128		0.009 8	0.011 8	0.011 3		5.530	3.862	5.402	
	纬向	0.130	0.129	0.130		0.011 1	0.011 2	0.012 1		2.175	2.755	2.857	
	平均	0.132	0.130	0.129	0.130	0.010 4	0.011 5	0.011 7	0.011 2	3.852	3.309	4.130	3.764
F19	经向	0.139	0.136	0.140		0.008 1	0.007 2	0.008 4		1.836	2.231	2.459	
	纬向	0.132	0.124	0.125		0.006 0	0.007 8	0.006 2		5.420	5.235	5.756	
	平均	0.135	0.130	0.133	0.133	0.007 1	0.007 5	0.007 3	0.007 3	3.628	3.733	4.107	3.823
F20	经向	0.133	0.137	0.127		0.007 4	0.006 5	0.006 5		1.903	1.893	1.843	
	纬向	0.135	0.133	0.125		0.006 6	0.006 2	0.007 3		2.087	1.654	2.111	
	平均	0.134	0.135	0.126	0.132	0.007 0	0.006 3	0.006 9	0.006 7	1.995	1.774	1.977	1.915
F21	经向	0.133	0.135	0.133		0.013 1	0.011 6	0.010 3		2.772	2.809	2.985	
	纬向	0.134	0.132	0.128		0.008 0	0.009 1	0.006 9		3.022	3.928	2.887	
	平均	0.134	0.133	0.131	0.133	0.010 6	0.010 3	0.008 6	0.009 8	2.897	3.368	2.936	3.067
F22	经向	0.152	0.151	0.150		0.029 2	0.043 1	0.038 0		4.577	5.416	3.932	
	纬向	0.147	0.143	0.143		0.005 8	0.006 1	0.006 8		3.086	3.438	3.084	
	平均	0.150	0.147	0.147	0.148	0.017 5	0.024 6	0.022 4	0.021 5	3.832	4.427	3.508	3.922
F23	经向	0.128	0.130	0.120		0.005 8	0.006 1	0.004 8		1.097	1.029	1.197	
	纬向	0.127	0.120	0.119		0.008 2	0.009 6	0.008 9		1.381	1.215	1.428	
	平均	0.127	0.125	0.120	0.124	0.007 0	0.007 9	0.006 8	0.007 2	1.239	1.122	1.313	1.225
F24	经向	0.178	0.186	0.185		0.009 6	0.015 3	0.010 6		5.509	7.741	7.445	
	纬向	0.194	0.188	0.188		0.007 6	0.009 5	0.009 8		3.978	5.376	4.033	
	平均	0.186	0.187	0.186	0.186	0.008 6	0.012 4	0.010 2	0.010 4	4.744	6.559	5.739	5.681
F25	经向	0.138	0.143	0.163		0.013 4	0.011 9	0.012 9		4.171	4.336	4.197	
	纬向	0.131	0.128	0.123		0.016 7	0.019 4	0.021 1		4.532	4.198	4.396	
	平均	0.135	0.136	0.143	0.138	0.015 0	0.015 6	0.017 0	0.015 9	4.352	4.267	4.296	4.305
F26	经向	0.150	0.153	0.154		0.007 5	0.008 8	0.007 4		1.493	1.546	1.463	
	纬向	0.135	0.133	0.135		0.004 8	0.005 6	0.006 7		1.697	1.469	1.578	
	平均	0.143	0.143	0.145	0.144	0.006 1	0.007 2	0.007 0	0.006 8	1.595	1.507	1.521	1.541

　　表面摩擦性能：表面摩擦性能测试结果如表 7-8 所示。由表 7-8 可以看出，试验选取的 26 种意大利精品面料 F1～F26 的表面平均摩擦系数 MIU 在 0.119～0.221 之间，平均值为 0.138；摩擦系数的平均差不匀率 MMD 在 0.005 7～0.027 0 之间，平均值为 0.009 3；表

面粗糙度 SMD 在 $1.225 \sim 5.681\ \mu m$ 之间，平均值为 $2.767\ \mu m$。

　　通过对比表面摩擦性能测试数据结果表明，意大利精品面料全毛哔叽（编号 F3），原料为 Super150^s，经纬纱细度（104/2 Nm×104/2 Nm），表面平均摩擦系数 MIU 较小，为 0.129，摩擦系数的平均差不匀率 MMD 较小，为 0.006 8，表面粗糙度 SMD 较小，为 $1.714\ \mu m$，其织物手感较光滑、细腻；面料 F9、F5、F6、F11 的 MIU、MMD、SMD 也较小；而毛麻花呢 F24 的表面平均摩擦系数 MIU 较大，为 0.186，摩擦系数的平均差不匀率 MMD 较大，为 0.010 4，表面粗糙度 SMD 较大，为 $5.681\ \mu m$，其织物手感较粗爽，有粗糙感，适合夏季面料的要求；全毛花呢 F1 的 MIU 为 0.139，MMD 为 0.027 0，SMD 为 5.549，织物滑爽，有粗糙感，适合夏季面料。

二、国产毛织物面料风格测试结果

1. 拉伸特性和剪切特性

35 块试样的拉伸特性和剪切特性测试结果如表 7-9 所示。

表 7-9　国产毛织物面料拉伸特性和剪切特性

织物编号		拉伸特性				剪切特性		
		LT	$WT/$ cN·cm·cm^{-2}	$RT/$ %	$EMT/$ %	$G/$cN· [cm·(°)]$^{-1}$	$2HG/$ cN·cm^{-1}	$2HG_5/$ cN·cm^{-1}
N1	经向	0.689	7.65	84.31	4.44	0.80	0.55	1.28
	纬向	0.684	8.75	82.29	5.12	0.78	0.43	1.25
	平均	0.687	8.20	83.30	4.78	0.79	0.49	1.27
N2	经向	0.580	5.60	82.14	3.86	0.68	0.33	1.28
	纬向	0.554	15.35	75.57	11.08	0.54	0.23	1.08
	平均	0.567	10.48	78.86	7.47	0.61	0.28	1.18
N3	经向	0.601	5.80	79.31	3.86	0.47	0.43	0.90
	纬向	0.519	12.00	70.42	9.25	0.52	0.35	0.90
	平均	0.560	8.90	74.87	6.56	0.50	0.39	0.90
N4	经向	0.632	6.90	75.36	4.37	0.81	0.50	1.55
	纬向	0.591	12.15	67.90	8.22	0.69	0.53	1.43
	平均	0.612	9.53	71.63	6.30	0.75	0.52	1.49
N5	经向	0.636	6.55	82.44	4.12	0.66	0.30	1.00
	纬向	0.587	15.50	68.39	10.57	0.53	0.30	0.83
	平均	0.612	11.03	75.42	7.35	0.60	0.30	0.92
N6	经向	0.564	6.85	70.07	4.86	1.16	1.13	2.88
	纬向	0.513	15.00	54.67	11.69	0.97	1.53	2.83
	平均	0.539	10.93	62.37	8.28	1.07	1.33	2.86

（续表）

织物编号		拉伸特性				剪切特性		
		LT	$WT/$ $cN \cdot cm \cdot cm^{-2}$	$RT/$ $\%$	$EMT/$ $\%$	$G/cN \cdot$ $[cm \cdot (°)]^{-1}$	$2HG/$ $cN \cdot cm^{-1}$	$2HG_5/$ $cN \cdot cm^{-1}$
N7	经向	0.650	5.20	83.65	3.20	0.69	0.28	1.15
	纬向	0.634	13.85	64.26	8.74	0.58	0.33	1.13
	平均	0.642	9.53	73.96	5.97	0.64	0.31	1.14
N8	经向	0.620	6.25	82.40	4.03	0.60	0.28	0.98
	纬向	0.557	16.60	68.98	11.93	0.47	0.23	0.85
	平均	0.589	11.43	75.69	7.98	0.54	0.26	0.92
N9	经向	0.647	12.00	76.25	7.42	0.90	0.53	1.10
	纬向	0.592	29.10	62.71	19.67	0.74	0.55	1.10
	平均	0.620	20.55	69.48	13.55	0.82	0.54	1.10
N10	经向	0.635	6.35	82.68	4.00	0.67	0.25	1.10
	纬向	0.592	14.05	73.67	9.49	0.60	0.33	1.05
	平均	0.614	10.20	78.18	6.75	0.64	0.29	1.08
N11	经向	0.624	6.40	76.56	4.10	0.68	0.40	1.50
	纬向	0.625	9.90	70.71	6.34	0.65	0.48	1.58
	平均	0.625	8.15	73.64	5.22	0.67	0.44	1.54
N12	经向	0.602	6.20	84.68	4.12	0.62	0.28	0.93
	纬向	0.608	13.50	73.33	8.88	0.59	0.30	0.93
	平均	0.605	9.85	79.01	6.50	0.61	0.29	0.93
N13	经向	0.645	4.95	84.85	3.07	0.68	0.43	1.35
	纬向	0.630	9.80	75.51	6.22	0.65	0.43	1.33
	平均	0.638	7.38	80.18	4.65	0.67	0.43	1.34
N14	经向	0.497	8.40	77.38	6.76	0.57	0.63	1.08
	纬向	0.549	18.05	64.27	13.15	0.52	0.68	1.05
	平均	0.523	13.23	70.83	9.96	0.55	0.66	1.07
N15	经向	0.652	5.80	84.48	3.56	0.96	0.18	1.35
	纬向	0.614	16.00	71.56	10.42	0.80	0.30	1.38
	平均	0.633	10.90	78.02	6.99	0.88	0.24	1.37
N16	经向	0.665	5.75	78.26	3.46	0.69	0.55	1.58
	纬向	0.643	9.70	67.01	6.03	0.67	0.60	1.50
	平均	0.654	7.73	72.64	4.75	0.68	0.58	1.54

（续表）

织物编号		拉伸特性				剪切特性		
		LT	$WT/$ $cN \cdot cm \cdot cm^{-2}$	$RT/$ $\%$	$EMT/$ $\%$	$G/cN \cdot$ $[cm \cdot (°)]^{-1}$	$2HG/$ $cN \cdot cm^{-1}$	$2HG_5/$ $cN \cdot cm^{-1}$
N17	经向	0.576	5.80	80.17	4.03	0.43	0.28	0.63
	纬向	0.543	13.15	72.24	9.69	0.38	0.28	0.55
	平均	0.560	9.48	76.21	6.86	0.41	0.28	0.59
N18	经向	0.642	5.60	77.68	3.49	0.71	0.50	1.35
	纬向	0.616	13.25	69.81	8.61	0.63	0.48	1.28
	平均	0.629	9.43	73.75	6.05	0.67	0.49	1.32
N19	经向	0.596	4.90	87.76	3.29	0.55	0.25	0.85
	纬向	0.537	14.20	73.59	10.57	0.45	0.23	0.75
	平均	0.567	9.55	80.68	6.93	0.50	0.24	0.80
N20	经向	0.544	7.10	71.83	5.22	0.84	1.15	2.23
	纬向	0.558	13.45	59.11	9.64	0.82	1.40	2.40
	平均	0.551	10.28	65.47	7.43	0.83	1.28	2.32
N21	经向	0.675	5.40	79.63	3.20	1.18	0.98	2.08
	纬向	0.627	18.80	60.11	12.00	1.04	1.18	2.30
	平均	0.651	12.10	69.87	7.60	1.11	1.08	2.19
N22	经向	0.596	5.30	80.19	3.56	0.62	0.43	1.10
	纬向	0.508	12.10	71.07	9.52	0.52	0.40	1.03
	平均	0.552	8.70	75.63	6.54	0.57	0.42	1.07
N23	经向	0.576	5.20	81.73	3.61	0.38	0.35	0.60
	纬向	0.561	11.60	70.26	8.27	0.36	0.35	0.65
	平均	0.569	8.40	76.00	5.94	0.37	0.35	0.63
N24	经向	0.614	4.45	85.39	2.90	0.77	0.60	1.43
	纬向	0.613	9.95	77.39	6.49	0.72	0.55	1.48
	平均	0.614	7.20	81.39	4.70	0.75	0.58	1.46
N25	经向	0.652	14.40	59.38	8.83	0.66	0.38	1.33
	纬向	0.662	6.50	78.46	3.93	0.78	0.38	1.45
	平均	0.657	10.45	68.92	6.38	0.72	0.38	1.39
N26	经向	0.631	6.85	80.29	4.34	0.93	0.65	1.38
	纬向	0.533	31.70	60.73	23.81	0.66	0.45	1.23
	平均	0.582	19.28	70.51	14.08	0.80	0.55	1.31

（续表）

织物编号		拉伸特性				剪切特性		
		LT	$WT/$ cN·cm·cm^{-2}	$RT/$ %	$EMT/$ %	$G/$cN· [cm·(°)]$^{-1}$	$2HG/$ cN·cm^{-1}	$2HG_5/$ cN·cm^{-1}
N27	经向	0.579	6.15	73.98	4.25	0.50	0.63	1.03
	纬向	0.490	8.00	58.61	14.69	0.44	0.70	0.95
	平均	0.535	12.08	66.30	9.47	0.47	0.67	0.99
N28	经向	0.594	6.45	77.52	4.34	0.61	0.50	1.08
	纬向	0.550	13.40	67.16	9.74	0.52	0.50	1.03
	平均	0.572	9.93	72.34	7.04	0.57	0.50	1.06
N29	经向	0.588	5.95	73.95	4.05	0.79	0.98	2.03
	纬向	0.527	16.95	55.46	12.86	0.66	0.83	1.75
	平均	0.558	11.45	64.71	8.46	0.73	0.91	1.89
N30	经向	0.615	5.55	79.28	3.61	0.95	0.68	2.00
	纬向	0.596	13.95	63.44	9.37	0.83	0.83	1.98
	平均	0.606	9.75	71.36	6.49	0.89	0.76	1.99
N31	经向	0.614	4.50	85.56	2.93	0.66	0.35	1.10
	纬向	0.594	11.85	70.89	7.98	0.58	0.38	1.05
	平均	0.604	8.18	78.23	5.46	0.62	0.37	1.08
N32	经向	0.559	6.20	83.06	4.44	0.51	0.33	0.83
	纬向	0.569	12.50	70.40	8.78	0.44	0.30	0.75
	平均	0.564	9.35	76.73	6.61	0.48	0.32	0.79
N33	经向	0.560	4.65	83.87	3.32	0.53	0.30	0.75
	纬向	0.523	15.65	70.29	11.98	0.43	0.30	0.65
	平均	0.542	10.15	77.08	7.65	0.48	0.30	0.70
N34	经向	0.628	10.35	66.67	6.59	0.65	0.80	1.33
	纬向	0.669	8.65	60.69	5.17	0.58	0.75	1.20
	平均	0.649	9.50	63.68	5.88	0.62	0.78	1.27
N35	经向	0.611	5.70	78.07	3.73	0.60	0.63	1.35
	纬向	0.525	15.05	60.13	11.47	0.54	0.63	1.25
	平均	0.568	10.38	69.10	7.60	0.57	0.63	1.30

由表 7-9 可以看出,试验选取的 35 种国产毛织物面料 N1～N35 的拉伸线性度 LT 在 0.490～0.689 之间,平均值为 0.596;拉伸功 WT 在 4.45～31.70 cN·cm/cm^2 之间,平均值为 10.29 cN·cm/cm^2;拉伸功回复率 RT 在 54.67%～87.76% 之间,平均值为 73.60%;

最大拉伸应力 500 cN/cm 时的伸长率 EMT 在 2.90％～23.81％之间,平均值为 7.15％。

通过对比拉伸性能测试数据结果表明,国产毛织物面料全毛花呢(编号 N8),原料为 Super140ˢ,经纬纱线密度（100/2 Nm × 60/1 Nm）,经纬向拉伸功回复率 RT 较高,为 82.40％、68.98％,全毛哔叽 N5、全毛哔叽 N12、全毛花呢 N3、全毛弹力花呢 N9、毛涤薄花呢 N1 等的 RT 也较高,高级绒面弹力花呢 N21 的 RT 适中,毛丝花呢 N25 的经纬向 RT 较低,为 59.38％、78.46％;试样的拉伸线性度 LT、拉伸功 WT 有一定区别;拉伸应力 500 cN/cm 时的伸长率（EMT）经向比纬向低,但全毛高支纱面料整体较高,全毛弹力花呢 N26 纬向明显高,为 23.81％,这主要是由于其纬向加了 2％的莱卡氨纶丝。这说明这些精纺毛织物在初始拉伸时更容易变形,织物更容易伸缩。

由表 7-9 可以看出,试验选取的 35 种国产毛织物面料 N1～N35 的剪切刚度 G 在 0.36～1.18 cN·cm⁻¹·(°)⁻¹ 之间,平均值为 0.66 cN·cm⁻¹·(°)⁻¹;剪切变形角 $\phi=0.5°$ 时的剪切滞后矩 $2HG$ 在 0.18～1.53 cN/cm 之间,平均值为 0.52 cN/cm;剪切变形角 $\phi=5°$ 时的剪切滞后矩 $2HG_5$ 在 0.55～2.88 cN/cm 之间,平均值为 1.28 cN/cm。

在剪切性能上,国产毛织物面料试样 N3、N8、N23、N14、N19、N17、N22、N27、N32、N33 等的剪切刚度 G 明显低于相同线密度的常规精纺毛织物,其原因是国产毛织物面料的经纬线密度也较低,因此当织物受到剪切力作用时,织物中的纱线易发生相对移动,也易产生剪切变形;国产毛织物面料试样 N6、N21、N29、N30、N20 等的剪切滞后矩 $2HG$（剪切变形角 $\phi=0.5°$）和剪切滞后矩 $2HG_5$（剪切变形角 $\phi=5°$）都较大,织物剪切回复性较差。

2. 弯曲特性和压缩特性

35 块试样的弯曲特性和压缩特性测试结果如表 7-10 所示。

表 7-10　国产毛织物面料弯曲特性和压缩特性

织物编号		弯曲特性		压缩特性				
		$B/$ cN·cm²·cm⁻¹	$2HB/$ cN·cm·cm⁻¹	LC	$WC/$ cN·cm·cm⁻²	RC /％	T_0 /mm	T_m /mm
N1	经向	0.042 5	0.013 6	0.335	0.082	63.42	0.327	0.229
	纬向	0.039 8	0.013 6	0.333	0.085	62.35	0.327	0.225
	平均	0.041 2	0.013 6	0.334	0.084	62.89	0.327	0.227
N2	经向	0.046 4	0.012 5	0.406	0.064	65.63	0.322	0.259
	纬向	0.033 5	0.014 7	0.412	0.070	62.86	0.332	0.264
	平均	0.040 0	0.013 6	0.409	0.067	64.25	0.327	0.262
N3	经向	0.047 1	0.019 3	0.357	0.117	67.52	0.439	0.308
	纬向	0.035 9	0.011 7	0.354	0.116	66.38	0.439	0.308
	平均	0.041 5	0.015 5	0.356	0.117	66.95	0.439	0.308
N4	经向	0.069 8	0.034 3	0.370	0.135	66.67	0.537	0.391
	纬向	0.048 3	0.016 7	0.344	0.134	65.67	0.542	0.386
	平均	0.059 1	0.025 5	0.357	0.135	66.17	0.540	0.389

织物编号		弯曲特性		压缩特性				
		$B/$ $cN \cdot cm^2 \cdot cm^{-1}$	$2HB/$ $cN \cdot cm \cdot cm^{-1}$	LC	$WC/$ $cN \cdot cm \cdot cm^{-2}$	RC $/\%$	T_0 $/mm$	T_m $/mm$
N5	经向	0.064 7	0.017 6	0.342	0.088	69.32	0.381	0.278
	纬向	0.033 2	0.009 7	0.374	0.087	67.82	0.381	0.288
	平均	0.049 0	0.013 7	0.358	0.088	68.57	0.381	0.283
N6	经向	0.112 0	0.055 6	0.413	0.217	60.83	0.732	0.522
	纬向	0.091 8	0.047 7	0.385	0.202	60.40	0.737	0.527
	平均	0.101 9	0.051 7	0.399	0.210	60.62	0.735	0.525
N7	经向	0.060 8	0.016 2	0.343	0.109	67.89	0.405	0.278
	纬向	0.036 4	0.009 7	0.333	0.114	67.54	0.425	0.288
	平均	0.048 6	0.013 0	0.338	0.112	67.72	0.415	0.283
N8	经向	0.050 3	0.015 6	0.333	0.085	64.71	0.366	0.264
	纬向	0.033 5	0.014 3	0.376	0.078	66.67	0.342	0.259
	平均	0.041 9	0.015 0	0.355	0.082	65.69	0.354	0.262
N9	经向	0.051 3	0.017 6	0.338	0.099	62.63	0.415	0.298
	纬向	0.034 2	0.013 6	0.359	0.097	64.95	0.396	0.288
	平均	0.042 8	0.015 6	0.349	0.098	63.79	0.406	0.293
N10	经向	0.043 7	0.013 4	0.337	0.107	65.42	0.405	0.278
	纬向	0.035 4	0.008 4	0.340	0.108	66.67	0.396	0.269
	平均	0.039 6	0.010 9	0.339	0.108	66.05	0.401	0.274
N11	经向	0.067 4	0.022 4	0.386	0.114	64.91	0.479	0.361
	纬向	0.048 8	0.018 0	0.367	0.112	65.18	0.483	0.361
	平均	0.058 1	0.020 2	0.377	0.113	65.05	0.481	0.361
N12	经向	0.069 6	0.014 5	0.400	0.083	69.88	0.371	0.288
	纬向	0.039 1	0.008 4	0.359	0.079	69.62	0.381	0.293
	平均	0.054 4	0.011 5	0.380	0.081	69.75	0.376	0.291
N13	经向	0.056 2	0.016 7	0.363	0.088	64.77	0.361	0.264
	纬向	0.037 4	0.013 6	0.387	0.089	64.05	0.356	0.264
	平均	0.046 8	0.015 2	0.375	0.089	64.41	0.359	0.264
N14	经向	0.381 4	0.173 6	0.325	0.393	62.09	1.240	0.757
	纬向	0.184 0	0.080 6	0.344	0.408	62.26	1.250	0.776
	平均	0.282 7	0.127 1	0.335	0.401	62.18	1.245	0.767

(续表)

织物编号		弯曲特性		压缩特性				
		$B/$ $cN \cdot cm^2 \cdot cm^{-1}$	$2HB/$ $cN \cdot cm \cdot cm^{-1}$	LC	$WC/$ $cN \cdot cm \cdot cm^{-2}$	RC $/\%$	T_0 $/mm$	T_m $/mm$
N15	经向	0.066 4	0.013 8	0.419	0.067	73.13	0.313	0.249
	纬向	0.036 1	0.007 9	0.425	0.068	70.59	0.313	0.249
	平均	0.051 3	0.010 9	0.422	0.068	71.86	0.313	0.249
N16	经向	0.374 5	0.151 5	0.359	0.184	64.67	0.723	0.518
	纬向	0.203 3	0.095 3	0.326	0.171	66.08	0.728	0.518
	平均	0.288 9	0.123 4	0.343	0.178	65.38	0.726	0.518
N17	经向	0.059 3	0.017 1	0.350	0.098	69.39	0.410	0.298
	纬向	0.034 2	0.012 3	0.349	0.102	69.61	0.415	0.298
	平均	0.046 8	0.014 7	0.350	0.100	69.50	0.413	0.298
N18	经向	0.067 9	0.025 7	0.241	0.112	63.39	0.518	0.332
	纬向	0.053 2	0.018 2	0.293	0.107	62.62	0.732	0.586
	平均	0.060 6	0.022 0	0.267	0.110	63.01	0.625	0.459
N19	经向	0.065 4	0.018 2	0.351	0.086	68.61	0.371	0.273
	纬向	0.043 9	0.014 9	0.326	0.088	69.32	0.386	0.278
	平均	0.054 7	0.016 6	0.339	0.087	68.97	0.379	0.276
N20	经向	0.459 2	0.209 9	0.377	0.281	63.35	0.986	0.688
	纬向	0.259 2	0.136 1	0.369	0.270	63.33	0.986	0.693
	平均	0.359 2	0.173 0	0.373	0.276	63.34	0.986	0.691
N21	经向	0.087 4	0.043 9	0.314	0.153	65.36	0.566	0.371
	纬向	0.050 3	0.019 6	0.304	0.152	65.13	0.576	0.376
	平均	0.068 9	0.031 8	0.309	0.153	65.25	0.571	0.374
N22	经向	0.077 4	0.022 4	0.367	0.134	67.16	0.498	0.352
	纬向	0.053 4	0.016 3	0.363	0.137	67.15	0.503	0.352
	平均	0.065 4	0.019 4	0.365	0.136	67.16	0.501	0.352
N23	经向	0.073 5	0.026 2	0.367	0.135	65.93	0.562	0.415
	纬向	0.055 2	0.018 0	0.409	0.140	66.43	0.547	0.410
	平均	0.064 4	0.022 1	0.388	0.138	66.18	0.555	0.413
N24	经向	0.077 6	0.025 3	0.395	0.082	64.63	0.352	0.269
	纬向	0.032 2	0.014 7	0.395	0.087	64.37	0.361	0.273
	平均	0.054 9	0.020 0	0.395	0.085	64.50	0.357	0.271

织物编号		弯曲特性		压缩特性				
		$B/$ $cN \cdot cm^2 \cdot cm^{-1}$	$2HB/$ $cN \cdot cm \cdot cm^{-1}$	LC	$WC/$ $cN \cdot cm \cdot cm^{-2}$	RC $/\%$	T_0 $/mm$	T_m $/mm$
N25	经向	0.029 0	0.012 1	0.331	0.101	67.33	0.400	0.278
	纬向	0.058 8	0.019 3	0.370	0.100	67.00	0.386	0.278
	平均	0.043 9	0.015 7	0.351	0.101	67.17	0.393	0.278
N26	经向	0.075 2	0.023 5	0.353	0.091	68.13	0.425	0.322
	纬向	0.040 3	0.013 0	0.357	0.092	67.39	0.430	0.327
	平均	0.057 8	0.018 3	0.355	0.092	67.76	0.428	0.325
N27	经向	0.101 3	0.045 2	0.369	0.217	64.98	0.684	0.449
	纬向	0.064 0	0.022 9	0.362	0.216	64.35	0.688	0.449
	平均	0.082 7	0.034 1	0.366	0.217	64.67	0.686	0.449
N28	经向	0.070 1	0.025 0	0.365	0.147	67.35	0.532	0.371
	纬向	0.053 2	0.019 1	0.374	0.142	66.90	0.508	0.356
	平均	0.061 7	0.022 1	0.370	0.145	67.13	0.520	0.364
N29	经向	0.104 2	0.044 4	0.365	0.147	65.99	0.571	0.410
	纬向	0.072 2	0.027 5	0.374	0.146	66.44	0.566	0.410
	平均	0.088 2	0.036 0	0.370	0.147	66.22	0.569	0.410
N30	经向	0.091 3	0.028 1	0.358	0.144	68.06	0.576	0.415
	纬向	0.064 7	0.025 5	0.360	0.154	67.53	0.571	0.400
	平均	0.078 0	0.026 8	0.359	0.149	67.80	0.574	0.408
N31	经向	0.067 4	0.014 8	0.379	0.074	67.57	0.332	0.254
	纬向	0.033 4	0.017 0	0.374	0.073	68.49	0.332	0.254
	平均	0.050 4	0.014 8	0.377	0.074	68.03	0.332	0.254
N32	经向	0.073 7	0.026 6	0.388	0.100	67.00	0.425	0.322
	纬向	0.050 5	0.011 4	0.404	0.099	66.67	0.420	0.322
	平均	0.062 1	0.019 0	0.396	0.100	66.84	0.423	0.322
N33	经向	0.061 0	0.017 2	0.369	0.095	67.37	0.396	0.293
	纬向	0.033 7	0.012 3	0.359	0.096	66.67	0.400	0.293
	平均	0.047 4	0.014 8	0.364	0.096	67.02	0.398	0.293
N34	经向	0.128 8	0.064 4	0.320	0.683	55.34	1.597	0.742
	纬向	0.191 3	0.085 6	0.335	0.684	54.83	1.548	0.732
	平均	0.160 1	0.075 0	0.328	0.684	55.09	1.573	0.737

（续表）

织物编号		弯曲特性		压缩特性				
		$B/$ $\text{cN} \cdot \text{cm}^2 \cdot \text{cm}^{-1}$	$2HB/$ $\text{cN} \cdot \text{cm} \cdot \text{cm}^{-1}$	LC	$WC/$ $\text{cN} \cdot \text{cm} \cdot \text{cm}^{-2}$	RC $/\%$	T_0 $/\text{mm}$	T_m $/\text{mm}$
N35	经向	0.084 9	0.032 3	0.363	0.146	68.49	0.552	0.391
	纬向	0.061 0	0.021 8	0.374	0.146	67.81	0.537	0.381
	平均	0.073 0	0.027 1	0.369	0.146	68.15	0.545	0.386

弯曲性能：由表 7-10 可以看出，试验选取的 35 种国产毛织物面料 N1～N35 的弯曲刚度 B 在 0.029 0～0.459 2 cN·cm²/cm 之间，平均值为 0.081 9 cN·cm²/cm；弯曲滞后矩 $2HB$ 在 0.007 9～0.209 9 cN·cm/cm 之间，平均值为 0.032 0 cN·cm/cm。

由表 7-10 可以看出，国产毛织物面料试样的弯曲刚度 B、弯曲滞后矩 $2HB$ 整体上略高。弯曲性能测试选取的 35 种国产毛织物面料 N1～N35 试样中，试样 N20 的弯曲刚度 B 为 0.359 2 cN·cm²/cm，弯曲滞后矩 $2HB$ 为 0.173 0 N·cm/cm，高于其余试样的弯曲刚度 B 和弯曲滞后矩 $2HB$。其原因可能是，试样的紧度高，织物厚重，一般来讲，织物纱支、组织相同，织物越紧密，织物的弯曲刚度 B 和弯曲滞后矩 $2HB$ 相对越大。

压缩性能：由表 7-10 可以看出，试验选取的 35 种国产毛织物面料 N1～N35 的压缩线性度 LC 在 0.241～0.425 之间，平均值为 0.360；压缩功 WC 在 0.064～0.684 cN·cm/cm² 之间，平均值为 0.144 cN·cm/cm²；压缩功回复率 RC 在 54.83％～73.13％之间，平均值为 65.86％；表观厚度 T_0 在 0.313～1.594 mm 之间，平均值为 0.533 mm；稳定厚度 T_m 在 0.225～0.776 mm 之间，平均值为 0.369 mm。

整体上看国产毛织物面料 N1～N35，在压缩线性度 LC 上与常规精纺毛织物没有明显差异；压缩功 WC 略低于常规精纺毛织物；压缩功回复率 RC 略高于常规精纺毛织物，说明其精纺毛织物的压缩弹性较好；稳定厚度 T_m 和表观厚度 T_0 均小于常规精纺毛织物，说明其精纺毛织物更加轻薄。

此外，还可以发现 35 块试样中试样 N1 的压缩功 WC、压缩功回复率 RC、稳定厚度 T_m 和表观厚度 T_0 均明显小于其他全毛试样。其原因主要是试样 N1 为毛涤混纺织物（羊毛含量为 50％，涤纶纤维含量为 39.7％，天丝含量为 10％等），由此可见与全毛织物相比，毛涤混纺织物的蓬松性、压缩弹性略差一些。

3. 表面摩擦特性

35 块试样的表面摩擦特性测试结果如表 7-11 所示。

表 7-11　国产毛织物面料表面摩擦特性

织物编号		摩擦系数 MIU				摩擦系数的平均差不匀率 MMD				表面粗糙度 SMD/μm			
		1	2	3	平均	1	2	3	平均	1	2	3	平均
N1	经向	0.133	0.128	0.136		0.008 7	0.008 8	0.008 9		4.811	4.957	4.891	
	纬向	0.128	0.127	0.131		0.009 7	0.009 8	0.009 3		1.983	2.694	2.604	
	平均	0.131	0.128	0.133	0.131	0.009 2	0.009 3	0.009 1	0.009 2	3.397	3.825	3.747	3.656

（续表）

织物编号		摩擦系数 *MIU*				摩擦系数的平均差不匀率 *MMD*				表面粗糙度 *SMD*/μm			
		1	2	3	平均	1	2	3	平均	1	2	3	平均
N2	经向	0.120	0.122	0.125		0.030 5	0.029 0	0.024 1		4.363	4.405	4.925	
	纬向	0.128	0.123	0.119		0.010 0	0.010 8	0.010 1		3.662	4.106	3.373	
	平均	0.124	0.122	0.122	0.123	0.020 3	0.019 9	0.017 1	0.019 1	4.012	4.255	4.149	4.139
N3	经向	0.128	0.128	0.128		0.012 7	0.011 0	0.010 7		2.151	2.593	2.035	
	纬向	0.132	0.132	0.128		0.007 2	0.006 2	0.007 7		2.628	2.635	2.920	
	平均	0.130	0.130	0.128	0.129	0.010 0	0.008 6	0.009 2	0.009 3	2.389	2.614	2.478	2.494
N4	经向	0.134	0.137	0.135		0.006 4	0.007 3	0.006 3		1.882	2.102	1.879	
	纬向	0.134	0.132	0.130		0.007 1	0.008 2	0.007 6		2.568	2.366	2.040	
	平均	0.134	0.135	0.132	0.134	0.006 8	0.007 7	0.006 9	0.007 1	2.225	2.234	1.959	2.139
N5	经向	0.135	0.126	0.128		0.008 7	0.008 4	0.007 5		1.775	1.612	1.873	
	纬向	0.123	0.125	0.121		0.006 6	0.007 0	0.007 4		1.667	1.828	1.698	
	平均	0.129	0.125	0.124	0.126	0.007 7	0.007 7	0.007 5	0.007 6	1.721	1.720	1.786	1.742
N6	经向	0.125	0.133	0.123		0.006 8	0.006 8	0.008 1		2.822	2.934	2.508	
	纬向	0.130	0.127	0.133		0.009 6	0.007 0	0.006 2		3.204	3.309	3.084	
	平均	0.127	0.130	0.128	0.128	0.008 2	0.006 9	0.007 2	0.007 4	3.000	3.121	2.796	2.972
N7	经向	0.125	0.133	0.122		0.007 8	0.007 6	0.007 7		13.000	2.163	1.822	
	纬向	0.125	0.128	0.129		0.007 1	0.007 7	0.007 8		1.844	2.167	2.173	
	平均	0.125	0.131	0.126	0.127	0.007 4	0.007 6	0.007 8	0.007 6	2.072	2.165	1.997	2.078
N8	经向	0.134	0.135	0.133		0.006 7	0.006 9	0.006 3		1.958	1.383	1.227	
	纬向	0.133	0.127	0.130		0.006 3	0.006 3	0.005 4		1.385	1.172	1.310	
	平均	0.134	0.131	0.132	0.132	0.006 5	0.006 6	0.005 8	0.006 3	1.321	1.278	1.268	1.289
N9	经向	0.141	0.134	0.134		0.009 6	0.006 6	0.008 6		1.353	1.717	1.924	
	纬向	0.133	0.132	0.127		0.006 8	0.008 2	0.006 4		1.996	3.699	3.756	
	平均	0.137	0.133	0.131	0.134	0.008 2	0.007 4	0.007 5	0.007 7	4.103	2.708	2.840	3.217
N10	经向	0.130	0.126	0.129		0.007 7	0.008 1	0.007 6		3.049	2.219	2.428	
	纬向	0.121	0.128	0.126		0.007 5	0.007 5	0.007 6		2.714	3.980	3.790	
	平均	0.125	0.127	0.128	0.127	0.007 6	0.007 8	0.007 6	0.007 7	2.666	3.099	3.109	2.958
N11	经向	0.135	0.132	0.133		0.009 3	0.010 1	0.008 4		4.177	3.150	3.964	
	纬向	0.133	0.135	0.133		0.012 9	0.013 9	0.016 0		2.509	2.563	2.583	
	平均	0.134	0.134	0.133	0.134	0.011 1	0.012 0	0.012 2	0.011 8	3.343	2.856	3.273	3.157

（续表）

织物编号		摩擦系数 MIU				摩擦系数的平均差不匀率 MMD				表面粗糙度 SMD/μm			
		1	2	3	平均	1	2	3	平均	1	2	3	平均
N12	经向	0.132	0.134	0.129		0.009 5	0.007 1	0.007 3		1.646	1.907	1.898	
	纬向	0.129	0.133	0.130		0.008 0	0.009 1	0.008 1		2.767	2.826	2.986	
	平均	0.131	0.133	0.130	0.131	0.008 7	0.008 1	0.007 7	0.008 2	2.207	2.366	2.442	2.338
N13	经向	0.132	0.129	0.136		0.007 3	0.008 2	0.007 0		2.085	2.067	2.205	
	纬向	0.149	0.143	0.140		0.010 1	0.010 5	0.007 8		2.505	2.617	2.834	
	平均	0.141	0.136	0.138	0.138	0.008 7	0.009 4	0.007 4	0.008 5	2.295	2.342	2.520	2.386
N14	经向	0.154	0.151	0.156		0.006 0	0.004 7	0.005 5		1.481	1.465	1.685	
	纬向	0.154	0.150	0.151		0.005 7	0.005 4	0.005 6		1.886	1.984	1.872	
	平均	0.154	0.151	0.153	0.153	0.005 9	0.005 0	0.005 6	0.005 5	1.684	1.724	1.779	1.729
N15	经向	0.116	0.127	0.117		0.008 1	0.008 3	0.007 9		1.560	1.633	2.067	
	纬向	0.116	0.113	0.114		0.009 5	0.010 0	0.011 0		2.202	2.023	2.173	
	平均	0.116	0.120	0.115	0.117	0.008 8	0.009 2	0.009 4	0.009 1	1.881	1.828	2.120	1.943
N16	经向	0.126	0.122	0.127		0.006 0	0.006 4	0.006 3		3.432	2.378	2.336	
	纬向	0.135	0.134	0.132		0.007 7	0.006 0	0.006 7		3.925	4.391	3.794	
	平均	0.131	0.128	0.129	0.129	0.006 8	0.006 2	0.006 5	0.006 5	3.679	3.384	3.065	3.376
N17	经向	0.125	0.125	0.131		0.007 4	0.009 7	0.010 2		2.789	3.048	2.400	
	纬向	0.122	0.122	0.116		0.015 1	0.013 1	0.013 2		3.220	3.263	2.400	
	平均	0.124	0.124	0.123	0.124	0.011 2	0.011 4	0.011 7	0.011 4	3.005	3.156	2.400	2.854
N18	经向	0.138	0.131	0.131		0.008 3	0.008 8	0.008 4		2.645	1.885	2.006	
	纬向	0.122	0.127	0.131		0.010 2	0.010 9	0.008 4		1.899	2.500	2.154	
	平均	0.130	0.129	0.131	0.130	0.009 3	0.009 9	0.008 4	0.009 2	2.272	2.193	2.080	2.182
N19	经向	0.126	0.122	0.128		0.011 4	0.010 1	0.008 9		1.574	1.634	1.630	
	纬向	0.122	0.121	0.119		0.007 2	0.007 0	0.006 0		1.560	1.782	1.693	
	平均	0.124	0.121	0.123	0.123	0.009 3	0.008 6	0.007 4	0.008 4	1.567	1.708	1.662	1.646
N20	经向	0.134	0.133	0.132		0.006 4	0.006 0	0.005 4		2.547	2.120	2.408	
	纬向	0.132	0.141	0.137		0.007 0	0.007 2	0.007 2		2.948	3.184	2.905	
	平均	0.133	0.137	0.134	0.135	0.006 7	0.006 6	0.006 3	0.006 5	2.747	2.652	2.657	2.685
N21	经向	0.146	0.142	0.141		0.007 5	0.005 5	0.006 1		1.883	1.873	2.019	
	纬向	0.132	0.140	0.136		0.005 9	0.007 0	0.007 3		1.927	1.977	2.171	
	平均	0.139	0.141	0.138	0.139	0.006 7	0.006 2	0.006 7	0.006 5	1.905	1.925	2.095	1.975

（续表）

织物编号		摩擦系数 MIU				摩擦系数的平均差不匀率 MMD				表面粗糙度 SMD/μm			
		1	2	3	平均	1	2	3	平均	1	2	3	平均
N22	经向	0.127	0.127	0.129		0.007 3	0.008 0	0.008 0		2.239	2.126	2.132	
	纬向	0.128	0.132	0.132		0.006 6	0.006 4	0.007 5		2.245	2.432	2.208	
	平均	0.127	0.130	0.130	0.129	0.006 9	0.007 2	0.007 8	0.007 3	2.242	2.279	2.170	2.230
N23	经向	0.157	0.161	0.158		0.015 5	0.015 3	0.011 7		10.241	10.411	9.428	
	纬向	0.131	0.136	0.138		0.013 8	0.014 2	0.013 0		12.061	11.256	13.432	
	平均	0.144	0.149	0.148	0.147	0.014 6	0.014 8	0.012 4	0.013 9	11.151	10.834	11.430	11.138
N24	经向	0.118	0.133	0.127		0.007 9	0.009 4	0.008 6		2.350	1.990	1.632	
	纬向	0.123	0.142	0.140		0.006 6	0.008 8	0.008 3		1.954	1.774	1.848	
	平均	0.121	0.137	0.133	0.130	0.007 3	0.009 1	0.008 5	0.008 3	2.152	1.882	1.740	1.925
N25	经向	0.136	0.129	0.128		0.007 5	0.008 1	0.007 3		2.375	1.977	2.170	
	纬向	0.129	0.127	0.123		0.007 3	0.008 1	0.008 0		1.984	2.049	2.155	
	平均	0.132	0.128	0.126	0.129	0.007 4	0.008 1	0.007 7	0.007 7	2.180	2.013	2.162	2.118
N26	经向	0.135	0.132	0.135		0.007 1	0.007 0	0.007 0		1.408	1.440	1.447	
	纬向	0.125	0.130	0.117		0.006 0	0.006 9	0.006 1		1.671	1.594	1.717	
	平均	0.130	0.131	0.126	0.129	0.006 5	0.007 0	0.006 6	0.006 7	1.539	1.517	1.582	1.546
N27	经向	0.143	0.138	0.137		0.006 8	0.006 2	0.006 9		2.879	2.667	2.552	
	纬向	0.146	0.137	0.141		0.007 1	0.008 9	0.007 1		2.466	2.581	2.470	
	平均	0.145	0.138	0.139	0.141	0.006 9	0.007 5	0.007 0	0.007 1	2.672	2.624	2.511	2.602
N28	经向	0.139	0.135	0.134		0.007 1	0.007 5	0.007 2		2.356	2.194	2.784	
	纬向	0.132	0.135	0.142		0.007 4	0.007 0	0.006 7		2.823	2.918	2.945	
	平均	0.135	0.135	0.138	0.136	0.007 2	0.007 2	0.007 0	0.007 1	2.590	2.556	2.864	2.670
N29	经向	0.164	0.161	0.156		0.007 1	0.006 8	0.007 5		1.984	1.958	2.108	
	纬向	0.156	0.146	0.147		0.011 1	0.011 7	0.011 8		2.585	2.257	2.389	
	平均	0.160	0.154	0.151	0.155	0.009 1	0.009 2	0.009 6	0.009 3	2.285	2.107	2.248	2.213
N30	经向	0.126	0.127	0.129		0.007 8	0.007 2	0.007 3		2.741	2.936	3.168	
	纬向	0.128	0.125	0.127		0.006 4	0.007 6	0.006 7		3.273	3.836	4.193	
	平均	0.127	0.126	0.128	0.127	0.007 1	0.007 4	0.007 0	0.007 2	3.007	3.386	3.680	3.358
N31	经向	0.129	0.128	0.128		0.008 5	0.008 8	0.011 6		1.615	1.495	1.715	
	纬向	0.119	0.114	0.113		0.009 3	0.010 3	0.010 7		1.565	1.523	1.425	
	平均	0.124	0.121	0.120	0.122	0.008 9	0.009 5	0.011 1	0.009 8	1.590	1.509	1.570	1.556

（续表）

织物编号		摩擦系数 MIU				摩擦系数的平均差不匀率 MMD				表面粗糙度 SMD/μm			
		1	2	3	平均	1	2	3	平均	1	2	3	平均
N32	经向	0.125	0.125	0.125		0.008 9	0.008 0	0.008 4		2.713	2.133	2.677	
	纬向	0.114	0.115	0.116		0.005 3	0.006 7	0.005 8		1.631	1.743	1.726	
	平均	0.120	0.120	0.120	0.120	0.007 1	0.007 3	0.007 1	0.007 2	2.172	1.938	2.202	2.104
N33	经向	0.135	0.133	0.132		0.007 4	0.009 8	0.011 2		1.842	2.111	2.051	
	纬向	0.117	0.112	0.119		0.005 8	0.006 8	0.008 0		1.888	1.563	1.489	
	平均	0.126	0.123	0.125	0.125	0.006 6	0.008 3	0.009 6	0.008 2	1.865	1.837	1.770	1.824
N34	经向	0.196	0.193	0.201		0.007 7	0.008 9	0.007 9		8.231	9.576	8.860	
	纬向	0.193	0.197	0.199		0.007 1	0.008 5	0.008 4		4.136	4.176	3.777	
	平均	0.194	0.195	0.200	0.196	0.007 4	0.008 7	0.008 1	0.008 1	6.183	6.876	6.318	6.459
N35	经向	0.128	0.129	0.131		0.007 8	0.007 8	0.009 3		2.875	2.733	2.634	
	纬向	0.125	0.128	0.128		0.007 5	0.007 3	0.007 2		3.104	3.130	3.153	
	平均	0.127	0.129	0.130	0.129	0.007 6	0.007 5	0.008 2	0.007 8	2.990	2.931	2.894	2.938

表面摩擦性能：表面摩擦性能测试结果如表 7-11 所示。由表 7-11 可以看出，试验选取的 35 种国产毛织物面料 N1～N35 的表面平均摩擦系数 MIU 在 0.117～0.196 之间，平均值为 0.133；摩擦系数的平均差不匀率 MMD 在 0.005 5～0.019 1 之间，平均值为 0.008 4；表面粗糙度 SMD 在 1.289～11.138 μm 之间，平均值为 2.767 μm。

通过对比表面摩擦性能测试数据结果表明，国产毛织物面料 N1～N35 中的绒面花呢（编号 FN34），表面平均摩擦系数 MIU 较大，为 0.196，摩擦系数的平均差不匀率 MMD 适中，为 0.008 1，表面粗糙度 SMD 较大，为 6.459 μm，其织物手感较粗爽，有粗糙感；毛丝花呢 N23 为羊毛 48% 和柞蚕丝 52% 的面料，其 MIU 为 0.147，MMD 为 0.0139，SMD 为 11.138 μm，织物滑爽，粗糙感强。

第四节　典型意大利精品面料与国产毛织物面料风格对比

一、典型面料风格值测试结果汇总

表 7-12 为典型面料风格值测试结果汇总。选取的典型面料五种，其中意大利精品面料全毛哔叽两种，国产全毛哔叽两种和国产毛涤哔叽一种，具体规格为：

① 意大利精品面料全毛哔叽（编号 F3），原料为 Super150^s，经纬纱细度（104/2 Nm×104/2 Nm），面密度 173.2 g/m^2；

② 意大利精品面料全毛哔叽（编号 F6），原料为 Super110^s，经纬纱细度（80/2 Nm×52/1 Nm），面密度 176.5 g/m^2；

表7-12 典型面料风格值测试结果汇总

项目	意大利风格 F3			意大利风格 F6			国产 N5			国产 N12			国产 N13		
	经向	纬向	平均	经向	纬向	平均	经向	纬向	平均	经向	纬向	平均	经向	纬向	平均
LT	0.587	0.559	0.573	0.595	0.546	0.571	0.636	0.587	0.612	0.602	0.608	0.605	0.645	0.630	0.638
$WT/cN \cdot cm \cdot cm^{-2}$	5.55	14.25	9.90	6.35	12.05	9.20	6.55	15.50	11.03	6.20	13.50	9.85	4.95	9.80	7.38
$RT/\%$	81.08	70.88	75.98	81.89	75.10	78.50	82.44	68.39	75.42	84.68	73.33	79.01	84.85	75.51	80.18
$EMT/\%$	3.78	10.20	6.99	4.27	8.83	6.55	4.12	10.57	7.35	4.12	8.88	6.50	3.07	6.22	4.65
$G/cN \cdot cm^{-1} \cdot (°)^{-1}$	0.65	0.54	0.60	0.59	0.53	0.56	0.66	0.53	0.60	0.62	0.59	0.61	0.68	0.65	0.67
$2HG/cN \cdot cm^{-1}$	0.45	0.43	0.44	0.30	0.35	0.33	0.30	0.30	0.30	0.28	0.30	0.29	0.43	0.43	0.43
$2HG_5/cN \cdot cm^{-1}$	1.28	1.23	1.26	0.93	0.93	0.93	1.00	0.83	0.92	0.93	0.93	0.93	1.35	1.33	1.34
$B/cN \cdot cm^2 \cdot cm^{-1}$	0.049 6	0.034 2	0.041 9	0.059 1	0.047 1	0.053 1	0.064 7	0.033 2	0.049 0	0.069 6	0.039 1	0.054 4	0.056 2	0.037 4	0.046 8
$2HB/cN \cdot cm \cdot cm^{-1}$	0.024 0	0.013 0	0.018 5	0.018 9	0.012 8	0.015 9	0.017 6	0.009 7	0.013 7	0.014 5	0.008 4	0.011 5	0.016 7	0.013 6	0.015 2
LC	0.449	0.481	0.465	0.430	0.391	0.411	0.342	0.374	0.358	0.400	0.359	0.380	0.363	0.387	0.375
$WC/cN \cdot cm \cdot cm^{-2}$	0.082	0.077	0.080	0.085	0.086	0.086	0.088	0.087	0.088	0.083	0.079	0.081	0.088	0.089	0.089
$RC/(°)$	62.20	63.64	62.92	68.24	68.61	68.43	69.32	67.82	68.57	69.88	69.62	69.75	64.77	64.05	64.41
T_0/mm	0.356	0.342	0.349	0.352	0.366	0.359	0.381	0.381	0.381	0.371	0.381	0.376	0.361	0.356	0.359
T_m/mm	0.283	0.278	0.281	0.273	0.278	0.276	0.278	0.288	0.283	0.288	0.293	0.291	0.264	0.264	0.264
MIU	0.129	0.129	0.129	0.137	0.126	0.132	0.130	0.123	0.126	0.132	0.131	0.131	0.132	0.144	0.138
MMD	0.007 6	0.005 9	0.006 8	0.006 4	0.006 1	0.006 2	0.008 2	0.007 0	0.007 6	0.008 0	0.008 4	0.008 2	0.007 5	0.009 5	0.008 5
$SMD/\mu m$	1.460	1.968	1.714	1.488	1.700	1.594	1.753	1.731	1.742	1.817	2.860	2.338	2.119	2.652	2.386

　　③ 国产毛织物面料全毛哔叽(编号 N5),原料为 Super120^s,经纬纱细度(90/2 Nm×58/1 Nm),面密度 173.2 g/m^2;

　　④ 国产毛织物面料全毛哔叽(编号 N12),原料为 Super80^s,经纬纱细度(70/2 Nm×48/1 Nm),面密度 176.5 g/m^2;

　　⑤ 国产毛织物面料毛涤哔叽(编号 N13),原料为 Super80^s 和 2.22 dtex 涤纶,经纬纱细度(80/2 Nm×50/1 Nm),面密度 166.7 g/m^2。

二、典型面料特性图对比

　　图 7-4 为典型面料拉伸特性对比,拉伸曲线完整地表征面料在低负荷下的拉伸力学行为,拉伸比功 WT(cN·cm/cm^2),拉伸过程中外力对单位面积试样所做的功,一般拉伸功比越大,面料越容易变形;拉伸功回复率 RT%,回复功占拉伸功的百分数,表示面料的拉伸弹性回复性能;拉伸曲线的线性度 LT(无单位),表示面料拉伸曲线的屈曲程度;伸长率 EMT 表示织物在最大拉伸应力 500 cN/cm 时的伸长率。意大利精品面料全毛哔叽(编号 F3),原料很细,为 Super150^s,经纬纱支高(104/2 Nm×104/2 Nm),RT 较高,拉伸弹性回复性能较好,但纬向 WT 较大,为 14.25 cN·cm/cm^2,纬向 EMT 较大,为 10.2%,面料容易变形;同样国产毛织物面料全毛哔叽(编号 N5),原料较细,为 Super120^s,经纬纱支较高(90/2 Nm×58/1 Nm),RT 较高,拉伸弹性回复性能较好,WT、EMT 较大,面料也容易变形;国产毛织物面料毛涤哔叽(编号 N13),原料为 Super80^s 和 18 tex 涤纶,经纬纱细度(80/2 Nm×50/1 Nm),RT 高,拉伸弹性回复性能好,WT、EMT 较小,面料也变形小。

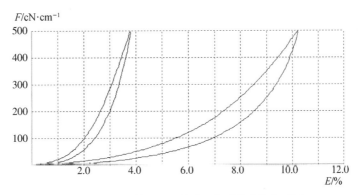

(a) 意大利精品面料(F3)(左线为经向,右线为纬向,下同)

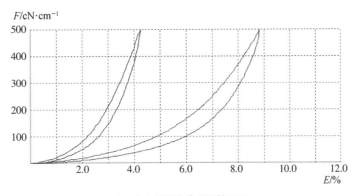

(b) 意大利风格精品面料(F6)

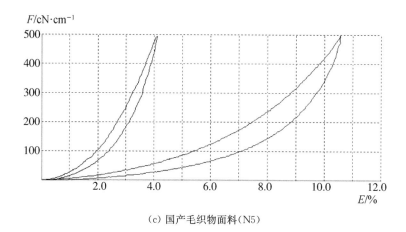

（c）国产毛织物面料（N5）

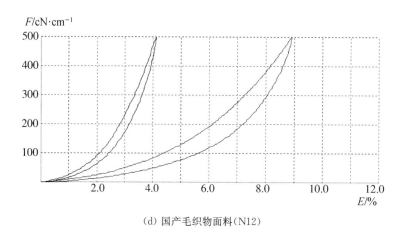

（d）国产毛织物面料（N12）

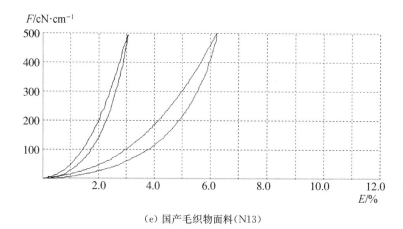

（e）国产毛织物面料（N13）

图 7-4　典型面料拉伸特性对比（横坐标为应变 E，纵坐标为拉伸负荷 F）

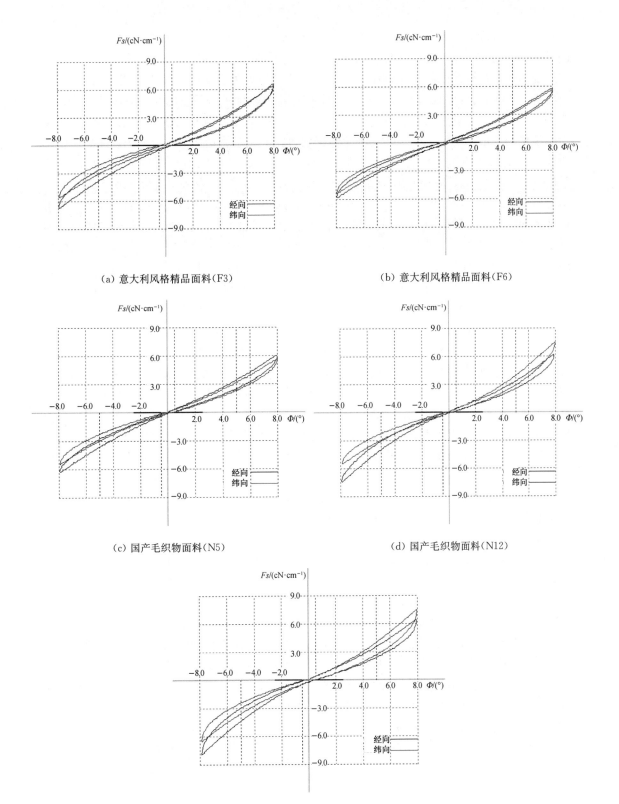

（a）意大利风格精品面料（F3）　　　　　　　　（b）意大利风格精品面料（F6）

（c）国产毛织物面料（N5）　　　　　　　　（d）国产毛织物面料（N12）

（e）国产毛织物面料（N13）

图 7-5　典型面料剪切特性对比（横坐标为剪切变形角 **Φ**，纵坐标为剪切力 **Fs**）

图 7-5 为典型面料剪切特性对比,当织物受到自身平面内的力或力矩作用时,经纬向(或纵横向)的交角发生变化,剪切变形角为 $\pm 8°$ 范围,$0 \sim -8°$ 的剪切变形曲线和 $0 \sim +8°$ 的剪切变形曲线与坐标中心呈对称图形。初始阶段剪切力随剪切变形角上升得很快,以后几乎成为一直线,回复曲线与剪切变形曲线不重合,主要差别是滞后量的大小与剪切变形角度有关。剪切刚度或抗剪切刚度 $G(\text{cN} \cdot [\text{cm} \cdot (°)]^{-1})$,表示织物抵抗剪切变形的能力,定义为单位剪切变形时单位宽度试样上所受的剪切力。剪切滞后矩 $2HG(\text{cN/cm})$,即剪切变形曲线与回复曲线的纵坐标的差值,为剪切变形角 $\phi = 0.5°$ 时的剪切滞后量。剪切滞后矩 $2HG_5(\text{cN/cm})$,也是剪切变形曲线与回复曲线的纵坐标的值,为剪切变形角 $\phi = 5°$ 时的剪切滞后量(cN/cm)。$2HG$ 与 $2HG_5$ 都反映织物剪切变形时黏性的大小,由于不同剪切变形角度下的剪切滞后量不同,采用两个滞后性能指标近似表征这一性能。意大利风格精品面料全毛哔叽(编号 F6),原料为 Super110^s,经纬纱细度(80/2 Nm×52/1 Nm),经向为股线,纬向为单纱,剪切刚度 G 较小,为 $0.56\ \text{cN} \cdot [\text{cm} \cdot (°)]^{-1}$,织物抵抗剪切变形的能力较弱,$2HG$ 与 $2HG_5$ 较小,分别为 $0.33\ \text{cN/cm}$、$0.93\ \text{cN/cm}$,织物剪切后回复性较好;国产毛织物面料毛涤哔叽(编号 N13),原料为 Super80^s 和 2.22 dtex 涤纶,经纬纱细度(80/2 Nm×50/1 Nm),剪切刚度 G 较大,为 $0.67\ \text{cN} \cdot [\text{cm} \cdot (°)]^{-1}$,织物抵抗剪切变形的能力较强,$2HG$ 与 $2HG_5$ 较大,分别为 $0.43\ \text{cN/cm}$、$1.34\ \text{cN/cm}$,织物剪切后恢复性较差。

图 7-6 为典型面料弯曲特性对比,测试时首先向织物正面弯曲,曲率从 0 增加到 2.5,而后变形回复到初始状态(曲率为 0),再向织物的反面弯曲到曲率 -2.5 后,变形回复到初始状态,整个测试过程中曲率匀速增减。织物变形初期弯矩随曲率递增得很快(即曲率在 0.5 以下的斜率较大的曲线),而后弯矩随曲率的递增率成为常数(即曲率在 $0.5 \sim 2.0$ 之间为斜线),回复曲线与弯曲变形曲线平行,但不重合,即滞后一个恒定的常数 $2HB$,这是织物的黏性在弯曲性能上的反映。除少数容易卷边的针织织物外,绝大多数织物向反面弯曲的性能曲线与正面弯曲的曲线呈中心对称图形。意大利风格精品面料全毛哔叽(编号 F3),原料很细,为 Super150^s,经纬纱支高(104/2 Nm×104/2 Nm),弯曲刚度 B 较小,为 $0.041\ 9\ \text{cN} \cdot \text{cm}^2/\text{cm}$,织物手感柔软,弯曲滞后矩 $2HB$ 较大,为 $0.018\ 5\ \text{cN} \cdot \text{cm/cm}$,弯曲弹性回复性能较弱;而国产毛织物面料全毛哔叽(编号 N12),原料为 Super80^s,经纬纱支较低(70/2 Nm×48/1 Nm),弯曲刚度 B 较大,为 $0.054\ 4\ \text{cN} \cdot \text{cm}^2/\text{cm}$,织物手感硬挺,弯曲滞后矩 $2HB$ 较小,为 $0.011\ 5\ \text{cN} \cdot \text{cm/cm}$,弯曲弹性回复性能较强。

面料在厚度方向的压缩性能与手感性能的蓬松度、丰满度、表面滑糯度关系密切。用面积 $2\ \text{cm}^2$ 的圆形测头以恒定速度垂直压向织物,测得单位面积织物所受压力(P)与受压织物厚度(T)间的关系曲线见图 7-7,压缩比功 $WC(\text{cN} \cdot \text{cm/cm}^2)$,压缩过程中外力对单位面积试样所做的功,一般压缩功越大,面料越蓬松。压缩功回复率 $RC\%$,回复功占压缩功的百分数,表示面料的压缩弹性回复性能。压缩曲线的线性度 LC(无单位),表示面料压缩曲线的屈曲程度。T_0 为织物表观厚度,即压力为 $0.5\ \text{cN/cm}^2$ 时的厚度,mm;T_m 为最大压力 P_m 下的试样厚度,mm。意大利风格精品面料全毛哔叽(编号 F3),原料很细,为 Super150^s,经纬纱支高(104/2 Nm×104/2 Nm),五种典型面料相比较,面料 F3 表观厚度 T_0 较小,为 $0.351\ \text{mm}$,织物手感较蓬松,稳定厚度 T_m 较大,为 $0.281\ \text{mm}$,织物手感较丰厚;国产毛织物面料毛涤哔叽(编号 N13),原料为 Super80^s 和 2D 涤纶,经纬纱细度(80/2 Nm×50/1 Nm),稳定厚度 T_m 较小,为 $0.264\ \text{mm}$,织物手感较轻薄。

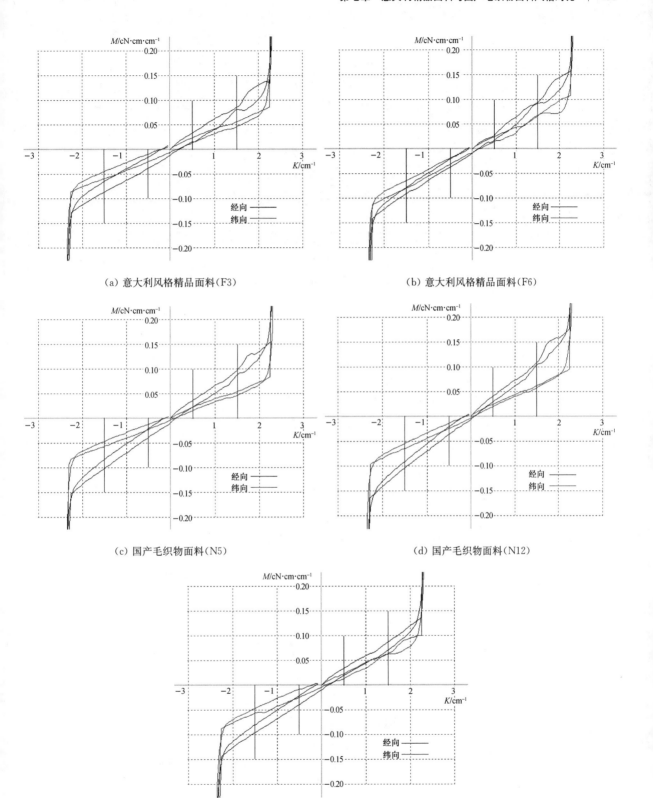

（a）意大利风格精品面料(F3)　　　　　（b）意大利风格精品面料(F6)

（c）国产毛织物面料(N5)　　　　　（d）国产毛织物面料(N12)

（e）国产毛织物面料(N13)

图 7-6　典型面料弯曲特性对比(横坐标为曲率 **K**，纵坐标为力矩 **M**)

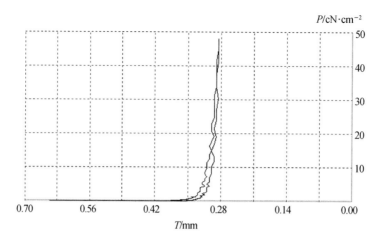

（a）意大利风格精品面料（F3）

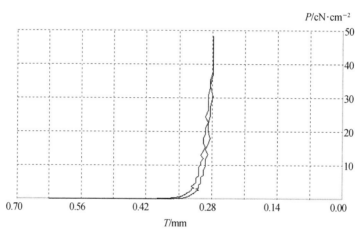

（b）意大利风格精品面料（F6）

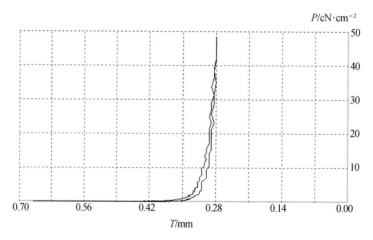

（c）国产毛织物面料（N5）

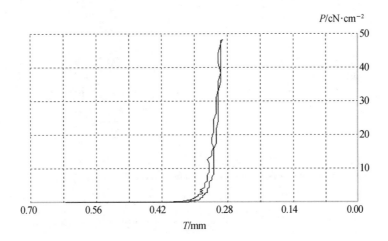

（d）国产毛织物面料（N12）

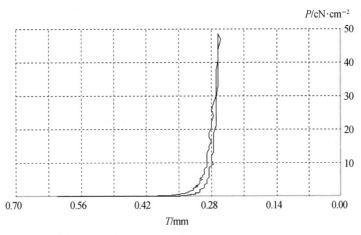

（e）国产毛织物面料（N13）

图 7-7　典型面料压缩特性对比（横坐标为织物厚度 T，纵坐标为压力 P）

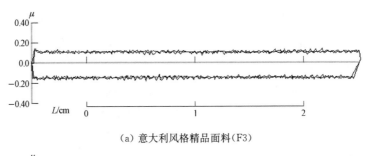

（a）意大利风格精品面料（F3）

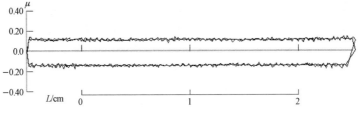

（b）意大利风格精品面料（F6）

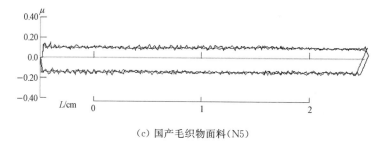

（c）国产毛织物面料（N5）

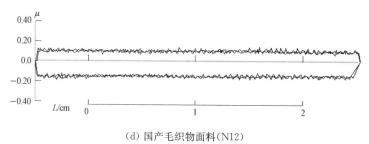

（d）国产毛织物面料（N12）

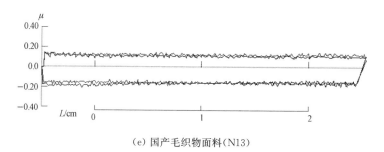

（e）国产毛织物面料（N13）

图 7-8　典型面料摩擦特性对比（横坐标为位移 L，纵坐标为动摩擦系数 μ）

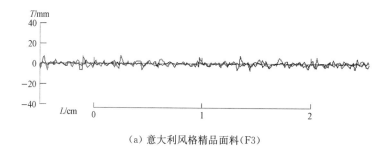

（a）意大利风格精品面料（F3）

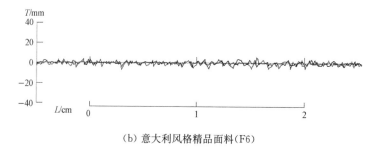

（b）意大利风格精品面料（F6）

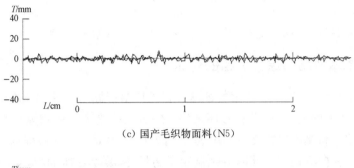

(c) 国产毛织物面料(N5)

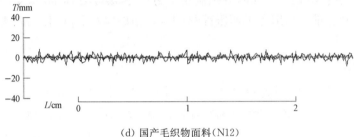

(d) 国产毛织物面料(N12)

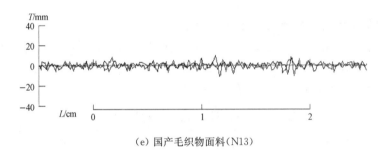

(e) 国产毛织物面料(N13)

图 7-9　典型面料表面特性对比(横坐标为位移 L,纵坐标为厚度变化)

　　图 7-8 为典型面料摩擦特性对比,图 7-9 为典型面料表面特性对比。织物的表面滑糯或滑爽度主要由织物的表面摩擦性能确定,用两个测头联合测试织物的表面性能。第一测头被称作摩擦子,它是模仿人的指纹由 10 根 0.5 mm 的细钢丝排成的一个平面,测试时该平面与织物表面在一定压力作用下相对滑动,测得动摩擦系数曲线如图 7-8,动摩擦系数 μ 是位移 L 的函数。第二测头为一个矩形环,测试时矩形环在一定压力作用下与织物接触,并且沿环平面的垂直方向与织物发生相对运动,由于织物表面高低不平,运动过程中矩形环要发生上下移动,其位移量表征织物厚度变化,即可测得织物厚度 T 随位移 L 的变化曲线,如图 7-9。MIU 和 MMD 值小,表示织物手感光滑,反之,有粗糙感。MMD 值与纱线的条干均匀性、刚柔性、屈曲波高差和布面毛羽多少等因素有关,一般 MMD 值大,在服用中较有"爽"的感觉,并适宜于夏季用织物。$SMD(\mu m)$ 值反映测得织物厚度 T 随位移 L 的变化情况。

　　意大利风格精品面料全毛哔叽(编号 F3),原料很细,为 Super150^s,经纬纱支高(104/2 Nm×104/2 Nm),表面平均摩擦系数 MIU 较小,为 0.129,摩擦系数的平均差不匀率 MMD 较小,为 0.006 8,表面粗糙度 SMD 较小,为 1.714 μm,其织物手感光滑、细腻;国产毛织物面料毛涤哔叽(编号 N13),原料为 Super80^s 和 2D 涤纶,经纬纱细度(80/2 Nm×

50/1 Nm），表面平均摩擦系数 MIU 较大，为 0.138，摩擦系数的平均差不匀率 MMD 较大，为 0.008 5，表面粗糙度 SMD 较大，为 2.386 μm，其织物手感较滑爽。

三、面料基本风格和综合风格的对比

所谓基本风格是指面料某一方面性能或性格的风格指标，如硬挺度、蓬松度、滑爽度等，基本风格只有大小或强弱之分，没有好坏之说。综合风格是表示织物风格性能总体的好坏程度，也叫总风格。将基本风格在 0～10 范围内数值化，0 最弱，10 最强；综合风格在 0～5 范围内数值化，0 最差，5 最好。同时分别制定了男用冬、夏季西服面料，女用轻薄型外衣面料基本风格的实物标准和男用冬季西服面料综合风格的实物标准，作为各类面料风格评价的依据。

（一）评价方法

日本的风格计量与标准化研究委员会经过反复研究讨论也认定基本风格与面料在低负荷下的拉伸、弯曲、剪切、压缩性能，表面摩擦性能，厚度及重量有关，与面料专家、服装设计师及消费者经过十多轮合作研究，逐步求得了数类典型服装面料的基本风格评价公式（回归方程）。

（二）面料基本风格和综合风格值的计算结果

将 KES 试验得到的基本性能指标 X_i 值用男士冬季西服面料性能指标的平均值 m_i 和标准差 σ_i（表 4-3）作标准化处理，而后带入基本风格及综合风格计算公式。基本风格值与综合风格值的计算结果如表 7-13、表 7-14 所示。

表 7-13　意大利精品面料试样的风格值

编号	基本风格值			综合风格值	编号	基本风格值			综合风格值
	硬挺度	滑糯度	丰满度			硬挺度	滑糯度	丰满度	
F1	2.89	4.75	2.86	2.09	F10	3.73	7.46	5.05	4.23
F2	3.42	4.03	10.13	1.84	F11	4.61	7.13	3.94	4.02
F3	3.48	7.06	4.81	3.88	F12	3.15	7.35	6.82	4.05
F4	3.75	6.42	3.88	3.41	F13	3.68	6.27	4.15	3.37
F5	3.59	6.65	5.61	3.75	F14	2.61	5.03	9.39	2.18
F6	4.19	7.45	5.38	4.37	F15	3.22	6.13	9.21	2.94
F7	5.07	5.91	9.58	3.13	F16	2.98	6.27	6.79	3.37
F8	3.98	6.67	4.14	3.66	F17	3.72	6.95	6.36	3.98
F9	3.43	7.64	5.58	4.32	F18	3.66	6.35	3.9	3.35
F19	3.7	5.84	4.93	3.29	F23	3.83	7.62	4.82	4.33
F20	4.72	7.45	6.11	4.51	F24	2.78	3.94	7.84	2.24
F21	4.67	5.91	5.13	3.57	F25	3.81	5.54	3.18	2.79
F22	3.4	5.44	2.09	2.24	F26	4.03	7.52	5.09	4.35

意大利精品面料 26 个试样的硬挺度值在 2.61～5.07 之间,平均值为 3.696;滑糯度值为 3.94～7.64,平均值为 6.338;丰满度值为 2.09～10.13,平均值为 5.645;综合风格值为 1.84～4.51,平均值为 3.433。

表 7-14　国产毛织物面料试样的风格值

编号	基本风格值			综合风格值	编号	基本风格值			综合风格值
	硬挺度	滑糯度	丰满度			硬挺度	滑糯度	丰满度	
N1	3.72	5.7	4.15	3.1	N19	4.19	7.4	5.02	4.3
N2	3.63	5.14	2.22	2.23	N20	8.73	5.18	8.16	3.11
N3	2.97	6.44	5.54	3.45	N21	4.9	7.36	7.12	4.45
N4	4.39	6.83	6.31	4.07	N22	4.51	6.41	6.28	3.86
N5	3.93	7.5	5.31	4.34	N23	3.44	2.51	4.44	2.11
N6	5.79	5.66	7.42	3.58	N24	4.71	6.76	4.27	3.89
N7	3.96	7.07	5.78	4.11	N25	3.68	7.39	5.54	4.22
N8	3.34	8.27	5.66	4.74	N26	4.4	8.14	6.18	4.93
N9	3.28	6.58	5.98	3.64	N27	4.11	5.87	7.82	3.37
N10	3.49	6.27	5.59	3.52	N28	3.97	6.21	6.62	3.63
N11	4.52	5.62	4.36	3.28	N29	5.24	6.79	6.05	4.19
N12	4.53	6.68	4.59	3.87	N30	5.28	5.88	6.48	3.7
N13	4.14	6.44	4.32	3.61	N31	4.34	7.5	3.97	4.21
N14	7.19	5.67	10.1	2.93	N32	4.3	6.49	5.43	3.82
N15	5.13	7.34	3.96	4.24	N33	3.48	7.07	5.44	3.96
N16	8.22	4.95	6.71	3.27	N34	5.25	2.55	9.94	1.97
N17	3.21	6.09	4.71	3.24	N35	4.44	6.08	6.41	3.67
N18	4.2	6.69	5.44	3.92					

国产毛织物面料试样的硬挺度值在 2.97～8.73 之间,平均值为 4.532;滑糯度值为 2.51～8.27,平均值为 6.301;丰满度为 2.22～10.10,平均值为 5.809;综合风格值为 1.97～4.93,平均值为 3.672。

(三) 整体基本风格和综合风格值的对比

意大利精品面料 26 块试样和国产毛织物面料的 35 块试样基本风格和综合风格值的整体对比结果如表 7-15 所示。

表 7-15　整体基本风格和综合风格值的对比

项目		意大利精品面料 F			国产毛织物面料 N		
		最小值	最大值	平均值	最小值	最大值	平均值
基本风格	硬挺度	2.61	5.07	3.696	2.97	8.73	4.532
	滑糯度	3.94	7.64	6.338	2.51	8.27	6.301
	丰满度	2.09	10.13	5.645	2.22	10.10	5.809
综合风格值		1.84	4.51	3.433	1.97	4.93	3.672

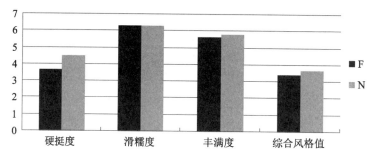

图 7-10　两类试样的风格值对比(F 意大利精品面料,N 国产毛织物面料)

图 7-10 为意大利精品面料 F 和国产毛织物面料 N 的整体基本风格精品和综合风格值对比。整体上看,意大利风格精品面料 F 试样的硬挺度低于国产毛织物面料 N 试样,意大利风格精品面料 F 试样的滑糯度略高于国产毛织物面料 N 试样,但丰满度值和综合风格值略低于国产毛织物面料 N 试样。因此,意大利精品面料风格特点是柔软、细腻、滑糯、较蓬松丰厚。

意大利精品面料和国产毛织物面料风格对比总结如下:

(1) 意大利精品面料 F1～F26 的剪切刚度 G 在 0.35～0.93 cN·cm^{-1}·(°)$^{-1}$ 之间,平均值为 0.57 cN·cm^{-1}·(°)$^{-1}$;剪切变形角 $\phi = 0.5°$ 时的剪切滞后矩 $2HG$ 在 0.20～0.95 cN/cm 之间,平均值为 0.43 cN/cm;剪切变形角 $\phi = 5°$ 时的剪切滞后矩 $2HG_5$ 在 0.60～1.90 cN/cm 之间,平均值为 1.07 cN/cm。国产毛织物面料 N1～N35 的剪切刚度 G 在 0.36～1.18 cN·cm^{-1}·(°)$^{-1}$ 之间,平均值为 0.66 cN·cm^{-1}·(°)$^{-1}$;剪切变形角 $\phi = 0.5°$ 时的剪切滞后矩 $2HG$ 在 0.18～1.53 cN/cm 之间,平均值为 0.52 cN/cm;剪切变形角 $\phi = 5°$ 时的剪切滞后矩 $2HG_5$ 在 0.55～2.88 cN/cm 之间,平均值为 1.28 cN/cm。在剪切性能上,意大利风格精品面料易产生剪切变形;意大利风格精品面料的剪切滞后矩 $2HG$(剪切变形角 $\phi = 0.5°$)和剪切滞后矩 $2HG_5$(剪切变形角 $\phi = 5°$)较低,具有更好的剪切回复性。

(2) 意大利精品面料 F1～F26 的弯曲刚度 B 在 0.025 6～0.134 0 cN·cm^2/cm 之间,平均值为 0.056 1 cN·cm^2/cm;弯曲滞后矩 $2HB$ 在 0.009 5～0.060 6 cN·cm/cm 之间,平均值为 0.021 0 cN·cm/cm。国产毛织物面料 N1～N35 的弯曲刚度 B 在 0.029 0～0.459 2 cN·cm^2/cm 之间,平均值为 0.081 9 cN·cm^2/cm;弯曲滞后矩 $2HB$ 在 0.007 9～0.209 9 cN·cm/cm 之间,平均值为 0.032 0 cN·cm/cm。意大利精品面料试样的弯曲刚度 B、弯曲滞后矩 $2HB$ 整体上较小,织物较柔软,织物活络,弹性好。

（3）意大利精品面料全毛哗叽的表面平均摩擦系数 MIU 较小，摩擦系数的平均差不匀率 MMD 较小，表面粗糙度 SMD 较小，其织物手感较光滑、细腻；而毛麻花呢的表面平均摩擦系数 MIU 较大，摩擦系数的平均差不匀率 MMD 较大，表面粗糙度 SMD 也较大，其织物手感较粗爽，有粗糙感，适合夏季面料的要求；毛丝花呢织物滑爽，也有粗糙感。

（4）全毛高支纱面料拉伸时的伸长率（EMT）整体较高，经向比纬向低，全毛弹力花呢纬向明显高，超过 20%，这主要是由于其纬向加了 2% 的氨纶丝。这说明这些精纺毛织物在初始拉伸时更容易变形，制衣时需要注意。

（5）整体上看意大利精纺毛织物，在拉伸线性度 LT、拉伸功 WC、拉伸功回复率 RT，和在压缩线性度 LC、压缩功 WC、压缩功回复率 RC 上与国产毛织物面料没有明显差异；同规格意大利精纺毛织物精纺毛织物稳定厚度 T_m 和表观厚度 T_0 略大于国产毛织物，说明前者织物蓬松、有丰厚感。

（6）意大利精品面料 F 和国产毛织物面料 N 的整体基本风格和综合风格值对比，整体上看，意大利精品面料 F 试样的硬挺度低于国产毛织物面料 N 试样，意大利风格精品面料 F 试样的滑糯度略高于国产毛织物面料 N 试样，但丰满度值和综合风格值略低于国产毛织物面料 N 试样。因此，意大利精品面料风格特点是柔软、细腻、滑糯、较蓬松丰厚。

第八章

赛络菲尔精纺毛织物的结构、服用性能和风格

赛络菲尔产品花型新颖,风格独特,符合国际上毛纺产品的发展潮流,其技术含量高,产品成本较传统毛织物大幅降低,产品性能优于传统产品,具有较强的市场竞争能力和广阔的市场前景。

第一节   赛络菲尔纱线的结构与力学性能

纱线的力学性能包括纱线的强伸特性、纱线的弯曲性能等。纱线的强伸特性是衡量纱线性能和质量的重要指标,它直接影响到最终产品的质量风格,也影响到纺织加工工艺和生产效率。纱线的强力是反映织物耐用性的一个重要指标,拉伸模量与纱线及织物的弯曲性能等有很大的关系。对于开发轻薄织物的高支纱来说,纱线的强伸指标就显得更加重要。纱线的弯曲性能也是一个不可忽视的方面。纱线在纺织加工过程中,以及在服用中都会受到外力的作用,产生弯曲变形。纱线的弯曲性(如抗弯刚度),影响织物的弯曲性能,可以说纱线的抗弯刚度对织物的弯曲性能起着决定性的作用,因此研究纱线的弯曲特性对研究织物的弯曲性能以及其它服用性能是非常重要的。

本节首先用电镜观察了赛络菲尔纱线的结构,测试了赛络菲尔纱线的强伸特性和弯曲刚度,并与纯毛纱线的性能做了对比分析。

一、赛络菲尔纱线的试样规格

表8-1为赛络菲尔纱线试样的规格。1# 和 2# 都为赛络菲尔纱线,纱线的纺纱工艺相同,线密度相近,捻系数相同,这两种纱线主要用于对比两种结构相同的纱线的强伸性能。3# 为涤纶长丝,它是用于赛络菲尔纱线的芯丝,用来分析涤纶长丝的性能对赛络菲尔纱线性能的影响。4# 和 5# 为纯毛股线,用来对比纯毛股线和赛络菲尔纱线的性能。6# 为纯毛单纱,用来对比单纱和赛络菲尔纱线的强伸性能的差异。

表 8-1   赛络菲尔纱线的试样规格

序号	纱线编号	纱线种类	纱线细度	捻系数
1#	1	赛络菲尔纱线	F8.5 tex×2(118^S/2)	158
2#	2-1	赛络菲尔纱线	F8.7 tex×2(114^S/2)	158
3#	2-2	涤纶长丝	3.3 tex(30D)	—

（续表）

序号	纱线编号	纱线种类	纱线细度	捻系数
4#	2-3	纯毛股线	9.3 tex×2	90/160
5#	1-12	纯毛股线	10.6 tex×2	85/145
6#	1-15	纯毛单纱	16.7 tex	130

二、赛络菲尔纱线结构的观察

1. 赛络菲尔纱线的扫描电镜照片

采用 AMRAY-1000B 扫描电子显微镜镜观察了 2# 赛络菲尔股线、5# 纯毛股线和 3# 涤纶长丝的表面结构，见图 8-1。

(a) 2#赛络菲尔纱线（放大 100 倍）

(b) 2#赛络菲尔纱线（放大 200 倍）

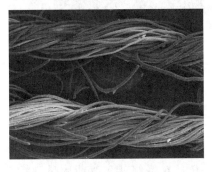

(c) 5#纯毛股线（放大 100 倍）

(d) 5#纯毛股线（放大 200 倍）

(e) 3#涤纶长丝（放大 100 倍）

(f) 3#涤纶长丝（放大 500 倍）

图 8-1 纱线和涤纶长丝的扫描电镜照片

从图 8-1(a)～(f)中纱线和长丝的扫描电镜照片中可以看出纱线的表观形态结构：2#赛络菲尔纱线的条干较均匀，纱线的捻角较大，纱线的捻度较大，表面的毛羽较少，纱线的结构紧密，从(b)图中看到羊毛纤维紧密地把长丝包着，羊毛纤维覆盖着细旦的涤纶，从(c)和(d)图中可以看到 5#纯毛股线的条干则相对差一些，纱线的捻角相对较小，表面的毛羽较多，结构相对稀松，而(e)和(f)图中 3.3 tex 较细的涤纶长丝的条干均匀、表面光洁。

2. 赛络菲尔纱线的显微镜照片

采用 Motic Images Advanced3.2 型数码光学显微镜观察了赛络菲尔纱线的纵向结构，显微镜照片见图 8-2 所示，其中图(a)为赛络菲尔纱线的纵向结构的显微镜照片，图(b)为纯毛股线的纵向结构的显微镜照片。

(a) 2#赛络菲尔纱线的纵向结构

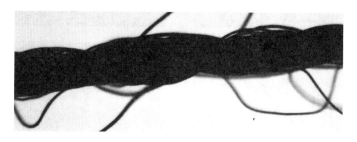

(b) 5#纯毛股线的纵向结构

图 8-2　纱线的显微镜照片

如图 8-2(a)所示，由数码光学显微镜可观察到赛络菲尔纱线的纵向透视结构，2#赛络菲尔纱线由于长丝的引入，表面光洁、毛羽较少，长丝在赛络菲尔纱线中呈现螺旋形波动。由于长丝与羊毛以一定间距交替出现，两种成分各自都有捻度，且捻向与成纱相同，因此成纱中赛络菲尔纱线的两种成分相互独立，清晰可辨，纵向结构呈现"股线螺纹"的单纱外观。如图 8-2(b)所示，与 5#纯毛股线相比，赛络菲尔纱线形成螺旋形股线外观。

三、赛络菲尔纱线的强伸特性

纱线拉伸断裂机理：纱线的拉伸断裂过程首先取决于纤维的断裂过程。当纱线开始受到拉伸时，纤维本身的屈曲减少，伸直度提高，这时纱线的截面开始收缩，增加了外层纤维对内层纤维的压力，内外层纤维受力不匀，当外层纤维受力达到拉断强度时，外层纤维逐步被拉伸至断裂，此时内层纤维所受张力猛增而且外层纤维对内层纤维的压力解除，内层纤维之间的抱合力和摩擦力迅速减小，这就造成更多的纤维滑脱断裂，最终导致纱线被拉断。影响纱线拉伸断裂的主要因素有纤维的性能(如纤维的长度、纤维的强度、纤维的细度)和纱线的结构。

纱线强伸特性测试用 YG061 型电子单纱强力试验仪,试验采用定速拉伸,速度为 250 mm/min,试验温湿度为标准温湿度(温度 20±3℃,相对湿度 65±3%)。纱线强伸特性的主要指标包括:纱线的断裂强度、断裂伸长率、断裂功、断裂时间等。

1. 测试结果

纱线的强伸特征值的测试结果见表 8-2。

表 8-2　纱线的强伸特征值

序号	纱线编号	纱线种类	断裂强度及变异系数 CV		断裂伸长率及变异系数 CV	
			断裂强度/cN·tex^{-1}	CV/%	断裂伸长率/%	CV/%
1$^\#$	1	赛络菲尔纱线(118^S/2)	10.74	7.82	23.11	17.45
2$^\#$	2-1	赛络菲尔纱线(114^S/2)	13.54	6.91	25.37	15.98
3$^\#$	2-2	涤纶长丝(3.3 tex)	41.20	1.93	12.93	14.15
4$^\#$	2-3	纯毛股线(108^S/2)	6.99	12.86	19.31	30.43
5$^\#$	1-12	纯毛股线(94^S/2)	7.20	11.15	20.85	34.14
6$^\#$	1-15	纯毛单纱(60^S)	5.62	14.63	11.50	32.95

2. 结果分析

从表 8-2 纱线的强伸特征值可以看出:1$^\#$ 和 2$^\#$ 赛络菲尔纱线的断裂强度和断裂伸长率都较大,而纯毛股线 4$^\#$、5$^\#$ 和单纱 6$^\#$ 的断裂强度和断裂伸长率则相对小一些。

1$^\#$ 和 2$^\#$ 是由涤纶长丝和羊毛须条纺制而成的赛络菲尔纱线,纱线的断裂强度和断裂伸长率没有显著性差异(在显著性水平 $\alpha = 0.01$ 时,T 检验法检验),4$^\#$ 和 5$^\#$ 是由纯毛纺制而成的股线,纱线的断裂强度和断裂伸长率没有显著性差异(在显著性水平 $\alpha = 0.01$ 时,T 检验法检验)。3$^\#$ 是涤纶长丝,作为赛络菲尔纱线的芯纱,对纱线的强伸性能有一定的改善。

1$^\#$、2$^\#$ 赛络菲尔纱线的断裂强度大于 5$^\#$、6$^\#$ 纯毛纱线的断裂强度,但小于 3$^\#$ 涤纶长丝的断裂强度,1$^\#$、2$^\#$ 赛络菲尔纱线的断裂伸长率大于 3$^\#$ 涤纶长丝和 5$^\#$、6$^\#$ 纯毛纱线的断裂伸长率。跟 4$^\#$、5$^\#$、6$^\#$ 纯毛纱线相比,赛络菲尔纱线由于长丝的引入使得纱线的断裂强度明显的增强,纱线的断裂伸长率变大。

从上面的分析可知,赛络菲尔纱线的强伸特性主要取决于长丝的强伸特性,由于长丝的增强和支撑作用,赛络菲尔纱线的断裂强度和断裂伸长率都明显好于纯毛股线。

四、赛络菲尔纱线的弯曲性能

织物的弯曲性能是影响织物硬挺柔软度和服装的空间曲面造型性能的主要因素,机织物的弯曲性能主要取决于织物中纱线的弯曲性能,纱线的弯曲刚度主要取决于纤维的材料和纱线的结构。赛络菲尔纱线由于其特有的纺纱工艺和特殊的纱线结构,纱线的弯曲性能自然不同,赋予织物的服用性能也会不同。为了研究赛络菲尔精纺毛织物的服用性能,有必要对纱线的弯曲性能作进一步分析。

纱线不属于完全弹性材料,它是一种黏弹性材料。在材料力学中,纱线的弯曲性能服从黏弹性材料的弯曲性能,即服从公式(8-1)

$$B_y = EJ \tag{8-1}$$

式中:B_y—— 纱线的弯曲刚度或抗弯刚度,cN·cm^2;

E—— 纱线的弹性模量即拉伸模量和压缩模量的综合值,cN/cm^2;

J—— 纱线的截面惯性矩,cm^4。

从式(8-1)中可以看出,纱线的弯曲刚度主要取决于材料的弹性模量和纱线的截面惯性矩。纱线弯曲刚度的改变可以通过改变纱线的材料和纱线的截面形状来实现。然而,由于纱线截面形态复杂,很难测算纱线的截面惯性矩 J。

1. 纱线弯曲性能的测试仪器和方法

纺织材料是柔性材料,纱线的弯曲刚度非常小,目前还没有专用测量仪器,通常采用KES-FB2-AUTO-A 弯曲性能试验仪来测试纱线的弯曲性能。

纱线弯曲性能测试的具体做法:首先采用摇黑板机将待测试的纱线均匀、平行地排列在黑板上,然后用胶带将纱线两端固定,最后将夹持好的纱线一起送入 KES-FB2-AUTO-A 试样夹持器进行测量。测得弯曲变形曲线的斜率为所有纱线弯曲刚度的总和,用该值除以所测纱线的根数,就可以得到单根纱线的平均弯曲刚度,同理也可以得到单根纱线的弯曲滞后矩。

在试验中,设定摇黑板机的密度为 19 根/cm,纱线均匀排列的宽度为 19 cm,所以采用 KES-FB2-AUTO-A 弯曲性能试验仪测定的弯曲刚度值为所测纱线弯曲刚度的总和,根据纱线排列的密度求得单根纱线的弯曲刚度,从而进行不同纱线之间弯曲性能的对比。

2. 测试结果及分析

纱线的弯曲性能见图 8-3,纱线弯曲刚度的测试数据见表 8-3,表中纱线的弯曲刚度是测量数据的平均值。为了便于对比分析不同纱线之间的弯曲性能,把弯曲刚度折合成相同线密度(1 tex)时的弯曲刚度,叫做相对抗弯刚度,单根纱线相对抗弯刚度见表 8-3。

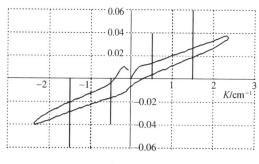

(a) 1$^#$赛络菲尔纱线

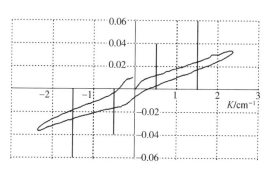

(b) 2$^#$赛络菲尔纱线

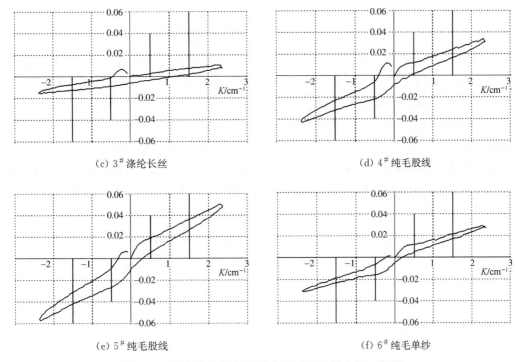

(c) 3# 涤纶长丝　　　　　　　　　(d) 4# 纯毛股线

(e) 5# 纯毛股线　　　　　　　　　(f) 6# 纯毛单纱

图 8-3　纱线的弯曲性能(纵坐标：弯矩；横坐标：曲率)

表 8-3　单根纱线的弯曲刚度和相对抗弯刚度

序号	纱线编号	纱线种类	线密度/tex	弯曲刚度/cN·cm²	相对抗弯刚度/cN·cm²
1#	1	赛络菲尔纱线(118ˢ/2)	16.9	0.73×10⁻³	0.43×10⁻⁴
2#	2-1	赛络菲尔纱线(114ˢ/2)	17.5	0.70×10⁻³	0.40×10⁻⁴
3#	2-2	涤纶长丝(30 D)	3.3	0.26×10⁻³	0.79×10⁻⁴
4#	2-3	纯毛股线(108ˢ/2)	18.5	0.78×10⁻³	0.42×10⁻⁴
5#	1-12	纯毛股线(94ˢ/2)	21.3	0.99×10⁻³	0.46×10⁻⁴
6#	1-15	纯毛单纱(60ˢ)	15.6	0.52×10⁻³	0.33×10⁻⁴

由于纱线排列的密度和宽度相同,纱线的总根数相近,所以单根纱线的变化趋势和多根纱线排列后的变化趋势相近。对比图 8-3 纱线的弯曲性能和表 8-3 纱线的弯曲刚度：$1^#$ 和 $2^#$ 赛络菲尔纱线的平均斜率较大,弯曲刚度分别为 0.73×10^{-3} cN·cm² 和 0.70×10^{-3} cN·cm²,$5^#$ 纯毛股线的平均斜率大,弯曲刚度为 0.99×10^{-3} cN·cm²,$3^#$ 涤纶长丝的平均斜率较小,弯曲刚度为 0.26×10^{-3} cN·cm²。由于纱线的细度不同,采用纱线的相对抗弯刚度来对比分析,$1^#$ 和 $2^#$ 赛络菲尔纱线的相对抗弯刚度较小,小于 $5^#$ 纯毛股线的相对抗弯刚度,但大于 $6^#$ 纯毛单纱的相对抗弯刚度。

纱线抗弯刚度的大小主要取决于纱线中纤维的初始模量、截面形态和纱线的结构。对于 $4^#$、$5^#$、$6^#$ 纱线来说,纱线都由羊毛纤维组成,纤维的初始模量都相近,单纱的相对抗弯刚度小于股线的相对抗弯刚度,其主要原因可能是股线比单纱多加了一次捻,股线的结构更为紧密,当受到外力作用时,纱线中的纤维不容易滑动,使得股线的相对抗弯刚度相对较大,随着纱线线密度的增大,纱线的相对抗弯刚度也呈现增大的趋势。对于 1#、2# 赛络菲尔纱线来说,纱线由长丝和羊毛须条直接加捻而成,纱线中长丝的初始模量较大,但是长丝的线密度较小,使得赛络菲尔纱线的弯曲刚度和纯毛纱线的弯曲刚度相比略有减小。

3. 折算的纱线的弯曲刚度对比

织物的弯曲刚度的大小主要取决于织物中纱线的弯曲刚度和织物中纱线的密度。根据织物的基本力学性能(弯曲性能)测试结果,由织物的弯曲刚度和纱线的密度可以换算得到织物中纱线的平均弯曲刚度如表 8-4 所示,1#、2# 纱线是赛络菲尔精纺毛织物中的经纱,4#、5# 纱线是精纺毛织物中的经纱,6# 纱线是精纺毛织物中的纬纱。表 8-5 是折算的纱线的弯曲刚度的对比。

表 8-4 由织物的平均弯曲刚度换算的纱线弯曲刚度

序号	织物中的纱线种类	换算的纱线弯曲刚度/cN·cm^2
1#	1#赛络菲尔精纺毛织物经纱:赛络菲尔纱线(118^S/2)	0.78×10^{-3}
2#	2#赛络菲尔精纺毛织物经纱:赛络菲尔纱线(114^S/2)	0.75×10^{-3}
4#	8#纯毛超细花呢经纱:纯毛股线(108^S/2)	0.81×10^{-3}
5#	10#纯毛高支哔叽经纱:纯毛股线(94^S/2)	1.08×10^{-3}
6#	11#纯毛高支哔叽纬纱:纯毛单纱(60^S)	0.67×10^{-3}

表 8-5 单根纱线弯曲刚度与换算的纱线弯曲刚度对比

序号	纱线种类	单根纱线的弯曲刚度/cN·cm^2	换算的纱线弯曲刚度/cN·cm^2
1#	赛络菲尔纱线(118^S/2)	0.73×10^{-3}	0.78×10^{-3}
2#	赛络菲尔纱线(114^S/2)	0.70×10^{-3}	0.75×10^{-3}
4#	纯毛股线(108^S/2)	0.78×10^{-3}	0.81×10^{-3}
5#	纯毛股线(94^S/2)	0.99×10^{-3}	1.08×10^{-3}
6#	纯毛单纱(60^S)	0.52×10^{-3}	0.67×10^{-3}

由表 8-4 和表 8-5 可以看出:赛络菲尔精纺毛织物中纱线 1#、2# 换算的弯曲刚度略小于精纺毛织物中纱线 4#、5# 换算的弯曲刚度,织物中纱线的弯曲刚度略有增大,这可能是由于织物中经纬纱两个系统的纱线相互牵制,纱线排列较紧密,纱线的自由度相对较小。换算的织物中纱线弯曲刚度的变化规律跟单纱弯曲刚度的测量结果一致。

总而言之:

(1)借助扫描电镜和光学显微镜可以观察到,赛络菲尔纱线表面光洁,毛羽较少,羊毛纤维紧密地把长丝包着,长丝在赛络菲尔纱线中呈现螺旋形波动。由于长丝与羊毛以一定间距交替出现,两种成分各自都有捻度,且捻向与成纱相同,因此成纱中赛络菲尔纱线的两种成分相互独立,清晰可辨,纵向结构呈现"股线螺纹"的单纱外观。

（2）赛络菲尔纱线的强伸特性主要取决于涤纶长丝的强伸特性，由于涤纶长丝的增强和支撑作用，赛络菲尔纱线的断裂强度和断裂伸长率都明显好于纯毛股线，2# 赛络菲尔纱线的断裂强度 13.54 cN/tex，CV 值为 6.91%，断裂伸长率 25.37%，CV 值为 15.98%。

赛络菲尔纱线由长丝和羊毛须条直接加捻而成，纱线中长丝的初始模量较大，相对抗弯刚度较大，但是长丝的线密度较小，使得赛络菲尔纱线的弯曲刚度略有减小。赛络菲尔纱线的相对抗弯刚度约为 0.7×10^{-3} cN·cm²，小于纯毛股线的抗弯刚度，但是大于纯毛单纱的抗弯刚度。

第二节　赛络菲尔精纺毛织物表面形态、服用性能和风格测试

一、织物试样与规格

主要研究了赛络菲尔精纺毛织物的结构与服用性能，本文选取 22 种精纺毛织物（织物试样主要由山东如意集团提供）进行了研究分析，织物编号及试样规格如表 8-6 所示。

表 8-6　织物试样的规格

序号	织物编号	原料成分	组织	纱线线密度 /tex		纱线捻系数		织物密度 /根·(10 cm)⁻¹		面密度 /g·m⁻²
				经向	纬向	经向	纬向	经向	纬向	
1	1#	W75/P25	1/1	F8.5×2	F8.5×2	158	158	316	290	107
2	2#	W60/P35/Te5	1/1	F8.7×2	17.2	158	130	332	308	120
3	3#	W70/P30	2/2	11.9×2	11.9×2	158	130	391	367	206
4	4#	W70/P30	2/1	11.9×2	18.5	145	130	365	380	160
5	5#	W70/P30	2/1	11.9×2	18.5	145	130	365	380	160
6	6#	W70/P29/D1	2/2	11.9×2	18.5	145	130	400	372	173
7	7#	W80/P19/D1	2/2	11.9×2	18.5	145	130	406	380	175
8	8#	W100	2/2	9.3×2	16.7	160	130	471	431	157
9	9#	W100	2/2	9.3×2	16.7	160	130	471	431	157
10	10#	W100	2/1	10.6×2	17.2	145	130	408	348	154
11	11#	W100	2/2	10.0×2	16.7	145	130	430	390	172
12	12#	W100	2/2	11.9×2	18.5	145	130	407	382	178
13	13#	W100	1/1	11.9×2	11.9×2	145	130	305	279	138
14	14#	W100	1/1	11.9×2	11.9×2	145	130	305	279	138
15	15#	W100	3/1	11.1×2	17.2	145	130	414	368	180
16	16#	W100	1/1	13.5×2	13.5×2	150	130	264	244	150
17	17#	W100	2/1	12.5×2	18.5	145	130	335	328	165

（续表）

序号	织物编号	原料成分	组织	纱线线密度/tex		纱线捻系数		织物密度/根·(10 cm)⁻¹		面密度/g·m⁻²
				经向	纬向	经向	纬向	经向	纬向	
18	18#	W100	2/2	16.1×2	16.1×2	145	130	318	254	202
19	19#	W100	鸟眼	12.5×2	17.2	145	130	434	458	229
20	20#	W100	2/1	14.7×2	22.7	138	130	341	338	180
21	21#	W100	1/1	14.7×2	14.7×2	138	130	255	235	159
22	22#	W100	1/1	14.7×2	14.7×2	138	130	255	235	159

注：F—赛络菲尔纱线；W—羊毛；P—涤纶长丝；Te—天丝；D—导电纤维。

表 8-6 是本文所研究织物的试样编号和规格。其中，1#、2# 织物属于赛络菲尔精纺毛织物，3# 织物为半精纺长丝和毛双组分毛涤织物，4#、5# 织物为毛涤花呢，6#、7# 织物为功能型毛涤高支哔叽（其中各含有 1% 的导电纤维），8#、9# 织物为纯毛超细花呢，15# 织物为纯毛高支驼丝锦，18# 织物为纯毛绒面花呢，19# 织物为鸟眼组织的纯毛高支花呢，其他织物主要为纯毛花呢和纯毛哔叽类织物。

二、赛络菲尔精纺毛织物的表面形态研究

本试验采用 AMRAY—1000B 型扫描电子显微镜分别对赛络菲尔精纺毛织物 1# 和 2# 以及毛涤花呢 5# 和纯毛织物 13# 四种不同织物的表面形态进行了观察，观察倍数分别为 60、150 和 500。这四种织物的电镜照片如图 8-4 所示。

(a) 1# 织物表面电镜照片（放大 60 倍）

(b) 1# 织物表面电镜照片（放大 150 倍）

(c) 2# 织物表面电镜照片（放大 60 倍）

(d) 2# 织物表面电镜照片（放大 150 倍）

(e) 5#织物表面电镜照片（放大 60 倍）

(f) 5#织物表面电镜照片（放大 150 倍）

(g) 13#织物表面电镜照片（放大 60 倍）

(h) 13#织物表面电镜照片（放大 150 倍）

(i) 1#织物中纤维的电镜照片（放大 500 倍）

(j) 2#织物中纤维的电镜照片（放大 500 倍）

(k) 5#织物中纤维的电镜照片（放大 500 倍）

(l) 13#织物中纤维的电镜照片（放大 500 倍）

图 8-4　赛络菲尔精纺毛织物表面形态的电镜照片

图 8-4(a)～(l)分别显示了四种不同织物的表面结构、组织点和交织情况以及织物中纤维的形态结构。从图中可以看到：1#和2#赛络菲尔精纺毛织物的纱线结构较紧密，纱线的捻角较大，织物的孔隙较大；5#毛涤花呢和13#纯毛织物的纱线结构相对松散，纱线的捻角相对较小，织物的孔隙相对较小。结合织物的试样规格表 8-6 可知：由于赛络菲尔精纺毛织物特殊的纺纱工艺和特有的纱线结构以及纱线较高的捻系数，使得织物中的纤维结构排列紧密，在受到外力作用时，纤维间的相对滑移较小，这些特殊的结构和表面形态使得赛络菲尔织物在表面特性、透气性以及织物的起毛起球性等方面有别于其他的毛织物。

三、赛络菲尔精纺毛织物的服用性能测试与分析

(一)赛络菲尔精纺毛织物抗折皱性的测试与分析

1. 试验结果

本试验研究了织物的抗折皱性，采用 YG(B)541D-T 型全自动数字织物折皱弹性仪，分别测试了织物的急弹性回复角和缓弹性回复角，并分别计算了织物的急折皱回复角、缓折皱回复角以及折皱回复率。表 8-7 所示为织物的抗折皱性测试结果。

表 8-7　织物抗折皱性测试结果

试样编号	急弹性回复角/(°)		缓弹性回复角/(°)		急折皱回复角/(°)	缓折皱回复角/(°)	回复率/%	
	经向 t	纬向 w	经向 t	纬向 w	经向＋纬向	经向＋纬向	经向	纬向
1#	155.1	148.9	160.5	156.9	304.0	317.4	89	87
2#	154.3	149.2	162.1	158.9	303.5	321.0	90	88
3#	157.0	152.4	161.2	154.9	309.4	316.1	90	86
4#	162.8	152.6	166.4	157.0	315.4	323.4	92	87
5#	161.0	152.4	166.7	164.4	313.4	331.1	93	91
6#	160.2	132.9	166.3	136.5	293.1	302.8	92	76
7#	162.8	139.2	163.6	146.5	302.0	310.1	91	81
8#	164.1	143.1	166.5	153.4	307.2	319.9	93	85
9#	163.0	155.8	166.7	161.6	318.8	328.3	93	90
10#	159.8	161.8	163.8	162.5	321.6	326.3	91	90
11#	155.5	162.9	166.8	164.6	318.4	331.4	93	91
12#	162.8	153.5	164.7	160.1	316.3	324.8	92	89
13#	155.7	155.2	164.9	162.0	310.9	326.9	92	90
14#	162.0	156.3	165.9	163.2	318.3	329.1	92	91
15#	162.6	150.6	164.4	163.4	313.2	327.8	91	91
16#	161.9	153.1	166.4	156.0	315.0	322.4	92	87
17#	159.8	146.8	164.5	156.2	306.6	320.7	91	87
18#	159.0	156.8	164.9	164.4	315.8	329.3	92	91

（续表）

试样编号	急弹性回复角/(°)		缓弹性回复角/(°)		急折皱回复角/(°)	缓折皱回复角/(°)	回复率/%	
	经向 t	纬向 w	经向 t	纬向 w	经向＋纬向	经向＋纬向	经向	纬向
19#	164.4	152.1	166.5	156.8	316.5	323.3	93	87
20#	162.1	153.7	166.8	160.8	315.8	327.6	93	89
21#	162.0	149.9	163.0	153.0	311.9	316.0	91	85
22#	164.9	159.9	166.9	166.2	324.8	333.1	93	92

2. 结果分析

根据表 8-7 测试结果，可以得到在标准大气条件下织物的干态折皱回复角分布图（图 8-5）。

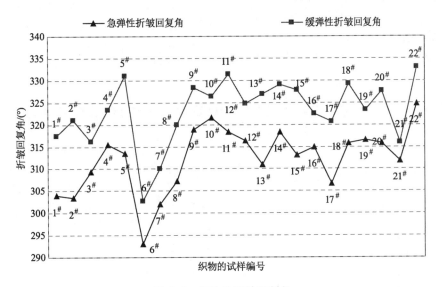

图 8-5　织物的折皱回复角

从表 8-7 和图 8-5 中可以看出：精纺毛织物的缓弹性折皱回复角大于急弹性折皱回复角，急弹性折皱回复角和缓弹性折皱回复角的变化趋势基本一致，精织毛织物的折皱回复角变化范围波动较小。

对比 1#、2#、5#、13# 织物的折皱回复角，赛络菲尔精纺毛织物 1# 和 2# 的急弹性折皱回复角和缓弹性折皱回复角分别为 304.0°、317.4°和 303.5°、321.0°；毛涤织物 5# 的急弹性折皱回复角和缓弹性折皱回复角分别为 313.4°、331.1°；纯毛织物 13# 的急弹性折皱回复角和缓弹性折皱回复角分别为 310.9°、326.9°。

织物的抗皱性和织物的弯曲性能、织物的厚度等有一定的关系。尽管赛络菲尔精纺毛织物的弯曲刚度、弯曲滞后及厚度与纯毛织物及毛涤混纺织物相比较小，但其折皱回复角与纯毛织物及毛涤混纺织物大小相当，说明赛络菲尔精纺毛织物的折皱回复性较好。

（二）赛络菲尔精纺毛织物的起毛起球性的测试与分析

织物的起毛起球使得织物的外观恶化，降低织物的服用性能，因此在选择服装面料前，以及生产部门控制产品质量时,一般都要进行磨损试验,特别是对于合成纤维以及含有合成纤维的混纺织物来说,该试验就显得更为重要。

1. 试验方法

本试验选取了 $1^\#$、$2^\#$、$3^\#$、$4^\#$、$8^\#$ 织物进行了起毛起球性研究,对比分析了赛络菲尔精纺毛织物的起毛起球性。

试验采用 YG501 型织物起球仪,先将五种精纺毛织物在尼龙刷上磨 50 r,然后在织物磨料上每次以 100 r 递增,每种织物磨 10 次。用织物试样的重量减少率来评定织物的起毛起球性。

$$试样重量减少率 = \frac{G_0 - G_i}{G_0} \times 100\% \tag{8-2}$$

式中:G_0—— 磨损前试样总重量, g;

G_i—— 磨损后试样总重量($i = 1, 2, \cdots, 10$), g。

2. 试验结果及分析

将五种织物按照上述方法测量,并按照公式(8-2)对测量数据进行计算,将计算结果绘制于图 8-6 中。

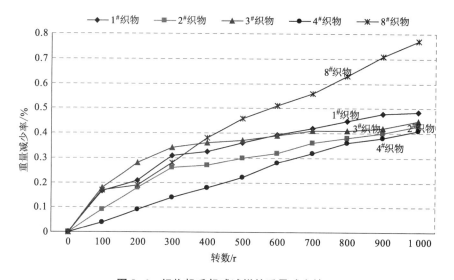

图 8-6　织物起毛起球试样的重量减少情况

从图 8-6 中可以看出磨一定转数后,$4^\#$ 毛涤织物的重量减少率为 0.41%,$8^\#$ 纯毛织物的重量减少率为 0.77%,$3^\#$ 半精纺长丝和毛双组分毛涤织物的重量减少率为 0.45%,$1^\#$、$2^\#$ 赛络菲尔精纺毛织物的重量减少率分别为 0.49% 和 0.43%,要略小于纯毛织物的重量减少率。

$8^\#$ 织物为纯毛超细花呢,由于纱线中羊毛纤维的细度较小,纤维的强度相对较低,织物表面起毛的羊毛纤维被较快磨断,故重量减少率较大,但它的表面起球现象也并不严重;$4^\#$ 织物为毛涤花呢类织物,由于涤纶短纤维的强度较高,伸长能力大,特别是耐弯曲疲劳与耐磨性好,纤维端滑出织物表面后,不容易脱落,而在织物表面纠缠成球;$1^\#$、$2^\#$ 织物为赛络菲尔精纺毛织物,纱线是由长丝和羊毛须条直接加捻而成的,羊毛包在长丝的表面,因为纱线捻系数大,纤维抱合力大,磨的过程中纤维不易从纱线中抽出,对长丝具有一定的覆盖作用,缓和了织物的起毛起球,织物表面的起球现象并不严重。

由上面的分析可知,赛络菲尔精纺毛织物的抗起毛起球性相对较好。

(三) 赛络菲尔精纺毛织物的透气性测试与分析

1. 试验结果

本试验研究了织物的透气性,采用 YG461E 型全自动数字式透气量仪,分别测试了织物的透气性,表8-8 所示为织物的透气性测试结果。

表 8-8　织物的透气性测试结果($L \cdot m^{-2} \cdot s^{-1}$)

试样编号	孔径/mm	第一次	第二次	第三次	平均值
1#	8	830.96	833.24	833.65	832.617
2#	8	807.96	807.64	809.91	808.503
3#	4	225.56	226.43	226.61	226.200
4#	4	194.94	198.16	197.43	196.843
5#	3	50.8	51.4	51.8	51.333
6#	3	82.629	84.249	85.911	84.263
7#	4	163.96	164.24	164.43	164.210
8#	2	42.297	42.233	41.544	42.025
9#	2	37.459	36.776	38.476	37.570
10#	3	85.863	86.594	87.038	86.498
11#	3	65.944	66.833	66.774	66.517
12#	2	44.874	46.15	46.319	45.781
13#	3	88.426	88.924	89.438	88.929
14#	3	77.964	77.073	79.097	78.045
15#	3	61.093	61.669	63.432	62.065
16#	4	171.02	168.27	172.89	170.727
17#	3	85.596	83.429	87.113	85.379
18#	2	49.355	49.36	49.309	49.341
19#	4	125.44	133.87	129.27	129.527
20#	4	104.55	107.2	106.09	105.947
21#	4	244.24	251.96	249.92	248.707
22#	4	142.29	150.43	141.88	144.867

2. 结果分析

根据表8-8 测试结果,可以得到在标准大气条件下织物的透气性分布图8-7。

从表8-8 和图8-7 可以清楚地看出:赛络菲尔精纺毛织物 1#、2# 的透气量较大,分别为 832.617 L/(m² · s)和 808.503 L/(m² · s);纯毛织物的透气量则相对较小,主要集中在 50～100 L/(m² · s),赛络菲尔精纺毛织物的透气量明显大于其他织物的透气量。

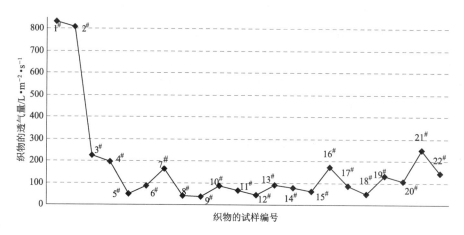

图 8-7　织物的透气性

(四) 赛络菲尔精纺毛织物光泽的测试与分析

1. 测试结果

本试验研究了赛络菲尔精纺毛织物的光泽,采用 YG841 光泽仪分别测试了 22 种试样的正反射光强度 Gs 和漫反射光强度 Gd,测试次数为三次,计算出织物的光泽度 Gc。织物正反射光强度 Gs、漫反射光强度 Gd 以及计算的光泽度 Gc 见表 8-9。

表 8-9　织物的光泽指标

织物编号	$Gs/\%$	$Gd/\%$	Gc	织物编号	$Gs/\%$	$Gd/\%$	Gc
1#	30.4	27.7	18.4	12#	27.4	26.4	27.4
2#	30.5	27.6	18.1	13#	15.9	15.3	20.0
3#	17.3	16.3	17.3	14#	50.6	43.9	19.5
4#	24.6	23.5	23.8	15#	22.3	22.0	36.9
5#	27.9	26.8	27.0	16#	15.4	14.2	14.3
6#	20.8	20.3	31.6	17#	30.5	29.2	27.1
7#	23.1	22.4	29.0	18#	35.4	33.7	27.1
8#	24.3	23.6	28.4	19#	28.4	26.0	18.2
9#	24.5	23.7	28.6	20#	20.7	20.1	26.8
10#	20.3	20.0	37.0	21#	21.6	20.4	19.7
11#	18.1	17.6	27.5	22#	24.0	22.4	18.8

2. 结果分析

从表 8-9 中织物的光泽指标数据可以看出,赛络菲尔精纺毛织物 1#、2# 的正反射光强度 Gs 和漫反射光强度 Gd 分别为 30.4%、27.7% 和 30.5%、27.6%;而对比光泽度 Gc 为

18.4、18.1;纯毛类精纺毛织物 13# 的正反射光强度 Gs 和漫反射光强度 Gd 分别为 15.9%和 15.3%,而对比光泽度 Gc 为 20.0;而毛涤织物度 5# 的正反射光强度 Gs、漫反射光强度 Gd、对比光泽度 Gc 分别为 27.9%、26.8% 和 27.0。

织物结构中,影响织物光泽的主要因素是织物的经纬密度,这是因为织物的密度较小时,织物结构相对疏松,空隙多,织物中起反射作用的纱线比较少,因而织物的光泽度较低,如 1#、2#、13#、14#、16#、21#、22#,这七种织物的经纬密度都较小,织物的光泽度较小,织物光泽柔和,6#、7#、8#、9#、10#、15#,这六种织物的经纬密度都较大,织物的光泽度较大,织物光泽亮。

织物的光泽度还跟织物的颜色有一定的关系,织物的颜色较深时,织物对光线的吸收较多,光泽度会减小,如 3#,颜色为深蓝色,织物的光泽度较小,织物光泽柔和。

另外织物的光泽度还跟织物的表面性能有一定的关系,织物的表面平整均匀时,织物的光泽度较大。如 1#、2#、19#,织物的表面粗糙度较大,织物的光泽度较小,织物光泽柔和。

四、赛络菲尔精纺毛织物的动态悬垂性测试与分析

织物的悬垂性是织物视觉风格研究的主要内容之一。悬垂性根据运动状态可分为静态悬垂性和动态悬垂性。对悬垂性的好坏,不仅要评价悬垂程度的大小,还要评价悬垂形态的优劣。

本试验采用 M506 织物悬垂性风格测试仪,分别模拟了织物静态悬垂性和动态悬垂性,测定了赛络菲尔精纺毛织物以及其他织物的动态悬垂性和静态悬垂性。织物的悬垂性指标分别为静态悬垂度 F_0、动态悬垂度 F_1、静态波峰数 N_0、动态波峰数 N_1、静态投影轮廓半径 R_{0m}、动态投影轮廓半径 R_{1m}、活泼率 Ld、美感系数 Ac、硬挺系数 Y。启动相应的计算机软件,绘制出织物的静态悬垂投影图和织物的动态悬垂投影图。

1. 测试结果

表 8-10 给出的是赛络菲尔精纺毛织物的静态悬垂性指标和动态悬垂性指标。

表 8-10　织物的悬垂性指标

织物编号	F_0/%	F_1/%	N_0/个	N_1/个	R_{0m}/mm	R_{1m}/mm	Ld/%	Ac/%	Y/%
1#	73.88	70.11	4.70	5.00	79.51	81.76	14.43	50.02	36.26
2#	71.43	66.15	4.00	5.00	80.81	84.23	18.48	45.81	40.39
3#	72.22	71.34	4.00	4.00	80.29	80.50	3.17	51.05	34.17
4#	71.22	68.85	5.00	5.00	81.22	82.43	8.23	48.73	37.38
5#	66.92	65.99	4.00	4.00	84.09	84.49	2.81	44.99	40.82
6#	64.91	63.89	5.00	5.00	85.40	85.76	2.91	43.46	42.94
7#	70.30	67.04	4.70	5.00	81.97	83.77	10.98	46.68	39.62
8#	72.31	71.69	4.70	4.320	80.55	80.65	2.24	51.46	34.42
9#	72.91	71.28	5.00	6.00	80.25	81.10	6.02	51.66	35.16
10#	71.04	68.16	5.00	5.00	81.43	82.99	9.94	47.91	38.31
11#	70.71	68.58	6.00	6.00	81.93	83.09	7.29	48.51	38.48

（续表）

织物编号	F_0/%	F_1/%	N_0/个	N_1/个	R_{0m}/mm	R_{1m}/mm	Ld/%	Ac/%	Y/%
12#	68.77	67.66	5.60	5.00	83.09	83.51	3.55	47.26	39.18
13#	70.66	68.69	4.00	5.00	81.73	82.75	6.71	48.42	37.91
14#	63.60	62.24	4.00	5.00	86.23	86.74	3.74	41.86	44.56
15#	71.46	69.91	4.00	5.00	81.10	82.00	6.10	49.74	36.66
16#	69.31	67.21	4.00	5.00	82.62	83.72	6.84	46.83	39.54
17#	67.25	65.15	4.70	5.00	83.96	85.02	6.41	44.70	41.70
18#	72.04	68.44	3.70	4.00	80.31	82.53	14.35	47.77	37.55
19#	69.11	66.65	5.30	5.00	82.92	84.23	7.96	46.16	40.39
20#	68.34	67.28	4.00	4.00	82.88	83.22	3.35	46.57	38.70
21#	69.67	66.75	5.00	6.00	82.61	84.24	9.63	46.57	40.40
22#	66.81	65.27	5.30	6.00	84.46	85.11	4.64	45.08	41.85

比较表 8-10 中 1#、2#、5#、13# 织物的悬垂性指标,1# 和 2# 赛络菲尔精纺毛织物的静态悬垂度平均值和动态悬垂度平均值分别为 73.88%、71.43% 和 70.11%、66.15%,织物的活泼率相对较大,分别为 14.3% 和 18.48%;13# 纯毛织物的静态悬垂度平均值和动态悬垂度平均值分别为 70.66% 和 65.21%,织物的活泼率相对较小,为 4.64%;而 5# 毛涤织物的静态悬垂度平均值和动态悬垂度平均值分别为 66.92% 和 65.99%。

2. 静态和动态悬垂投影图

表 8-11 是赛络菲尔精纺毛织物的静态悬垂投影图和动态悬垂投影图。

表 8-11　赛络菲尔精纺毛织物的悬垂投影图

织物编号	1#	2#	5#	13#
静态投影图				
动态投影图				

由表 8-11 赛络菲尔精纺毛织物的悬垂性投影图可以看出:精纺毛织物静态投影和动态投影形成的波纹数多,投影图形美观。其中赛络菲尔精纺毛织物 1#、2# 的投影波纹数为 5 个,这两种织物所形成的波纹的凸凹轮廓分布均匀,匀称的下垂面形成半径较小的圆弧折

裤,悬垂图型美观;纯毛织物 13# 的投影波纹数为 5 个,织物形成的波形效果与赛络菲尔精纺毛织物的不同;毛涤织物 5# 的投影波纹数为 5 个,织物形成的波形相对差一些。

织物的悬垂性跟织物的组织结构有一定的关系,表 8-11 中,1# 织物组织为 1/1 的平纹组织,且织物的经纬纱线相同,纱线线密度也相同,织物经纬向的构造较均匀,因此,织物形成的投影图相对均匀,形态美观。而 4# 织物组织为 2/1 斜纹组织,织物结构的不均匀使织物形成的波形也不对称、不均匀。

从表 8-10 和 8-11 可以知道赛络菲尔精纺毛织物的动态悬垂性指标较优,悬垂图形优美,所以织物的动态悬垂性相对较好。

五、赛络菲尔精纺毛织物的基本力学性能测试与分析

本试验主要研究赛络菲尔精纺毛织物在低应力应变下的基本力学性能,试验采用 KES-FB-AUTO-A 风格仪分别测试了赛络菲尔精纺毛织物的拉伸性能、剪切性能、弯曲性能、压缩性能以及表面性能共计四项基本力学性能 16 个指标。包括:拉伸曲线的线性度 LT、拉伸功 WT、拉伸功回复率 RT、剪切刚度 G、剪切角为 0.5° 时的剪切力的滞后量 $2HG$、剪切角为 5° 时的剪切力的滞后量 $2HG_5$、弯曲刚度 B、弯曲滞后矩 $2HB$、压缩线性度 LC、压缩功 WC、压缩回弹性 RC、表面摩擦性能的平均摩擦系数 MIU、摩擦系数的平均差不匀率 MMD、表面粗糙度 SMD、厚度 T_0 和 T_m、面密度 W。所有测试均在标准温湿度条件下[温度(20±3)℃,相对湿度 65%±3%]进行,测量前,所有试样均在标准温湿度条件下放置 24 h 进行预调湿处理。

1. 测试结果

选择了六种典型织物 1#、2#、3#、5#、10#、13# 的基本力学性能,各指标值见表 8-12。

表 8-12 织物的基本力学性能指标

性能指标	1#		2#		3#	
	经向	纬向	经向	纬向	经向	纬向
$LT/(—)$	0.603	0.613	0.624	0.640	0.542	0.573
$WT/\text{cN}\cdot\text{cm}\cdot\text{cm}^{-2}$	6.00	5.95	6.55	11.40	6.55	5.95
$RT/\%$	80.83	81.51	79.39	71.05	77.10	77.31
$G/\text{cN}\cdot\text{cm}^{-1}\cdot(°)^{-1}$	0.51	0.53	0.56	0.54	0.60	0.62
$2HG/\text{N}\cdot\text{cm}^{-1}$	0.13	0.10	0.18	0.20	0.28	0.28
$2HG_5/\text{cN}\cdot\text{cm}^{-1}$	0.83	0.90	1.00	0.93	1.43	1.68
$B/\text{cN}\cdot\text{cm}^{-2}\cdot\text{cm}^{-1}$	0.025 9	0.026 4	0.024 9	0.024 2	0.045 1	0.042 5
$2HB/\text{cN}\cdot\text{cm}\cdot\text{cm}^{-1}$	0.007 9	0.008 1	0.008 3	0.005 9	0.020 0	0.018 0
LC	0.331		0.351		0.297	
$WC/\text{cN}\cdot\text{cm}\cdot\text{cm}^{-2}$	0.053		0.064		0.087	
$RC/\%$	67.93		62.50		54.02	
MIU	0.122	0.109	0.124	0.123	0.142	0.156

性能指标	1#		2#		3#	
	经向	纬向	经向	纬向	经向	纬向
MMD	0.011 4	0.014 3	0.012 2	0.010 9	0.008 2	0.030 5
$SMD/\mu\mathrm{m}$	4.980	4.229	4.141	5.224	2.178	2.583
T_0/mm	0.269		0.298		0.444	
T_m/mm	0.205		0.225		0.327	
$W/\mathrm{g}\cdot\mathrm{cm}^{-2}$	107		120		206	

性能指标	5#		10#		13#	
	经向	纬向	经向	纬向	经向	纬向
LT	0.567	0.585	0.592	0.583	0.616	0.628
$WT/\mathrm{cN}\cdot\mathrm{cm}\cdot\mathrm{cm}^{-2}$	6.85	9.85	7.80	15.65	7.85	15.75
$RT/\%$	81.75	75.13	78.21	70.93	81.53	71.11
$G/\mathrm{cN}\cdot\mathrm{cm}^{-1}\cdot(°)^{-1}$	0.65	0.58	0.72	0.69	0.78	0.72
$2HG/\mathrm{cN}\cdot\mathrm{cm}^{-1}$	0.43	0.38	0.28	0.23	0.25	0.28
$2HG_5/\mathrm{cN}\cdot\mathrm{cm}^{-1}$	1.48	1.35	1.15	1.10	1.20	1.18
$B/\mathrm{cN}\cdot\mathrm{cm}^2\cdot\mathrm{cm}^{-1}$	0.054 5	0.037 4	0.037 8	0.027 3	0.040 3	0.023 9
$2HB/\mathrm{cN}\cdot\mathrm{cm}\cdot\mathrm{cm}^{-1}$	0.015 4	0.010 1	0.010 1	0.005 7	0.010 1	0.005 3
LC	0.347		0.293		0.350	
$WC/\mathrm{cN}\cdot\mathrm{cm}\cdot\mathrm{cm}^{-2}$	0.072		0.071		0.056	
$RC/\%$	63.89		66.20		69.64	
MIU	0.134	0.143	0.129	0.134	0.131	0.126
MMD	0.006 1	0.015 9	0.009 6	0.006 6	0.008 5	0.007 4
$SMD/\mu\mathrm{m}$	2.422	3.857	1.484	1.265	3.301	4.365
T_0/mm	0.352		0.356		0.308	
T_m/mm	0.269		0.259		0.244	
$W/\mathrm{g}\cdot\mathrm{cm}^{-2}$	160		157		154	

2. 结果分析

分析对比 1#、2#、3#、5#、10#、13# 织物经、纬向的拉伸、弯曲、剪切性能，厚度方向的压缩性能，表面摩擦性能等指标后发现，引起赛络菲尔精纺毛织物的基本力学性能与其它织物基本力学性能的差异主要原因表现在以下六项性能指标上：织物的经向弯曲刚度 B_j 及其弯曲滞后矩 $2HB_\mathrm{j}$、经向和纬向剪切刚度的平均值 G 及其剪切滞后常数 $2HG$ 和 $2HG_5$、经向和纬向表面粗糙度 SMD。这些有差异的基本力学物理指标和表面性能指标用 KES 数据图的形式绘制示于同一张图上。

　　KES 数据图的优点在于将弯曲刚度 B、弯曲滞后矩 $2HB$ 等多项独立的一维坐标的常用范围统一在同一张图上，如图 8-8 所示，在图上可以直观地看到不同织物性能指标上的差异。

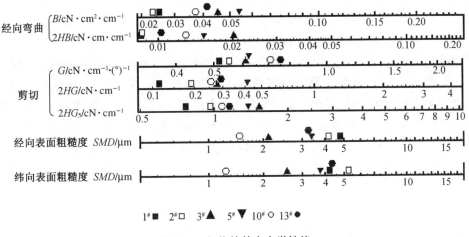

1# ■　2# □　3# ▲　5# ▼　10# ○　13# ●

图 8-8　织物的基本力学性能

　　（1）赛络菲尔精纺毛织物的弯曲性能

　　由表 8-12 和图 8-8 可知，赛络菲尔精纺毛织物 1#、2# 的经向弯曲刚度较小，分别为 0.025 9 cN·cm²/cm 和 0.024 9 cN·cm²/cm；毛涤织物 5# 的经向弯曲刚度较大，为 0.054 5 cN·cm²/cm；纯毛织物 10#、13# 的经向弯曲刚度居中，分别为 0.037 8 cN·cm²/cm 和 0.040 3 cN·cm²/cm。

　　各种纱线结构对纱线弯曲刚度影响大小的差别，归根结底被认为是当织物受力弯曲作用时，不同结构纱线中纤维相互滑动的自由程度大小的不同造成的。自由度大时纱线刚硬，自由度小时纱线柔软。赛络菲尔纱线中的纤维在成纱前，长丝和毛条基本上平行排列，纤维间的结合力原本很小，但由于纱线的加捻，使纤维相互挤压而产生的摩擦抱合力影响纤维的相互滑动。与其它纱线相比，股线中纤维间的相互挤压力大，股线中的纤维不容易滑动。由前面纱线的弯曲性能分析可知，赛络菲尔纱线的弯曲刚度较其他纱线的弯曲刚度小，对应赛络菲尔精纺毛织物的弯曲刚度较小。

　　这里观察到的织物的弯曲滞后矩 $2HB$ 与织物的弯曲刚度 B 成单调增函数关系。

　　（2）赛络菲尔精纺毛织物的剪切性能

　　由表 8-12 和图 8-8 可知，赛络菲尔精纺毛织物 1# 和 2# 的剪切刚度小，分别为 0.52 cN/[cm·(°)] 和 0.55 cN/[cm·(°)]；纯毛织物 10# 和 13# 的剪切刚度较大，分别为 0.71 cN/[cm·(°)] 和 0.75 cN/[cm·(°)]；半精纺长丝和毛双组分毛涤织物 3# 的剪切刚度为 0.61 cN/[cm·(°)]；毛涤织物 5# 的剪切刚度值为 0.60 cN/[cm·(°)]。

　　织物剪切刚度的差异来源于织物的结构，比如试样的组织、经纬纱密度、纱线的线密度等，同时也有可能来源于织物中纱线的表面摩擦阻抗性能、纱线的横截面面积的大小和形状的差异。赛络菲尔精纺毛织物的剪切刚度略低，其可能原因是：赛络菲尔纱线由于纱线的捻系数较大，纱线截面比其它纱线的截面更圆，织物中纱线间的接触面积较小，当织物受到外力作用时,织物中的纱线更容易发生相对滑动。

(3)赛络菲尔精纺毛织物的表面性能

赛络菲尔精纺毛织物结构上的差异引起织物表面摩擦性能的变化主要表现在织物经向和纬向表面粗糙度 SMD 上。由表 8-12 和图 8-8 可以看出,赛络菲尔精纺毛织物 1#、2# 的经向、纬向表面粗糙度较大,分别为 4.980 μm、4.229 μm 和 4.141 μm、5.224 μm;而其它织物表面粗糙度较小,其中半精纺长丝和毛双组分毛涤织物 3# 为 2.178 μm、2.583 μm,毛涤织物 5# 为 3.422 μm、3.875 μm,纯毛织物 10# 为 1.484 μm、1.265 μm。

织物表面粗糙度 SMD 对织物的滑糯或滑爽性影响大。SMD 的大小和织物结构、纱线结构、纤维性能有关,但比较显著的差别是纱线结构和纤维的细度,因此这两项是引起织物 SMD 变化的主要原因。由于赛络菲尔纱线的线密度较小,纱线的捻系数较大,纱线结构近似于单纱结构,纤维在纱线表面上排列方向与织物的经、纬向夹角较大,纱线在织物表面上出现时容易造成一个表面摩擦系数较大的高峰,从而增大了织物表面粗糙度 SMD,使得赛络菲尔精纺毛织物在服用中呈现较"爽"的手感,而纯毛织物由于表面粗糙度较小,在服用性能呈现较"糯"的手感。

针对赛络菲尔精纺毛织物的抗折皱性、起毛起球性、透气性、光泽、动态悬垂性以及基本力学性能,对测试结果进行对比分析可知:

(1)赛络菲尔精纺毛织物 1# 和 2# 的急弹性折皱回复角和缓弹性折皱回复角分别为 304.0°、317.4° 和 303.5°、321.0°,折皱回复角与纯毛织物及毛涤混纺织物大小相当。

(2)在相同的起毛起球条件下,1#、2# 赛络菲尔精纺毛织物的重量减少率为 0.49% 和 0.43%,而 8# 纯毛织物的重量减少率为 0.77%。跟纯毛织物相比,赛络菲尔精纺毛织物的重量减少率要略小一些,赛络菲尔精纺毛织物的抗起毛起球性相对较好。

(3)赛络菲尔精纺毛织物的透气量明显大于其他织物的透气量,织物 1#、2# 的透气量分别为 832.617 L(m² · s) 和 808.503 L(m² · s),透气性较好。

(4)赛络菲尔精纺毛织物 1#、2# 的正反射光强度 Gs 和漫反射光强度 Gd 分别为 30.4%、27.7% 和 30.5%、27.6%;折算出来的对比光泽度 Gc 分别为 18.4、18.1,赛络菲尔精纺毛织物的光泽柔和。

(5)赛络菲尔精纺毛织物的静态悬垂性和动态悬垂性较好,2# 织物的活泼率能达到 18.48%,并且织物的悬垂投影图形均匀美观,对织物的动态悬垂性进行灰色关联分析,影响织物活泼率的主要因素为弯曲刚度、厚度、面密度、经纬密度,其他因素的影响相对较小。

(6)引起赛络菲尔精纺毛织物的基本力学性能与其它织物基本力学性能的差异主要原因表现在织物的经向弯曲刚度 B_j 及其弯曲滞后矩 $2HB_j$、经向和纬向剪切刚度的平均值 G 及其剪切滞后常数 $2HG$ 和 $2HG_5$、经向和纬向表面粗糙度 SMD 等性能指标上。赛络菲尔精纺毛织物 1#、2# 的经向弯曲刚度较小,分别为 0.259 cN · cm²/cm 和 0.249 cN · cm²/cm,经向和纬向剪切刚度的平均值也较小,分别为 0.52 cN/[cm · (°)] 和 0.55 cN/[cm · (°)],表现在织物的性能上主要为织物柔软,经向、纬向表面粗糙度较大,分别为 4.980 μm、4.229 μm 和 4.141 μm、5.224 μm,表现在织物手感上主要为织物滑爽。

第三节　赛络菲尔精纺毛织物的聚类分析

聚类分析是根据事物本身的性质研究个体分类的方法,它的原则是同一类中的个体有较大的相似性,不同类的个体差异较大。研究所选择的试样或反映试样性能的物理指标(变量)之间都存在着程度不同的相似性(亲疏关系)。于是根据一批样品的多个观测指标,具体找出一些能够度量样品或指标之间相似程度的统计量,以这些统计量为划分类型的依据,把一些相似程度较大的样品(或指标)聚合为一类,把另外一些彼此之间相似程度较大的样品(或指标)又聚合为另一类,关系密切的聚合到一个小的分类单位,关系疏远的聚合到一个大的分类单位,直到把所有的样品(或指标)聚合完毕。

一、赛络菲尔精纺毛织物聚类样本的选择

本节对所选取精纺毛织物的拉伸性能、剪切性能、弯曲性能、压缩性能、表面性能、悬垂性能、光泽特性、抗折皱性能以及透气性能共计九项性能 22 个指标进行聚类分析。22 个指标分别为:拉伸线性度 LT、拉伸功 WT、拉伸回复率 RT、剪切刚度 G、剪切角为 $0.5°$ 时的剪切力的滞后值 $2HG$、剪切角为 $5°$ 时的剪切力的滞后值 $2HG_5$、弯曲刚度 B、弯曲滞后矩 $2HB$、压缩线性度 LC、压缩功 WC、压缩回弹性 RC、表面摩擦性能的平均摩擦系数 MIU、摩擦系数的平均差不匀率 MMD、表面粗糙度 SMD、厚度 T、面密度 W、正反射光强度 Gs、漫反射光强度 Gd、活泼率 Ld、悬垂美感系数 Ac、缓弹性折皱回复角 $θ$、透气量 Q。

二、织物聚类的树枝图

由织物聚类的凝聚过程和织物聚类的树枝图(图 8-9)可以清楚地看到织物的聚类过程及结果:

(1)织物 1# 和 2# 最先归为一类,它们之间的相关系数最大,为 0.821。从纱线结构来看,这两种织物都是由赛络菲尔纱线构成的织物,从织物的结构来看,这两种织物的纱线线密度相近,纱线捻系数相同,组织相同,经纬密度相近,织物的面密度相近,这两种织物表现出来的拉伸性能、剪切性能、弯曲性能、压缩性能、表面性能、悬垂性能、光泽特性、抗折皱性能以及透气性能也非常的接近。说明由赛络菲尔纱线构成的织物,根据织物所表现出来的服用性能,赛络菲尔精纺毛织物 1# 和 2# 首先聚为一类,其中纱线的结构不同,对于织物的服用性能有一定的影响。

(2)织物 8# 和 9# 聚为一类,它们之间的相关系数为 0.770。从纱线的结构来看,这两种织物的纱线都是普通环锭纱线,从织物的结构来看,这两种织物的原料相同,纱线线密度相同,纱线捻系数相同,组织相同,经纬密度相近,织物的面密度相近,这两种织物所表现出来的基本服用性能也非常接近,因此聚为一类。21# 和 22# 这两种织物的纱线结构和织物结构基本相近,也聚为一类,它们之间的相关系数为 0.547。说明纱线结构和织物的结构相同时,织物所表现出来的服用性能也很接近。

(3)织物 7# 和 19# 聚为一类,它们的相关系数分别为 0.480。其中 7# 为毛涤花呢,19# 为纯毛织物,这两类织物的原料不同,织物的结构相近,但表现出来的织物服用性能却很相似,5# 和 14# 也属于这种类型。说明织物的原料组成和织物结构不同时,也可以表现出来相

同或相近的织物服用性能。

(4) 从整体上看,22 种织物根据服用性能的不同,可以分为三大类。第一大类为 $1^{\#}$、$2^{\#}$、$4^{\#}$、$21^{\#}$、$22^{\#}$、$5^{\#}$、$14^{\#}$,从织物结构和织物功能来看,这类织物主要包括赛络菲尔精纺毛织物、毛涤花呢类织物以及纯毛花呢类织物,织物的组织多为 1/1 平纹组织;第二大类为 $13^{\#}$、$16^{\#}$、$8^{\#}$、$9^{\#}$、$10^{\#}$、$15^{\#}$、$11^{\#}$、$17^{\#}$,从织物结构和织物功能来看,这类织物主要为纯毛高支哔叽、纯毛高支薄花呢;第三大类为 $18^{\#}$、$20^{\#}$、$7^{\#}$、$19^{\#}$、$3^{\#}$、$6^{\#}$、$12^{\#}$,从织物结构和织物功能来看,这类织物主要包括功能型毛涤织物、绒面花呢类织物以及纯毛高支花呢类织物。

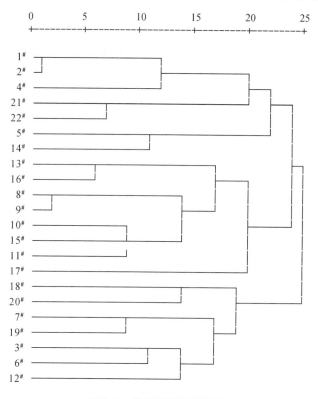

图 8-9　织物聚类的树枝图

三、织物聚类的主因子分析

主因子分析方法是将多个变量综合为少数几个"因子",以再现原始变量与"因子"之间的关系,包括用因子结构反映变量与因子间的相关关系,以及用因子模型以回归方程的形式将变量表示为因子的线性组合。主因子分析作为多元统计分析方法,具有减少变量的作用,可将多个变量综合为少数几个因子,以再现原始变量与因子之间的关系,主因子分析可将表达织物服用性能的指标综合成几个主因子,这几个因子能比较全面而客观地表达织物的服用性能,比单一指标更具客观性和科学性。同时可以根据因子得分,对织物的样品进行分类,从而达到聚类的效果。本节采用数理统计的方法对原始数据提取主成分,并进行因子分析,最后根据因子得分对织物进行聚类分析。

1. 赛络菲尔精纺毛织物主因子分析过程

对表征织物服用性能的 22 个指标:拉伸线性度 LT、拉伸功 WT、拉伸回复率 RT、剪切

刚度 G、剪切角为 $0.5°$ 时的剪切力的滞后值 $2HG$、剪切角为 $5°$ 时的剪切力的滞后值 $2HG_5$、弯曲刚度 B、弯曲滞后矩 $2HB$、压缩线性度 LC、压缩功 WC、压缩回弹性 RC、表面摩擦性能的平均摩擦系数 MIU、摩擦系数的平均差不匀率 MMD、表面粗糙度 SMD、厚度 T、面密度 W、正反射光强度 Gs、漫反射光强度 Gd、活泼率 Ld、悬垂美感系数 Ac、缓弹性折皱回复角 θ、透气量 Q 进行主因子分析。原始数据和标准化处理后，根据变量的公共因子所占方差贡献最大的原则，得到表征织物服用性能的七个主成分因子，其特征值与累积贡献率见表 8-13，正交旋转后因子的载荷见表 8-14。

表 8-13 特征值与累积贡献率

主因子	特征值	贡献率/%	累积贡献率/%
F_1	5.907	26.851	26.851
F_2	3.337	15.169	42.020
F_3	2.717	12.350	54.370
F_4	2.412	10.964	65.334
F_5	1.702	7.737	73.071
F_6	1.395	6.341	79.412
F_7	1.182	5.375	84.787

表 8-14 正交旋转后因子的载荷

指标	F_1	F_2	F_3	F_4	F_5	F_6	F_7
LT	0.002	0.033	−0.035	−0.186	0.448	−0.032	−0.167
WT	0.013	0.087	0.055	−0.280	−0.304	−0.157	0.029
RT	−0.107	0.037	−0.012	0.238	−0.112	0.055	−0.143
G	0.003	0.266	−0.027	0.054	0.003	−0.058	−0.033
$2HG$	0.132	0.058	0.045	0.036	0.093	−0.017	−0.259
$2HG_5$	0.068	0.159	−0.056	0.261	0.101	−0.074	−0.061
B	0.144	0.023	0.092	−0.039	−0.028	0.145	−0.056
$2HB$	0.136	−0.031	0.048	0.149	0.046	0.063	0.157
LC	−0.020	−0.017	0.240	0.061	0.033	0.258	−0.373
WC	0.156	−0.074	0.028	−0.059	0.098	0.050	0.029
RC	−0.081	0.129	−0.007	−0.207	0.081	0.153	0.140
MIU	0.015	0.105	0.007	−0.117	0.194	−0.392	0.265
MMD	0.043	−0.111	0.038	0.133	−0.202	−0.320	0.142
SMD	−0.042	−0.151	0.175	−0.124	−0.168	−0.186	−0.139

（续表）

指标	F_1	F_2	F_3	F_4	F_5	F_6	F_7
T	0.145	−0.093	0.076	−0.067	−0.055	0.079	0.101
W	0.161	−0.026	−0.018	−0.030	−0.046	0.070	0.129
Gs	−0.019	0.134	0.287	0.090	0.014	−0.029	0.246
Gd	−0.012	0.141	0.279	0.085	0.037	−0.010	0.271
Ld	−0.060	−0.141	0.169	−0.055	0.237	0.195	0.195
Ac	−0.021	−0.073	−0.218	0.084	0.006	0.255	0.452
θ	−0.017	0.135	0.027	−0.112	−0.235	0.386	0.107
Q	−0.099	−0.173	0.116	0.096	0.134	−0.081	0.115

2. 主因子得分图

由表 8-13 可知，第一主成分 F_1 的特征值为 5.907，第二主成分 F_2 的特征值为 3.337，由分析可知主因子 F_1、F_2 的因子得分模型为：

$$F_1 = 0.951W + 0.947WC + 0.897T + 0.827B + 0.808\,2HB + 0.7392HG - 0.642RT$$
$$- 0.538RC - 0.109LC - 0.123G - 0.486Q + 0.311\,2HG_5 - 0.167SMD - 0.275Ld$$
$$- 0.145Gd - 0.171\theta - 0.182Gs + 0.032MIU + 0.311MMD + 0.028WT - 0.086Ac$$
$$- 0.007LT \tag{8-3}$$

$$F_2 = -0.063W - 0.099WC - 0.170T + 0.210B - 0.025\,2HB + 0.314\,2HG + 0.021RT$$
$$+ 0.350RC - 0.076LC + 0.878G - 0.662Q + 0.586\,2HG_5 - 0.538SMD$$
$$- 0.521Ld + 0.454Gd + 0.427\theta + 0.422Gs + 0.361MIU - 0.325MMD$$
$$+ 0.298WT - 0.261Ac + 0.110LT \tag{8-4}$$

由式 8-3 和式 8-4 计算得到主因子 F_1 和主因子 F_2 的因子得分，见表 8-15。

把主因子 F_1 和 F_2 的因子得分绘制到二维坐标中，见图 8-10 所示，根据因子的二维因子得分图对 22 种精纺毛织物样品进行聚类分析，见图 8-10 中的椭圆区域。

表 8-15 主因子 F_1 和主因子 F_2 的因子得分

主因子	1#	2#	3#	4#	5#	6#	7#	8#	9#	10#	11#
F_1	−1.89	−1.35	1.39	−0.44	0.16	1.22	0.84	−0.56	−0.46	−0.68	0.19
F_2	−1.65	−1.47	−0.82	−0.46	0.79	0.17	−1.16	0.45	0.67	−0.05	0.15

主因子	12#	13#	14#	15#	16#	17#	18#	19#	20#	21#	22#
F_1	0.66	−0.75	−1.26	0.19	−0.76	−0.05	1.29	2.27	0.30	−0.37	0.05
F_2	0.87	0.42	2.30	0.27	−0.31	1.49	0.98	−1.04	0.09	−1.32	−0.35

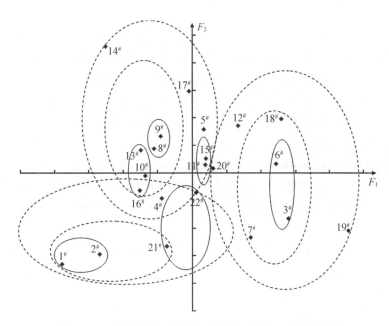

图 8-10　织物的第一因子 F_1 与第二因子 F_2 的得分图

应用主成分分析法提取的织物服用性能的七个主因子,并根据主因子 F_1 和主因子 F_2 的因子得分,将织物进行分类,从对 22 种精纺毛织物样品所作的因子得分图 8-10 中可以看出:

(1) 对于不同类型服用性能的织物,有比较明显的各自的特征区域,图中以椭圆分区框加以区分,不同的椭圆区域对应着不同的服用性能;

(2) 性能基本接近的织物或结构基本相似的织物,互相间有交叉重叠,在图中的分区出现若干重叠部分,随着椭圆区域的扩大,重叠的部分越来越多,不同服用性能的织物也被分到一个区域;

(3) 从图 8-10 来看,22 种织物大致可以分为三大类:第一大类织物主要包括织物 1#、2#、4#、21#、22# 等,这一类织物属于高支轻薄类织物,织物的面密度较小、较小,透气性较好,悬垂性较优,弯曲刚度较小,表面粗糙度较大,织物柔软,手感较"爽",赛络菲尔精纺毛织物则属于这一类;第二大类主要包括织物 3#、6#、7#、18# 等,这一类织物的面密度、厚度较大,弯曲刚度也较大,织物挺括;第三大类主要包括织物 8#、9#、10#、13#、16# 等,这一类织物的压缩回弹性较好、平均摩擦系数较小、光泽强,织物的手感丰满、富有弹性,纯毛类织物则属于这一类。

分别采用了 Q 型聚类法和主因子得分图对赛络菲尔精纺毛织物进行了聚类分析:(1)根据织物的基本服用性能对织物进行 Q 型聚类分析,从织物聚类的树枝图上可以将织物分为三大类,赛络菲尔精纺毛织物 1#、2# 两者之间的相关系数较大,为 0.821,首先聚为一类。(2)对织物九项性能 22 个指标进行主因子分析,并根据主因子 F1 和 F2 绘制因子得分图,从织物性能主因子得分图可以直观的看出:随着椭圆区域的增大,织物大致分为三个大类,1#、2# 赛络菲尔精纺毛织物被分为一类。(3)织物的 Q 型聚类和织物的因子得分图这两种不同的聚类方法,聚类的结果基本上一致。

可以得出以下结论：

（1）赛络菲尔纱线表面光洁，毛羽较少，羊毛纤维紧密地把长丝包缠，长丝在赛络菲尔纱线中呈现螺旋形波动。由于长丝与羊毛以一定间距交替出现，两种成分各自都有捻度，且捻向与成纱相同，因此成纱中赛络菲尔纱线的两种成分相互独立，清晰可辨，纵向结构呈现"股线螺纹"的单纱外观。赛络菲尔纱线的强伸特性主要取决于长丝的强伸特性，由于长丝的支撑作用，赛络菲尔纱线的强伸性能优于纯毛单纱的强伸性能，赛络菲尔纱线的弯曲刚度略小于纯毛股线的弯曲刚度。

（2）采用扫描电镜对织物的表面结构、组织点和交织情况以及织物中纤维的形态结构进行观察分析，可以看到：赛络菲尔精纺毛织物的纱线结构较紧密，纱线的捻角较大，织物的孔隙较大；而纯毛织物和毛涤花呢的纱线结构相对松散，纱线的捻角相对较小，织物的孔隙相对较小。

（3）赛络菲尔精纺毛织物的基本力学性能与其它精纺毛织物基本力学性能的差异主要表现在织物的经向弯曲刚度 B_j 及其弯曲滞后矩 $2HB_j$、经向和纬向剪切刚度的平均值 G 及其剪切滞后常数 $2HG$ 和 $2HG_5$、经向和纬向表面粗糙度 SMD 等基本力学性能指标上。其中，2#赛络菲尔精纺毛织物的弯曲刚度为 0.024 9 cN·cm^2/cm，剪切刚度的平均值为 0.55 cN/[cm·(°)]，经纬向表面粗糙度分别为 4.141 μm 和 5.224 μm。跟纯毛织物相比，2#赛络菲尔精纺毛织物的弯曲刚度和剪切刚度相对较小，表面粗糙度相对较大，表现在织物的性能上主要为织物柔软，手感滑爽；赛络菲尔精纺毛织物的静态悬垂性和动态悬垂性较好，织物的活泼率 Ld 和织物的美感系数 Ac 较大，织物的悬垂投影图形均匀美观。

（4）赛络菲尔精纺毛织物的急弹性折皱恢复和缓弹性折皱恢复变化趋势一致，2#赛络菲尔精纺毛织物的急弹性折皱恢复和缓弹性折皱恢复角分别为 303.5°和 321.0°，跟纯毛织物相当；2#赛络菲尔精纺毛织物的透气量为 808.503 L/(m^2·s)，透气性较好；赛络菲尔精纺毛织物的正反射光强度和漫反射光强度相对较强，对比光泽度相对较小，织物的光泽柔和。赛络菲尔精纺毛织物起毛起球的重量损失率较小，织物表面起毛起球较少，织物的起毛起球性相对较好。

（5）对精纺毛织物的拉伸性能、剪切性能、弯曲性能、压缩性能、表面性能、悬垂性能、光泽特性、抗折皱性能以及透气性能共计九项性能 22 个指标进行聚类分析和主因子分析，结果表明：赛络菲尔精纺毛织物表面滑爽，透气性好，织物的活泼率和悬垂美感系数较大。

第九章

拉细羊毛及混纺织物结构、服用性能和风格

　　羊毛在拉伸细化过程中,由于分子链被打开后又重新交联,羊毛纤维外部鳞片发生变化,内部大分子排列的结晶度和取向度也发生较大变化,因此在生产中要制定特殊的工艺要求。在毛条、纺纱的每道工序的工艺制定中,遵循的原则均是在保证对纤维的控制和提高条干均匀度的前提下,尽可能减少对纤维的损伤,最终获得条干均匀的优质纱线;整经、织造过程中应在保证生产正常进行的前提下,尽可能掌握低车速、小张力的工艺原则,从而减少纱线损伤、经纱和纬纱断头,以保证织机效率,保证坯布的质量;在染整加工中也要遵循保护拉细羊毛纤维不受损伤,充分发挥其自然特性的原则,保证产品的服用和加工需要。通过对拉细羊毛及混纺织物加工性能、触觉、形态和视觉风格的研究,较全面地掌握拉细羊毛纤维和织物的特性,对今后的产品设计、工业化生产和服装加工具有一定的参考价值。

第一节　拉细羊毛及混纺织物表面形态电镜观察

一、试样规格

　　选用四块不同原料配置的面料观察其中的纤维形态结构,以及织物表面结构、组织点及交织情况。纤维含量情况见图 9-1 中的标注。

二、电镜观察

　　图 9-1(a)～(d)分别为织物中各种纤维的表面形态情况,各织物中纤维组成见图中说明,可以看出,与通常的毛纤维表面鳞片相比,拉细羊毛纤维表面的鳞片有一定程度的脱落,鳞片密度减小,鳞片间距不均匀,与羊绒的鳞片形态接近,因此拉细羊毛织物具有羊绒般的手感。拉细羊毛的部分鳞片有些翘起,部分纤维表面有拉伸后形成的纵向条纹;部分拉细羊毛有些扭曲,纤维表面光滑。丝纤维表面光滑,无鳞片。未拉伸羊毛纤维的截面为圆形或椭圆形状态,拉伸后纤维的截面由近圆形到多边形,形成异形截面,这也是导致拉伸细化羊毛具有丝般光泽的最基本原因。

　　图 9-2(a)～(d)分别为织物交织的表观形态图,其中图(d)为 100%拉细羊毛(OPTIM)织物。由于拉细羊毛是羊毛经过物理化学作用而得到的产物,其鳞片结构发生了很大的变化,纤维卷曲减少,断裂伸长率低,表面光滑,纤维截面由圆形或椭圆形变成多边形,因此产品具有丝绸般的光泽;由于拉细羊毛纤维的刚性比普通羊毛低,因此它显得更柔软,具有羊

绒般的手感。从图中对比还可知,拉细羊毛织物的弯曲和丰满度比毛丝、毛绒产品要差,织物显得很薄俏。

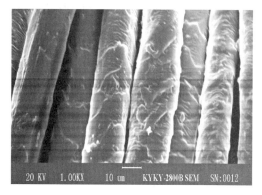

(a) 织物(40%拉细羊毛和60%细羊毛)

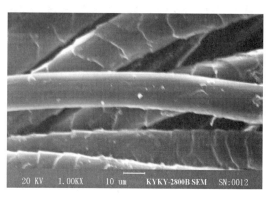

(b) 织物(15%桑蚕丝和85%细羊毛)

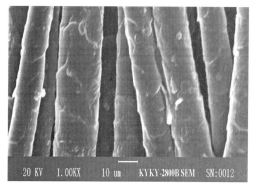

(c) 织物(10%羊绒和90%细羊毛)

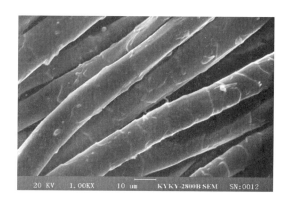

(d) 织物(100%拉细羊毛)

图 9-1 织物中纤维形态电镜观察

(a) 织物 20#(40%拉细羊毛和60%细羊毛)

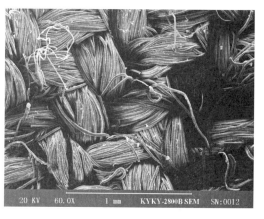

(b) 织物 24#(15%桑蚕丝和85%细羊毛)

　　(c) 织物 27#（10%羊绒和90%细羊毛）　　　　　　　　(d) 织物 15#（100%拉细羊毛）

图 9-2　织物表观形态电镜观察

第二节　拉细羊毛及混纺织物物理性能和力学性能及风格

一、试样规格

　　采用纯拉细羊毛织物、拉细羊毛混纺织物、高支纯羊毛织物，以及和羊绒、桑蚕丝、天丝、涤纶混纺的高支轻薄织物，进行了 FAST 风格测试。织物试样规格见表 9-1。

表 9-1　织物试样规格

试样编号	纱线细度/tex(Nm)		织物经纬密度/根·(10 cm)$^{-1}$		织物面密度/g·m^{-2}	织物组织	纤维含量*/%
	经纱	纬纱	经密	纬密			
1#	10×2 (100/2)	15.6×1 (64/1)	417	406	168	2/2 斜纹	W100
2#	11.1×2 (90/2)	16.6×1 (60/1)	407	376	178	2/2 斜纹	W100
3#	11.1×2 (90/2))	11.1×2 (90/2))	444	326	184	2/1 斜纹	W50 T50
4#	9.09×2 (110/2)	15.6×1 (64/1)	458	441	168	2/2 斜纹	W50 OT50
5#	9.09×2 (110/2)	15.6×1 (64/1)	457	438	168	2/2 斜纹	W50 OT50
6#	9.43×2 (106/2)	16.6×1 (60/1)	480	400	171	2/2 斜纹	W70 OT30
7#	9.43×2 (106/2)	16.6×1 (60/1)	454	410	168	2/2 斜纹	W90 CA10

（续表）

试样编号	纱线细度/tex(Nm)		织物经纬密度/根·(10 cm)⁻¹		织物面密度/g·m⁻²	织物组织	纤维含量*/%
	经纱	纬纱	经密	纬密			
8#	9.43×2 (106/2)	16.6×1 (60/1)	457	423	174	2/2 斜纹	W50 T10 OT40
9#	9.43×2 (106/2)	16.6×1 (60/1)	461	421	172	2/2 斜纹	W30 OT60 CA10
10	9.09×2 (110/2)	16.6×1 (60/1)	469	409	164	2/2 斜纹	W80 T20
11#	9.09×2 (110/2)	16.6×1 (60/1)	469	401	164	2/2 斜纹	W70 T20 CA10
12#	13.8×2 (72/2)	13.8×2 (72/2)	332	276	181	2/2 斜纹	W70 S30
13#	10×2 (100/2)	15.6×1 (64/1)	413	396	150	2/2 斜纹	W100
14#	9.09×2 (110/2)	15.6×1 (64/1)	458	440	163	2/2 斜纹	W50 OT50
15#	9.09×2 (110/2)	15.6×1 (64/1)	450	428	156	2/2 斜纹	OT100
16#	19.23×2 (52/2)	25.0×1 (40/1)	280	248	185	平纹	W100
17#	16.13×2 (62/2)	23.81×1 (42/1)	478	348	255	缎背	W100
18#	10.87×2 (92/2)	17.86×1 (56/1)	378	364	158	2/1 斜纹	W95 T5
19#	9.09×2 (110/2)	15.6×1 (64/1)	457	438	163	2/2 斜纹	W50 OT50

注：W—羊毛；OT—拉细羊毛；CA—羊绒；S—桑蚕丝；T—天丝。

二、拉细羊毛及混纺织物的物理性能

面料的常规：物理性能的评等包括幅宽、面密度、缩水率、纤维含量、起球、断裂强力、汽蒸收缩和撕破强力等指标；染色牢度包括耐光、耐汗渍、耐水、耐热压和耐摩擦等指标。表 9-2 列出了代表性面料的常规成品试验的一部分数据结果。

表 9-2　织物常规性能测试结果

试样编号	断裂强力/N		断裂伸长率/%		缩水率/%		起球/级	撕破强力/N		汽蒸收缩/%	
	经纱	纬纱	经纱	纬纱	经纱	纬纱		经纱	纬纱	经纱	纬纱
1#	374.7	225.7	37.3	28.3	0.9	−0.7	5	17.6	12.8	0.2	0
2#	374.7	225.7	37.3	28.3	0.9	−0.7	5	17.6	12.8	0.2	0
3#	572.3	489.7	46.4	38.4	0.2	0.4	5	23.9	23.5	0	0.8
4#	317.7	238.7	25	30.4	0.5	−0.2	5	10.2	10.4	0.4	−0.4
5#	307.7	215.7	26	30.6	1.1	2	5	11.6	10.5	0	0.4
7#	341.7	242.3	30.6	28.9	0.7	1.1	5	11.8	10.1	−0.4	−0.4
8#	368.3	291.7	30.1	30.6	0.4	0.2	5	13.6	12.3	0.1	0.4
9#	382.3	299.3	25.9	28.8	0.3	1	5	12.2	12.6	−0.8	−0.4
10#	564.7	420.7	46.8	50.7	0.4	−0.3	5	19.6	18.4	0.4	0
11#	551	414	36.8	40.3	1.1	1.1	5	17.9	19	0	−0.4
12#	612	453.3	19.1	20.7	0.9	0.5	5	30.7	31.3	0	−0.4
13#	304.3	214.7	32.8	26.4	0.7	0.3	5	12.5	11	−0.4	−0.8
14#	332.3	270.3	26	27	1.2	1.1	5	10.6	11.1	−1.2	−2
16#	375.3	206	36	32.8	0.6	−1.7	5	12.1	8.7	1.2	−2
17#	506	304.7	29.1	28.9	0	−0.1	5	22.2	17.3	0.6	−0.2
18#	331	218.7	36.8	28.1	−0.2	0.4	5	14.9	11.4	−0.8	0

三、拉细羊毛及混纺织物的力学性能及风格测试结果与分析

FAST 测试的环境条件：相对湿度 65%±2%，温度 20～22 ℃。测试结果见表 9-3。

表 9-3　FAST 测试结果

特性		压缩性			弯曲性	延伸性							尺寸稳定性		面密度	压烫角
参数		T2	T100	ST	B	E5	E20	E100	EB5	F	G	RS	HE	W	
单位		mm	mm	mm	μN·m	%	%	%	%	mm²	N·m⁻¹	%	%	g·m⁻²	(°)
1#	经	0.359	0.302	0.057	5.8	0.2	1.0	2.9	4.7	0.32	26.3	1.0	3.8	168	62.2
	纬				3.1	0.5	1.9	5.7		0.30		1.1	4.6		57.3
2#	经	0.363	0.32	0.043	6.0	0.1	0.6	2.1	4.4	0.20	28.0	1.1	2.4	174	53.8
	纬				3.2	0.5	1.8	5.6		0.28		0	4.2		61.5

（续表）

特性		压缩性			弯曲性	延伸性						尺寸稳定性		面密度	压烫角
参数		T2	T100	ST	B	E5	E20	E100	EB5	F	G	RS	HE	W	压烫角
单位		mm	mm	mm	μN·m	%	%	%	%	mm²	N·m⁻¹	%	%	g·m⁻²	(°)
3#	经	0.284	0.24	0.044	5.2	0.1	0.7	3.3	2.3	0.21	53.9	0.3	0.3	129	29.8
	纬				3.3	0.1	1.0	4.4		0.20		0.2	0.5		24.5
4#	经	0.336	0.272	0.064	5.3	0	0.4	1.9	3.6	0.14	34.0	1.0	3.5	155	39.2
	纬				3.5	0.4	1.9	6.6		0.34		−0.8	4.2		32.0
5#	经	0.321	0.263	0.058	4.3	0.1	0.6	2.5	3.9	0.16	31.3	1.1	4.1	155	32.8
	纬				2.7	0.5	1.7	5.6		0.22		−0.3	4.3		24.7
6#	经	0.326	0.281	0.045	4.6	0.3	1.1	3.1	4.0	0.25	31.1	0.8	4.6	164	29.7
	纬				3.0	0.5	1.9	5.8		0.28		0.3	4.9		23.5
7#	经	0.332	0.287	0.045	4.5	0.3	1.1	3.6	5.0	0.24	24.7	0.3	3.7	160	36.5
	纬				3.1	0.5	1.8	5.3		0.28		0.4	4.1		33.2
8#	经	0.351	0.304	0.047	4.2	0.2	1.0	3.5	3.8	0.24	32.7	0.5	4.3	170	24.7
	纬				3.1	0.4	1.5	5.2		0.24		0.4	3.6		20.3
9#	经	0.342	0.289	0.053	4.3	0.1	0.6	2.2	3.8	0.15	32.0	1.3	4.4	162	28.3
	纬				2.7	0.5	1.9	6.7		0.25		0.2	5.0		21.8
10#	经	0.327	0.283	0.044	4.2	0.2	0.8	3.2	3.9	0.16	31.7	0.6	2.7	159	27.2
	纬				2.9	0.3	1.2	4.1		0.19		0.3	2.4		26.7
11#	经	0.323	0.277	0.046	4.5	0.2	0.8	2.4	4.5	0.17	27.4	0.9	2.5	155	22.2
	纬				2.8	0.4	1.5	4.7		0.21		0.2	2.6		22.0
12#	经	0.371	0.312	0.059	6.2	0.2	0.8	2.6	5.5	0.27	22.4	0.8	2.7	176	45.2
	纬				3.8	0.7	2.6	7.5		0.49		−0.7	4.6		43.0
13#	经	0.417	0.291	0.125	4.0	0.2	1.0	3.0	5.7	0.22	21.0	2.4	2.6	150	—
	纬				1.7	1.0	2.8	7.3		0.22		1.7	2.6		—
14#	经	0.315	0.254	0.061	8.1	0.3	0.9	2.9	3.7	0.35	34.0	3.1	3.3	163	—
	纬				5.7	0.8	2.1	5.8		0.47		2.4	3.4		—
15#	经	0.298	0.234	0.063	6.0	0.1	0.5	1.8	3.3	0.16	37.0	3.9	4.4	156	—
	纬				4.3	0.6	1.7	5.1		0.34		4.3	5.2		—
16#	经	0.384	0.329	0.055	8.6	0.3	1.3	5.0	3.3	0.57	36.7	0.8	6.3	187	28.5
	纬				3.2	0.8	3.1	11.0		0.51		−0.3	7.2		24.5
17#	经	0.539	0.457	0.082	12.4	0.2	0.8	2.4	4.1	0.48	30.2	1.6	4.8	247	50.0
	纬				4.6	0.6	2.3	7.2		0.54		0.1	5.3		65.8

（续表）

特性		压缩性			弯曲性	延伸性							尺寸稳定性		面密度	压烫角
参数		T2	T100	ST	B	E5	E20	E100	EB5	F	G		RS	HE	W	
单位		mm	mm	mm	μN·m	%	%	%	%	mm²	N·m⁻¹		%	%	g·m⁻²	(°)
18#	经	0.324	0.264	0.060	4.6	0.2	1.2	4.0	3.6	0.30	33.9		0.1	3.8	155	46.8
	纬				2.6	0.5	1.9	6.2		0.25			1.0	4.8		20.3
19#	经	0.332	0.282	0.050	3.9	0.2	0.9	3.3	3.7	0.20	33.4		0.8	4.3	164	44.7
	纬				2.8	0.4	1.5	5.0		0.21			0.6	4.4		52.5

表 9-4　高级男装面料质量控制线

特性	参数	说明	单位	质量控制区域	
				织物经向	织物纬向
压缩性	T2	在 2 cN/cm² 压力下的平均厚度	mm	0.2～1.4	
	T100	在 100 cN/cm² 压力下的平均厚度	mm	0～1.2	
	ST	表面厚度	mm	0～1.2	
弯曲性	B	弯曲刚度	μN·m	5～21	
延伸性	E100	在 100 cN/cm 负荷下的伸长	%	2～4	2～6
成形性	F	成形性	mm²	0.25～1.1	
剪切性	G	剪切刚度	N·m⁻¹	30～80	
尺寸稳定性	RS	松弛收缩	%	0～3	
	HE	吸湿膨胀	%	－2～6	
重量	W	织物面密度	g·m⁻²	120～350	

拉细羊毛及混纺织物的力学风格性能测试结果分析如下：

（1）织物结构相似条件下，纤维材料对织物的拉伸性能、剪切性能、表面性能、悬垂性影响较显著。我们对规格和后整理工艺基本相同但原料配置不同的三组风格相似的毛精纺男装面料 13#、14#、15# 织物进行分析。根据表 9-3 面料性能测试结果和表 9-4 高级男装质量参考控制，可以看出：

① 织物厚度和表面厚度是评价织物手感的重要指标，13#、14#、15# 织物中，纯拉细羊毛 15# 织物最为薄俏和平滑，反映出平均厚度值最小；纯羊毛 13# 织物在三块样品中重量最轻，但厚度指标却最高，反映出纯羊毛织物手感最为丰满；同时可以看出拉细羊毛与普通羊毛混纺 14# 织物居中，其手感介于纯羊毛和拉细羊毛产品之间，具有平滑、柔糯的优良手感。

② 由于纯羊毛 13# 织物的重量最轻，反映出弯曲刚度、剪切刚度和成形性均偏低，面料的弯曲刚度反映织物的硬挺程度，面料的弯曲刚度低，面料具有柔软的手感，但缺乏弹性和身骨，易变形，服装加工过程中裁剪及缝合较困难；剪切刚度低，织物在制衣过程中服装造型保持性较差；成形性低会造成服装加工中线缝起皱和熨烫困难；此外，纯羊毛织物的延伸性

指标在对比样品中最大,纬向指标超出了控制限,表现出织物的弹性优良,但制衣中易产生缝合困难。

③ 纯拉细羊毛15#织物面密度介于两者之间,其弯曲刚度和成型性介于两者之间,但明显看出其所有延伸性指标均最小,并且经向延伸性过小,超出了控制限,反映出纯拉细羊毛产品的弹性不如纯羊毛产品;此外,纯拉细羊毛面料剪切刚度最大(对比样品),但在控制限范围内,反映出面料滑爽挺括,似丝绸风格。

④ 拉细羊毛与普通羊毛混纺产品,面料的弯曲刚度和成形性指标最大(均在控制限内),但面料的厚度、延伸性、剪切刚度均居于试验样品中间水平,说明混纺产品发挥出了拉细羊毛和普通羊毛纤维的特性;同时,面料延伸性指标的测试结果表明:纯羊毛和纯拉细羊毛织物给后整理工艺提出了较高的要求;而拉细羊毛与普通羊毛混纺产品具有适宜的经纬向延伸性,易于后整理。

⑤ 纯拉细羊毛面料松弛收缩率(RS)偏大,其混纺产品的松弛收缩率也较纯毛产品大,但接近控制限;从面料湿膨胀性指标(HE)也反映出纯拉细羊毛产品具有较高的湿膨胀性,而全毛产品的湿膨胀率最低,三种面料的湿膨胀率均在质量控制限内,满足后道服装加工的要求。拉细羊毛及其混纺产品的松弛收缩率和湿膨胀率较纯羊毛产品为高,因此,减小织物的松弛收缩和湿膨胀指标可在染整工艺中进行调整,需要进一步进行试验对比和测试。

(2)纤维材料相同条件下,织物剪切性能、弯曲性能、表面性能受织物紧度、厚度及纱线结构影响较大。例如1#和13#为含毛量100%的全毛产品,组织也相同,但由于织物紧度1#大于13#,导致1#经纬向弯曲刚度、剪切刚度大于13#,但1#表面厚度小于13#。

(3)压烫角是反映服装的熨烫性能的重要指标,它反映了羊毛织物在熨烫条件下的特征表现,服装缝线平整匀称程度,服装成型性能,成衣的最终外观,一般压烫角小于20°,面料具有良好的熨烫性能。从表9-3可以看出,19块面料的经纬向压烫角全部超过20°,说明精纺毛织物普遍存在熨烫性能低的问题,尤其是1#和2#全毛织物的压烫角超出经验值两倍,这说明熨烫性能特别低,拼缝处易起鼓包,可能与纱线结构和组织结构有关。它们的经纬向弯曲刚度较大是造成熨烫困难的主要原因;而4#和8#织物均为拉细羊毛的混纺织物,产品规格和原料含量相近,但压烫角相差近1倍,这说明后整理工艺对其影响很大,应加强湿整的洗呢力度,另外可以用性质良好的柔软剂来提高织物的柔软性,以降低弯曲刚度。

(4)3#织物(毛涤50/50)的剪切刚度在测试面料中最大,说明3#织物相对于其他纯毛织物不活络,板结,手感不柔软,但易于裁剪。

第三节　拉细羊毛及混纺织物光泽和动态悬垂性测试

一、拉细羊毛及混纺织物光泽测试结果与分析

1. 试样规格

本试验对应用拉细羊毛纤维进行纯纺及与羊绒、高支细羊毛、桑蚕丝、细旦涤纶等混纺和交织的20块织物进行了光泽测试,拉细羊毛含量主要在40%~100%之间,体现拉细羊毛

与其他天然纤维、化学纤维性质的优势互补,赋予产品独特的外观风格和质感、织物试样规格见表9-5。

表 9-5　织物试样规格

试样编号	纱线细度/tex(Nm)		织物密度/根·(10 cm)⁻¹		织物面密度/g·m⁻²	织物组织	纤维含量*/%
	经纱	纬纱	经密	纬密			
20#	11.1×2 (90/2)	11.1×2 (90/2)	410	360	184	2/2 斜纹	W80 S20
21#	10×2 (100/2)	10×2 (100/2)	328	286	132	1/1 平纹	W50 T50
22#	11.1×2 (90/2)	17.8×1 (56/1)	318	295	131	平纹	W70 P25 CA25
23#	12.5×2 (80/2)	20×1 (50/1)	389	371	188	2/2 斜纹	W85 S15
24#	10×2 (100/2)	10×2 (100/2)	405	415	164	方平	W70 P20 S10
25#	10×2 (100/2)	10×2 (100/2)	254	225	220	2/2 斜纹	W90 S10
26#	12.5×2 (80/2)	20×1 (50/1)	345	336	168	2/2 方平	W85 S15
27#	10×2 (100/2)	10×2 (100/2)	362	326	164	1/2 斜纹	W81 S14T5
28#	10×2 (100/2)	10×2 (100/2)	245	161	161	花呢	W85 S15
29#	10×2 (100/2)	10×2 (100/2)	447	419	174	2/2 斜纹	W70 P30
30#	10×2 (100/2)	10×2 (100/2)	429	388	181	2/2 斜纹	W100
31#	10.42×2 (96/2)	10.42×2 (96/2)	578	354	215	1/4 斜纹	W70 T30
32#	10×2 (100/2)	10×2 (100/2)	431	388	184	2/2 斜纹	W90 CA10
33#	10×2 (100/2)	10×2 (100/2)	450	374	179	2/2 斜纹	W95 T5

试样编号	纱线细度/tex(Nm)		织物密度/根·(10 cm)⁻¹		织物面密度/g·m⁻²	织物组织	纤维含量*/%
	经纱	纬纱	经密	纬密			
34#	10×2 (100/2)	10×2 (100/2)	302	288	132	花呢	W60 S40
35#	12.5×2 (80/2)	12.5×2 (80/2)	391	347	197	2/2 斜纹	W60 OT40
36#	12.5×2 (80/2)	12.5×2 (80/2)	356	300	181	2/2 斜纹	W90 CA10
8#	9.43×2 (106/2)	16.6×1 (60/1)	457	423	174	2/2 斜纹	W50 T10 OT40
7#	9.43×2 (106/2)	16.6×2 (60/1)	454	410	168	2/2 斜纹	W90 CA10
37#	11.1×2 (90/2)	21.74×1 (46/1)	431	370	191	2/2 斜纹	W40 OT60
38#	10×2 (100/2)	10×2 (100/2)	389	360	180	2/2 斜纹	W90 CA10
39#	9.43×2 (106/2)	9.43×2 (106/2)	643	394	201	1/4 斜纹	W80 T20
40#	9.43×2 (106/2)	9.43×2 (106/2)	405	340	151	2/1 斜纹	W100
41#	12.5×2 (80/2)	12.5×2 (80/2)	406	318	191	花呢	W60 OT40
14#	2×9.09 (110/2)	15.6×1 (64/1)	458	440	163	2/2 斜纹	W50 OT50
13#	10×2 (100/2)	15.6×1 (1/64)	413	396	150	2/2 斜纹	W100
15#	2×9.09 (110/2)	15.6×1 (64/1)	450	428	156	2/2 斜纹	OT100
12#	13.8×2 (72/2)	13.8×2 (72/2)	332	276	181	2/2 斜纹	W70 S30

注：W—羊毛；OT—拉细羊毛；CA—羊绒；S—桑蚕丝；T—天丝；P—涤纶。

2. 织物光泽的测试结果与分析

织物光泽是风格的主要指标之一,光泽的强弱主要由纺织材料对光的反射情况而定。此外,织物光泽还与纱线排列、纱线捻向配置及后整理工艺有关。表 9-6 为织物光泽的测试结果。

表 9-6　织物光泽的测试结果

试样编号	光泽		
	$Gs/\%$	$Gd/\%$	Gc
20#	8.87	8.13	10.35
21#	7.60	7.03	10.10
22#	16.13	14.37	12.14
23#	31.57	25.00	12.32
24#	21.10	18.63	13.43
25#	18.13	16.67	14.97
26#	14.70	13.33	12.57
27#	11.00	10.50	15.56
28#	41.13	31.60	13.32
29#	24.07	21.07	13.89
30#	10.23	9.37	10.99
31#	9.87	8.87	9.87
32#	8.43	7.73	10.08
33#	16.20	14.37	11.96
34#	26.33	22.17	12.90
35#	22.07	17.83	10.72
12#	18.70	17.00	14.34
13#	8.00	7.50	11.31
14#	10.70	10.30	16.92
15#	12.80	12.40	20.24

织物光泽的测试结果分析如下:

(1) 编号 13#、14#、15# 织物其产品规格和后整理工艺基本相同,仅原料配置不同,通过对比分析发现纯羊毛织物 13# 正反射光强度 Gs 和漫反射光强度 Gd 较小,对比光泽度 Gc 较小,分别为 8%,7.5% 和 11.31,光泽柔和;纯拉细羊毛织物 15# 正反射光强度 Gs 和漫反射光强度 Gd 较大,对比光泽度 Gc 较大,分别为 12.8%,12.4% 和 20.24,光泽亮;拉细羊毛与普通羊毛混纺织物 14#,正反射光强度 Gs、漫反射光强度 Gd 和对比光泽度 Gc 居中分别为 10.7%,10.3% 和 16.92,光泽较亮。这说明拉细羊毛改变了羊毛纤维原有的卷曲弹性和低模量特征,提高了弹性模量、刚性,减少了直径,增加了光泽,本身提高了丝绸感,加之直径变细,可纺支数变细,适于生产轻薄型接近丝绸的面料。

(2) 25#、12#、23#、28# 织物全部为毛丝产品,由于丝素的层状结构,桑蚕丝具有优良的光泽,这也使得毛丝混纺织物光泽良好。

二、拉细羊毛及混纺织物动态悬垂性测试结果与分析

1. 试样规格

本试验对应用拉细羊毛纤维进行纯纺及与羊绒、高支细羊毛、桑蚕丝、细旦涤纶等混纺和交织的织物进行了动态悬垂性测试,拉细羊毛含量主要在 $40\%\sim100\%$,体现拉细羊毛与其他纤维的优势互补,赋予产品独特的外观风格和质感。织物试样规格见表 9-5。

2. 动态悬垂性测试结果与分析

织物动态悬垂性测试结果及相应的投影图见表 9-7、表 9-8。

表 9-7　织物动态悬垂性测试结果

试样编号	静态悬垂度平均值 F_0/%	动态悬垂度平均值 F_1/%	静态波峰数平均值 N_0/个	动态波峰数平均值 N_1/个	静态投影轮廓总平均半径 R_{0m}/mm	动态投影轮廓总平均半径 R_{1m}/mm	活泼率 Ld/%	美感系数 Ac/%	硬挺系数 Y/%
20#	17.93	37.94	3.0	9.0	109.28	99.77	−24.38	22.59	66.28
21#	75.76	73.36	6.0	7.0	78.13	78.14	9.9	55.26	30.68
22#	94.01	84.95	5.0	4.0	62.27	68.43	151.25	71.51	14.04
23#	71.35	70.22	5.0	5.0	81.34	81.64	3.94	50.17	36.07
24#	83.49	81.0	4.0	4.0	72.40	73.31	15.08	63.64	22.19
25#	81.97	82.43	5.0	5.0	73.41	71.72	−2.55	67.04	19.54
26#	73.29	71.84	6.0	6.0	80.08	80.39	5.43	52.52	33.99
27#	27.01	40.95	5.0	4.0	105.70	96.66	−19.10	24.40	61.09
28#	39.19	57.12	4.0	5.0	98.77	89.59	−29.49	37.19	49.32
29#	25.68	31.31	2.0	4.0	105.71	102.09	−7.58	17.66	70.16
30#	62.04	49.96	6.0	9.0	87.26	93.58	31.82	31.71	55.97
31#	33.20	25.57	5.0	2.0	102.72	105.38	11.42	12.94	75.63
32#	66.26	53.45	1.0	9.0	84.32	91.65	37.97	34.64	52.74
33#	3.73	22.41	3.0	11.0	116.15	106.91	−19.40	12.49	78.19
34#	36.89	58.47	3.0	7.0	100.40	89.20	−34.19	38.72	48.66
35#	27.69	1.47	6.0	7.0	105.44	116.68	36.26	0.74	94.46
36#	47.57	48.02	5.0	9.0	94.40	94.76	−0.86	30.10	57.94
8#	47.38	58.57	5.0	5.0	94.65	88.76	−21.27	38.49	47.94
7#	53.63	40.40	4.0	8.0	91.47	97.57	28.53	24.54	62.62
37#	17.79	60.69	1.0	5.0	108.50	87.77	−52.18	40.34	46.28

（续表）

试样编号	静态悬垂度平均值 F_0/%	动态悬垂度平均值 F_1/%	静态波峰数平均值 N_0/个	动态波峰数平均值 N_1/个	静态投影轮廓总平均半径 R_{0m}/mm	动态投影轮廓总平均半径 R_{1m}/mm	活泼率 Ld/%	美感系数 Ac/%	硬挺系数 Y/%
38#	12.64	50.89	2.0	8.0	111.58	93.26	−43.78	32.34	55.43
39#	64.86	41.89	5.0	11.0	85.53	97.51	65.37	25.6	62.52
40#	43.57	33.68	4.0	13.0	96.63	101.76	17.53	19.76	69.60
41#	5.46	59.00	3.0	6.0	115.03	88.63	−56.63	39.13	47.71
14#	50.11	64.58	4.0	4.0	92.82	85.39	−29.00	43.56	42.32
13#	22.71	60.05	3.0	7.0	106.92	87.68	−48.31	40.45	46.13
15#	59.28	61.36	4.0	4.0	88.03	86.82	−5.11	40.71	44.70
12#	51.96	64.44	1.0	5.0	93.41	85.26	−25.98	44.09	42.10

表 9-8 织物悬垂性测试结果及相应的投影图

(a) 70%羊毛和 30%蚕丝混纺织物

试样编号：	12#	
静态悬垂度平均值 F_0/%	51.96	静态投影图
动态悬垂度平均值 F_1/%	64.44	
静态波峰数平均值 N_0/个	1.0	
动态波峰数平均值 N_1/个	5.0	
静态投影轮廓总平均半径 R_{0m}/mm	93.41	动态投影图
动态投影轮廓总平均半径 R_{1m}/mm	85.26	
活泼率 Ld/%	−25.98	
美感系数 Ac/%	44.09	
硬挺系数 Y/%	42.10	

(b) 100%羊毛织物

试样编号：	13#	
静态悬垂度平均值 F_0/%	22.71	静态投影图
动态悬垂度平均值 F_1/%	60.05	
静态波峰数平均值 N_0/个	3.0	
动态波峰数平均值 N_1/个	7.0	

(续表)

静态投影轮廓总平均半径 R_{0m}/mm	106.92	动态投影图	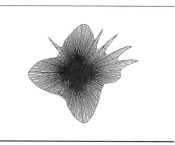
动态投影轮廓总平均半径 R_{1m}/mm	87.68		
活泼率 Ld/%	−48.31		
美感系数 Ac/%	40.45		
硬挺系数 Y/%	46.13		

(c) 50%羊毛和50%拉细羊毛混纺织物

试样编号：	14#	静态投影图	
静态悬垂度平均值 F_0/%	50.11		
动态悬垂度平均值 F_1/%	64.58		
静态波峰数平均值 N_0/个	4.0		
动态波峰数平均值 N_1/个	4.0		
静态投影轮廓总平均半径 R_{0m}/mm	92.82	动态投影图	
动态投影轮廓总平均半径 R_{1m}/mm	85.39		
活泼率 Ld/%	−29.00		
美感系数 Ac/%	43.56		
硬挺系数 Y/%	42.32		

(d) 100%拉细羊毛织物

试样编号：	15#	静态投影图	
静态悬垂度平均值 F_0/%	59.28		
动态悬垂度平均值 F_1/%	61.36		
静态波峰数平均值 N_0/个	4.0		
动态波峰数平均值 N_1/个	4.0		
静态投影轮廓总平均半径 R_{0m}/mm	88.03	动态投影图	
动态投影轮廓总平均半径 R_{1m}/mm	86.82		
活泼率 Ld/%	−5.11		
美感系数 Ac/%	40.71		
硬挺系数 Y/%	44.70		

　　在表9-8中,13#为纯羊毛织物,14#为含拉细羊毛和普通羊毛各半的混纺织物,15#织物为纯拉细羊毛织物,13#、14#、15#织物规格基本相同,后整理工艺相同(主要工艺路线如下：备布→烧毛→平幅洗煮→洗缩→煮呢→烘干→中检→熟修→刷剪→给湿间歇→予缩→

KD罐蒸→成品），但原料配置不同。由表9-8(b~d)可以看出，$13^\#$全毛织物的动态悬垂度平均值最小，为60.05%，硬挺系数在三者中最大，为46%，美感系数最小，为40.45%，活泼率也最小，为-48.31，表现在动态和静态的投影图上形状没有$14^\#$和$15^\#$表面规则，动态和静态投影图都有小而不规则的分叉，曲面不光滑、不均匀流畅，因而给人不太美的感受，从表9-3也可以看出，$13^\#$织物的厚度和表面厚度最大，分别是$T2$为0.417、$T100$为0.291、ST为0.125，织物厚度相对大时其刚性增加，在自重作用下其变形能力减小，表现在织物上褶裥数较少，投影面积大，悬垂度平均值最小。$14^\#$拉细羊毛混纺织物动态悬垂度平均值在三者中最大，为64.58%，说明动态悬垂性能最好(一般用动态悬垂度评价织物的悬垂性能)，硬挺系数最小，为42.32%，美感系数最大，为43.56%，活泼率居中，$14^\#$拉细羊毛混纺织物面密度在三者中最大，为163 g/m²，导致面密度大的试样在自重作用下悬垂时所受负荷较大，悬垂度最好，综合下来其悬垂性能最好。$15^\#$纯拉细羊毛织物动态悬垂度平均值居中，为61.31%，硬挺系数也居中，为44.71%，美感系数测试值也是居中，为40.71%。

通过上面的数据分析，可以看出产品规格和后整理工艺相同的三种织物中，拉细羊毛混纺织物的悬垂性能较好，纯拉细羊毛织物的悬垂性能次之，而纯羊毛织物的悬垂性能较差，这也再次证明羊毛在一定条件下经过(羊毛条预处理)加捻、抽长、拉细并进行永久定型的连续过程，加工成拉细羊毛后，羊毛纤维的线密度降低了，从而提高了其柔软度，因此表现出柔糯的手感和良好的悬垂性能。

从动态和静态投影图可知：①总体看毛丝产品，其动态悬垂度平均值都较大，美感系数较大，悬垂性能在各类产品中表现为最好。②毛涤混纺产品，其硬挺度均偏大，由于涤纶纤维的模量较大，因此当织物中涤纶纤维的含量增加时，其柔软性变差，悬垂系数减小，悬垂性变差，悬垂性能在各类产品中表现为最差。

拉细羊毛及混纺织物物理性能、力学风格性能、光泽和动态悬垂性测试总结如下：

(1) 羊毛在拉伸细化过程中，由于分子链被打开后又重新交联，使羊毛纤维外部鳞片发生变化，内部大分子排列的结晶度和取向度也相应发生较大变化，因此在生产中要制定特殊的工艺要求。在毛条、纺纱的每道工序的工艺制定中，遵循的原则均是在保证对纤维的控制、提高条干均匀度的前提下，尽可能减少对纤维的损伤，最终获得条干均匀、无结化的优质纱线；整经、织造过程中应在保证生产正常进行的前提下，尽可能掌握低车速、小张力的工艺原则，从而减少纱线损伤，减少经纱和纬纱断头，以保证织机效率，保证坯布的质量；在染整加工中也要遵循保护拉细羊毛纤维不受损伤，充分发挥其自然的特性的原则，保证产品的服用和加工需要。

(2) 由于羊毛经拉伸定型后卷曲减少，断裂伸长率降低，表面光滑，拉细羊毛产品的弹性和丰满度比毛丝、毛绒产品要差，织物显得很薄俏。

(3) 拉细羊毛与普通羊毛混纺产品综合性能较佳，面料的弯曲刚度和成形性指标较大(均在控制限内)，经向为8.1 μN·m，纬向为5.7 μN·m，但面料的厚度、延伸性、剪切刚度均居于试验样品中间水平，说明混纺产品发挥出了拉细羊毛和普通羊毛纤维的特性，可以改善其加工性能，成纱质量、产品风格和面料服用性能；同时，面料延伸性指标的测试结果表明：纯拉细羊毛织物所有延伸性指标均较小，并且经向延伸性过小，超出了控制限，反映出纯拉细羊毛产品的弹性不如纯羊毛产品，这给后整理工艺提出了较高的要求；而拉细羊毛与普通羊毛混纺产品具有适宜的经纬向延伸性,易于后整理;但是拉细羊毛及其混纺织物的松弛收缩和湿膨胀率较普通羊毛产品为高,松弛收缩经向为 3.1%,纬向为 2.4%,普通羊毛产品经向为 2.4% 和纬向为 1.7%,湿膨胀率经向为 3.3%,纬向为 3.4%,而普通羊毛产品经向为 2.6% 和纬向为 2.6%,因此需要针对性的进行后整理工艺调整,以及进一步的测试来改进。

(4) 拉细羊毛与普通羊毛混纺织物 14# 悬垂性能较佳,纯拉细羊毛织物 15# 的悬垂性能次之,而普通羊毛织物 13# 的悬垂性能较差。拉细羊毛和普通羊毛的混纺织物动态悬垂度平均值在三者中较大为 64.58%,说明动态悬垂性能较好,硬挺系数较小为 42.32%,美感系数较大为 43.56%。,纯拉细羊毛织物动态悬垂度平均值居中为 61.31%,硬挺系数居中为 44.71%,美感系数测试值也是居中为 40.71%,也具有较好的悬垂性。

(5) 普通羊毛织物 13# 的正反射光强度 Gs 和漫反射光强度 Gd 较小,对比光泽度 Gc 较小,分别为 8%、7.5% 和 11.31,光泽柔和;纯拉细羊毛织物 15# 正反射光强度 Gs 和漫反射光强度 Gd 较大,对比光泽度 Gc 较大,分别为 12.8%、12.4% 和 20.24,光泽亮;拉细羊毛与普通羊毛混纺织物 14# 的正反射光强度 Gs、漫反射光强度 Gd 和对比光泽度 Gc 居中,分别为 12.8%、12.4% 和 16.92,光泽较亮。这说明拉细羊毛改变了羊毛纤维原有的卷曲弹性和低模量特征,提高了弹性模量、刚性,减少了直径,增加了光泽,本身提高了丝绸感,加之直径变小,可纺支数变细,适于生产轻薄型接近丝绸的面料。

(6) 通过对拉细羊毛及混纺织物加工性能、触觉、形态和视觉风格的研究,可以看出,拉细羊毛和和普通羊毛的混纺织物,触觉、形态和视觉风格综合表现为较佳,能较大程度的发挥出拉细羊毛有蚕丝般光泽和羊绒般柔软的风格,具有良好的悬垂性能和优良的光泽,除松弛收缩和湿膨胀率较普通羊毛产品高,松弛收缩经向为 3.1%,纬向为 2.4%,湿膨胀率经向为 3.3%,纬向为 3.4%,需要在后整理工艺制定中进一步调整外,其余能满足生产、服用和加工的要求。

第十章

松结构精纺毛织物结构、服用性能和风格

第一节 松结构精纺毛织物结构和规格

一、松结构精纺毛织物

关于松结构精纺毛织物，目前还没有明确且统一的定义。松结构织物原是指粗纺毛织物的一种。一般认为，织造上机充实率小于65%，成品经纬向紧度小于50%的产品，属松结构织物，但该定义没有考虑织物组织。

本研究的松结构精纺毛织物是组织以2/2斜纹为主，成品经纬向紧度均小于50%，纬经紧度比在0.84～0.91之间的精纺花呢以及少量女衣呢。这类织物最大的特点是松而不烂，弹性好，花型别致，颜色丰富，手感柔软。

二、松结构精纺毛织物的表面结构

利用扫描电镜分别对纱支相同、紧度相近的松结构精纺毛织物和常规精纺毛织物的表面形态进行观察。图10-1为经纬纱线细度均为16.7 tex×2的松结构精纺毛织物放大60倍的电镜照片；图10-2为经纬纱线细度均为16.7 tex×2的常规精纺毛织物放大60倍的电镜照片；图10-3为经纬纱线细度均为16.7 tex×2的松结构精纺毛织物放大150倍的电镜照片；图10-4为经纬纱线细度均为16.7 tex×2的常规精纺毛织物放大150倍的电镜照片。

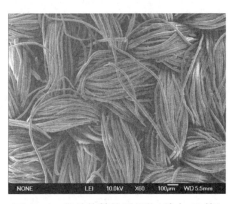

图10-1 松结构精纺毛织物（放大60倍）

图10-2 常规精纺毛织物（放大60倍）

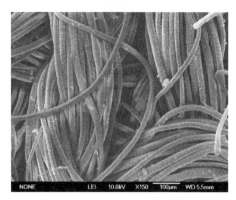

图 10-3　松结构精纺毛织物(放大 150 倍)

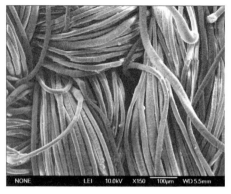

图 10-4　常规精纺毛织物(放大 150 倍)

从扫描电子显微镜可以观察到,与纱线线密度相同、紧度相近的常规精纺毛织物相比,松结构精纺毛织物内的纱线更加蓬松,纱线间的空隙略大。

三、试验样品规格

本文选取的试验样品共计 72 块(由兰州三毛实业股份有限公司提供),主要有松结构精纺毛织物、常规精纺毛织物及少量特殊纤维精纺毛织物三大类,分别以 A、B、C 代表其类别。

1. 松结构精纺毛织物

本文选取的松结构精纺毛织物试样(简称松结构试样)共计 20 块,主要涉及 50 tex×2 全毛花呢 1 块,33.3 tex×2 不同成分的松结构花呢 3 块,17.9 tex×2 毛丝混纺的松结构花呢 7 块,16.7 tex×2 全毛松结构花呢 8 块,14.3 tex×2×25 tex 松结构女衣呢 1 块。织物组织以 2/2 斜纹及其变化组织为主,另有少量 3/3 斜纹及其他变化组织织物。20 块松结构试样的规格详见表 10-1。

表 10-1(a)　松结构试样规格

序号	试样编号	纱线线密度/tex		织物经纬密度/根·(10 cm)⁻¹		成分
		经向	纬向	经向	纬向	
1	A1	50×2	50×2	131	115	W100
2	A2	33.3×2	33.3×2	155	138	W100
3	A3	33.3×2	33.3×2	159	138	W60P40
4	A4	33.3×2	33.3×2	159	138	W60P10V30
5	A5	17.9×2	17.9×2	250	228	W48S52
6	A6	17.9×2	17.9×2	250	228	W48S52
7	A7	17.9×2	17.9×2	250	228	W48S52
8	A8	17.9×2	17.9×2	250	228	W48S52
9	A9	17.9×2	17.9×2	250	228	W48S52

（续表）

序号	试样编号	纱线线密度/tex		织物经纬密度/根·(10 cm)$^{-1}$		成分
		经向	纬向	经向	纬向	
10	A10	17.9×2	17.9×2	250	228	W48S52
11	A11	17.9×2	17.9×2	250	228	W48S52
12	A12	16.7×2	16.7×2	272	229	W100
13	A13	16.7×2	16.7×2	272	229	W100
14	A14	16.7×2	16.7×2	272	229	W100
15	A15	16.7×2	16.7×2	272	229	W100
16	A16	16.7×2	16.7×2	273	238	W100
17	A17	16.7×2	16.7×2	273	238	W100
18	A18	16.7×2	16.7×2	297	259	W100
19	A19	16.7×2	16.7×2	297	259	W100
20	A20	14.3×2	25	392	270	W100

注：W—羊毛；P—涤纶；V—黏胶；S—蚕丝。

表 10-1(b)　松结构试样规格（续表）

序号	面密度/g·m^{-2}	经向紧度/%	纬向紧度/%	总紧度/%	纬经紧度比	织物组织
1	270	41.4	36.4	77.8	0.88	2/2 斜纹
2	217	40	35.6	75.6	0.89	2/2 斜纹
3	224	41.1	35.6	76.7	0.87	2/2 斜纹
4	224	41.1	35.6	76.7	0.87	2/2 斜纹
5	184	47.2	43.1	90.3	0.91	2/2 变化
6	184	47.2	43.1	90.3	0.91	2/2 变化
7	184	47.2	43.1	90.3	0.91	2/2 变化
8	184	47.2	43.1	90.3	0.91	2/2 变化
9	184	47.2	43.1	90.3	0.91	2/2 变化
10	184	47.2	43.1	90.3	0.91	2/2
11	184	47.2	43.1	90.3	0.91	2/2
12	184	49.7	41.8	91.5	0.84	2/2
13	184	49.7	41.8	91.5	0.84	2/2
14	184	49.7	41.8	91.5	0.84	2/2 变化

（续表）

序号	面密度/g·m⁻²	经向紧度/%	纬向紧度/%	总紧度/%	纬经紧度比	织物组织
15	184	49.7	41.8	91.5	0.84	2/2 变化
16	187	49.8	43.5	93.3	0.87	2/2 斜纹
17	187	49.8	43.5	93.3	0.87	2/2 斜纹
18	204	54.2	47.3	101.5	0.87	3/3 斜纹
19	204	54.2	47.3	101.5	0.87	3/3 斜纹
20	197	66.3	42.7	109	0.64	1/2 斜纹

2. 常规精纺毛织物

本文选取的常规精纺毛织物试样（简称常规试样）共计 40 块，纱线线密度从 14.3 tex×2～25 tex×2 不等，织物组织以 2/2 斜纹为主，除此以外还有一些 1/1 平纹、2/1 斜纹及少量变化组织，成分有全毛、毛涤、毛黏、毛涤黏、毛丝和羊绒。品种以花呢为主，涉及少量的哔叽、啥味呢、凡立丁和薄花呢。常规试样规格详见表 10-2。

表 10-2(a)　常规试样规格

序号	试样编号	纱线线密度/tex		织物经纬密度/根·(10 cm)⁻¹		成分
		经向	纬向	经向	纬向	
21	B1	25×2	25×2	227	200	W100
22	B2	25×2	25×2	221	194	W70V30
23	B3	25×2	25×2	228	208	W30P40V30
24	B4	22.7×2	22.7×2	240	221	W100
25	B5	20.8×2	20.8×2	278	248	W100
26	B6	16.7×2	27.8	280	256	W100
27	B7	16.7×2	16.7×2	305	268	W100
28	B8	16.7×2	16.7×2	294	252	W100
29	B9	16.7×2	16.7×2	445	295	W50 三角 P20V30
30	B10	16.7×2	16.7×2	295	247	W45P55
31	B11	15.6×2	15.6×2	315	276	W100
32	B12	14.3×2	8.3	343	465	W55P13 涤长丝 32
33	B13	14.3×2	25	279	244	W100
34	B14	14.3×2	22.7	367	354	W95S5
35	B15	14.3×2	14.3×2	319	278	W100
36	B16	14.3×2	14.3×2	319	278	W100
37	B17	14.3×2	14.3×2	319	278	W100

（续表）

| 序号 | 试样编号 | 纱线线密度/tex | | 织物经纬密度/根·(10 cm)⁻¹ | | 成分 |
		经向	纬向	经向	纬向	
38	B18	14.3×2	14.3×2	320	279	W100
39	B19	14.3×2	14.3×2	322	320	W90CA5S5
40	B20	14.3×2	14.3×2	337	306	W100
41	B21	14.3×2	14.3×2	359	310	W50P20V30
42	B22	14.3×2	14.3×2	330	292	W70P30
43	B23	14.3×2	14.3×2	275	245	W100
44	B24	14.3×2	14.3×2	323	276	W70V30
45	B25	13.5×2	22.7	369	380	W80P20
46	B26	12.5×2	20	386	365	W70V30
47	B27	12.5×2	20	388	354	W65P35
48	B28	12.5×2	20	386	370	W50V30 三角 P20
49	B29	12.5×2	12.5×2	371	348	W50V30 三角 P20
50	B30	12.5×2	12.5×2	277	240	W50P50
51	B31	12.5×2	12.5×2	347	292	W100
52	B32	12.5×2	12.5×2	277	240	W50P50
53	B33	12.5×2	12.5×2	362	308	W40P30V30
54	B34	12.5×2	12.5×2	353	292	W70P30
55	B35	11.1×2	17.9	398	366	W100
56	B36	11.1×2	17.9	398	380	W30P70
57	B37	11.1×2	17.9	427	402	W50P47 亮丝 3
58	B38	11.1×2	17.9	429	402	W50P47 亮丝 3
59	B39	11.1×2	11.1×2	417	372	W100
60	B40	11.1×2	11.1×2	389	371	W90S10

注：W—羊毛；CA—羊绒；P—涤纶；V—黏胶；S—蚕丝。

表 10-2(b)　常规试样规格（续表）

序号	面密度/g·m⁻²	经向紧度/%	纬向紧度/%	总紧度/%	纬经紧度比	织物组织
21	237	50.8	44.7	95.5	0.88	2/2 斜纹
22	230	32.9	25.9	58.8	0.79	2/2 斜纹
23	257	51	46.5	97.5	0.91	2/2 斜纹
24	227	51.2	47.1	98.3	0.92	2/2 斜纹
25	237	56.7	50.6	107.3	0.89	2/1 斜纹

序号	面密度/g·m⁻²	经向紧度/%	纬向紧度/%	总紧度/%	纬经紧度比	织物组织
26	178	51.1	42.7	93.8	0.84	1/1 平纹
27	211	55.7	48.9	104.6	0.88	2/2 斜纹
28	197	53.7	46	99.7	0.86	2/2 斜纹
29	276	81.2	53.9	135.1	0.66	2/2+1/3 斜纹
30	191	53.9	45.1	99	0.84	2/1 斜纹
31	197	55.7	48.8	104.5	0.88	2/2 斜纹
32	145	58	42.4	100.4	0.73	1/2 斜纹
33	151	47.2	38.6	85.8	0.82	1/1 平纹
34	204	62	53.4	115.4	0.86	2/2 斜纹
35	184	53.9	47	100.9	0.87	2/2 斜纹
36	184	53.9	47	100.9	0.87	2/2 变化
37	184	53.9	47	100.9	0.87	2/2 斜纹
38	184	54.1	50.9	105	0.94	2/2 斜纹
39	204	54.4	54.1	108.5	0.99	2/2 斜纹
40	197	57	51.7	108.7	0.91	2/2 方平
41	211	60.7	52.4	113.1	0.86	2/2 斜纹
42	191	55.8	49.4	105.2	0.89	2/2 斜纹
43	161	46.5	41.4	87.9	0.89	1/1 平纹
44	184	54.6	46.7	101.3	0.86	2/1 斜纹
45	204	60.7	57.3	118	0.94	2/2 斜纹
46	184	61	51.6	112.6	0.85	2/2 斜纹
47	178	61.3	50.1	111.4	0.82	2/2 斜纹
48	191	61	52.3	113.3	0.86	2/2 斜纹
49	197	58.7	55	113.7	0.94	2/2 斜纹
50	145	43.8	37.9	81.7	0.87	1/1 平纹
51	171	54.9	46.2	101.1	0.84	2/2 斜纹
52	145	43.8	37.9	81.7	0.87	1/1 平纹
53	178	57.2	48.7	105.9	0.85	2/2 斜纹
54	171	55.8	46.2	102	0.83	2/2 斜纹
55	168	59.3	48.9	108.2	0.82	2/2 斜纹

（续表）

序号	面密度/g·m⁻²	经向紧度/%	纬向紧度/%	总紧度/%	纬经紧度比	织物组织
56	164	59.3	50.8	110.1	0.86	2/2 斜纹
57	171	63.7	53.7	117.4	0.84	2/2 斜纹
58	171	64	53.7	117.7	0.84	2/2 斜纹
59	188	62.2	55.5	117.7	0.89	2/2 斜纹
60	178	58	55.3	113.3	0.95	2/2 斜纹

3. 含有少量特殊纤维的精纺毛织物

本文选取的含有少量特殊纤维的精纺毛织物试样（简称特殊纤维试样）共计 12 块，纱线线密度从 10 tex×2～25 tex×2 不等，织物组织以 2/2 斜纹为主，涉及的特殊纤维有莱卡、亚麻、导电纤维、天丝、柔丝等。特殊纤维试样规格详见表 10-3。

表 10-3(a)　特殊纤维试样规格

序号	试样编号	纱线线密度/tex		织物经纬密度/根·(10 cm)⁻¹		成分
		经向	纬向	经向	纬向	
61	C1	25×2	25×2	240	216	W45P53LY2
62	C2	16.7×2	35.7×2	256	248	W50F50
63	C3	12.5×2	13.5×2	347	291	W40P28V30LY2
64	C4	12.5×2	12.5×2	384	336	W50P49.5D0.5
65	C5	12.5×2	12.5×2	398	342	W70P20LC10
66	C6	12.5×2	12.5×2	339	304	W70R30
67	C7	12.5×2	12.5×2	294	262	W98LY2
68	C8	11.1×2	11.1×2	313	270	W70R30
69	C9	11.1×2	11.1×2	348	301	W70R30
70	C10	11.1×2	11.1×2	385	339	W70R25S5
71	C11	10.4×2	10.4×2	436	392	W70P29.5D0.5
72	C12	10×2	10×2	360	270	W70P20LC10

注：W—羊毛；P—涤纶；LY—莱卡；F—亚麻；V—黏胶；D—导电纤维；LC—天丝；R—柔丝；S—蚕丝。

表 10-3(b)　特殊纤维试样规格(续表)

序号	面密度/g·m⁻²	经向紧度/%	纬向紧度/%	总紧度/%	纬经紧度比	织物组织
61	261	53.7	48.3	102	0.9	2/2 斜纹
62	184	33	66.3	99.3	2.01	2/2 斜纹
63	204	54.9	47.8	102.7	0.87	2/2 斜纹
64	190	60.7	53.1	113.8	0.87	2/2 斜纹

序号	面密度/g·m⁻²	经向紧度/%	纬向紧度/%	总紧度/%	纬经紧度比	织物组织
65	197	62.9	54.1	117	0.86	2/2方平
66	175	53.6	48.1	101.7	0.9	2/2斜纹
67	158	46.5	41.4	87.9	0.89	1/1平纹
68	138	46.7	40.2	86.9	0.86	1/1平纹
69	151	51.9	44.9	96.8	0.87	1/1+3/1斜纹
70	164	57.4	50.5	107.9	0.88	2/2斜纹
71	181	62.9	56.6	119.5	0.9	2/2斜纹
72	135	50.9	38.2	89.1	0.75	1/1平纹

第二节 松结构精纺毛织物服用性能的研究

本节对本研究选取的样品进行了折皱回复性、起毛起球性能、透气性、光泽性和悬垂性测试分析,具体内容如下:

一、折皱回复性

1. 测试结果

本试验利用 YG(B)541-D-I 型全自动数字式织物折皱弹性仪,对代表性试样进行了折皱回复性测试,测试结果如表10-4所示。

表 10-4 折皱回复性的测试结果

序号	试验编号	急弹性回复角/(°)			缓弹性回复角/(°)		
		经向	纬向	总	经向	纬向	总
1	A1	111.3	119	230.3	124.5	129.1	253.6
2	A2	144.3	139.6	283.9	151.6	149.4	301
3	A3	135.5	138.1	273.6	143.5	144.4	287.9
4	A4	116.2	99.7	215.9	133.4	120.9	254.3
5	A5	137.2	131.9	269.1	147.4	144.9	292.3
6	A8	131.9	137.2	269.1	145.5	153.2	298.7
7	A12	147.2	151	298.2	152.1	156.9	309
8	A14	149.5	160.7	310.2	158.4	164	322.4
9	A16	151.3	146.2	297.5	159.8	155.8	315.6
10	A19	147.1	146.2	293.3	155.4	157.3	312.7

（续表）

序号	试样编号	急弹性回复角/(°)			缓弹性回复角/(°)		
		经向	纬向	总	经向	纬向	总
11	A20	151.5	139.6	291.1	155.6	152.4	308
12	B1	144.4	142.5	286.9	154.9	155.6	310.5
13	B4	142.7	150.1	292.8	150.4	158.9	309.3
14	B5	139.9	145.8	285.7	153.1	156.3	309.4
15	B6	134.4	122.5	256.9	152.7	142	294.7
16	B7	151.4	144.8	296.2	158.9	154.1	313
17	B10	150.3	148.1	298.4	161.6	156.3	317.9
18	B11	151.2	147.2	298.4	158.3	154	312.3
19	B14	151.8	146.2	298	159.7	162.1	321.8
20	B16	154	138.9	292.9	161.9	151.5	313.4
21	B18	144.5	146.9	291.4	157.3	159.6	316.9
22	B26	138.8	145.2	284	154.2	158	312.2
23	B27	150	147.8	297.8	159	157.9	316.9
24	B33	124.6	117.9	242.5	144.4	135.6	280
25	B34	148.3	143.9	292.2	157.2	155	312.2
26	B35	161	157.5	318.5	166.8	162.3	329.1
27	B38	159.8	154.3	314.1	166.1	162.8	328.9
28	B39	151	151.4	302.4	159.4	161.2	320.6
29	B40	132.7	142.6	275.3	150.7	154.5	305.2
30	C2	66.1	54.8	120.9	84.5	69.5	154
31	C7	141.8	146.6	288.4	153.6	152	305.6
32	C8	116.4	111.2	227.6	137.4	135	272.4
33	C9	125.7	136.4	262.1	147.3	146.6	293.9
34	C11	146.7	144.2	290.9	149.7	156.1	305.8

2. 测试结果分析

根据表 10-4 所示的测试结果，可以得到试样的折皱回复角分布，如图 10-5～图 10-7。

试验选取的 11 块松结构精纺毛织物的急弹性折皱回复角在 215.9°～310.2°之间，平均为 275.7°；缓弹性折皱回复角在 253.6°～322.4°之间，平均为 296°。由图 10-5 可以看出，11 块精纺毛织物中，试样 A4 和试样 A1 的折皱回复角明显低于其他试样。试样 A4 中含有涤纶纤维和黏胶纤维，与同规格的全毛试样 A2 和毛涤试样 A3 相比，急弹性折皱回复角和缓弹性回复角均略有下降；试样 A1 为 50 tex×2 的松结构精纺毛织物。

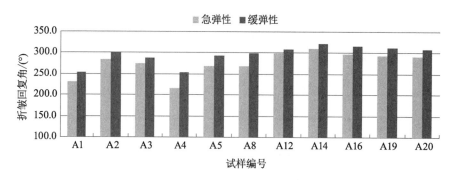

图 10-5 松结构试样的折皱回复角

试验选取的 18 块常规精纺毛织物的急弹性折皱回复角在 242.5°~318.6°之间,平均为 290.2°;缓弹性折皱回复角在 280.1°~329.1°之间,平均为 312.5°。由图 10-6 可以看出试样 B6 和 B33 的折皱回复角明显低于其他试样,试样 B6 为全毛平纹织物,试样 B33 为毛涤黏 2/2 斜纹织物。

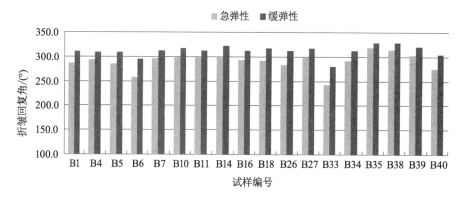

图 10-6 常规试样的折皱回复角

试验选取的 5 块含有少量特殊纤维的精纺毛织物的急弹性折皱回复角在 120.9°~290.9°之间,平均为 238°;缓弹性折皱回复角在 153.9°~305.8°之间,平均为 266.3°。由图 10-7 可以看出,试样 C2 的折皱回复角远低于其它织物,原因是试样 C2 为毛与亚麻纱交织织物。除去 C2 试样,其余特殊试样急弹性折皱回复角的平均值为 267.3°,缓弹性折皱回复角的平均值为 294.4°。

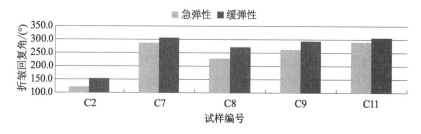

图 10-7 少量试样的折皱回复角

通过对以上三组试样折皱回复角的分析与对比可以发现,松结构织物的折皱回复性略高于特殊纤维织物,松结构织物的折皱回复角低于常规织物的折皱回复角。

二、起毛起球性

1. 试验方法

本试验选取 20 种代表性织物进行了起毛起球测试。鉴于常用的起球评级方法主观性较强及其对评级者较高的经验要求,本文尝试用一种新的客观评价方法,以实现对起球等级进行客观描述与比较。试验采用 YG501 型织物起球仪,由于试验样品全部为精梳毛织物,故试样在磨料上的压力选定为 780 cN,起球次数为 600。利用 KES-FB-AUTO-A 织物风格测试系统中的 KES-FB3 压缩性能测试仪测试试样起球后的压缩性能,并与起球前的压缩性能进行对比。20 块试样起球前与起球后压缩性能的测试结果分别如表 10-5 和表 10-6 所示。

表 10-5 压缩性能的测试结果(起球前)

序号	试样编号	LC	WC/cN·cm·cm⁻²	RC/%	T_m/mm	T_0/mm	GAP/mm
1	A3	0.416	0.282	54.64	0.633	0.903	1.172
2	A4	0.425	0.214	63.14	0.576	0.778	1.032
3	A10	0.383	0.14	59.67	0.358	0.53	0.757
4	A11	0.38	0.116	61.69	0.352	0.474	0.752
5	A12	0.386	0.125	64.1	0.388	0.518	0.811
6	A14	0.41	0.123	66.5	0.428	0.549	0.84
7	A15	0.397	0.116	63.91	0.364	0.482	0.734
8	A16	0.36	0.174	63.48	0.435	0.648	0.904
9	A19	0.394	0.117	65.26	0.379	0.503	0.778
10	A20	0.411	0.184	64.92	0.495	0.674	0.939
11	B1	0.411	0.206	64.72	0.524	0.724	0.99
12	B5	0.393	0.16	64.66	0.486	0.649	0.916
13	B7	0.39	0.146	66.44	0.439	0.589	0.862
14	B21	0.354	0.159	65.14	0.417	0.596	0.866
15	B28	0.347	0.147	62.72	0.384	0.554	0.832
16	B29	0.371	0.137	64	0.391	0.539	0.812
17	B39	0.363	0.088	64.15	0.33	0.43	0.699
18	C7	0.439	0.077	62.35	0.272	0.342	0.602
19	C10	0.366	0.115	61.05	0.329	0.454	0.742
20	C12	0.387	0.072	66.83	0.246	0.321	0.588

表 10-6　压缩性能的测试结果(起球后)

序号	试样编号	LC	WC/ cN·cm·cm⁻²	RC/%	T_m/mm	T_0/mm	GAP/mm
1	A3	0.335	0.486	48.44	0.643	1.206	1.250
2	A4	0.341	0.498	48.10	0.638	1.221	1.562
3	A10	0.274	0.169	52.79	0.384	0.596	0.876
4	A11	0.253	0.164	50.63	0.355	0.615	0.955
5	A12	0.262	0.182	54.82	0.399	0.677	0.980
6	A14	0.316	0.365	52.60	0.463	0.934	1.233
7	A15	0.326	0.347	52.61	0.459	0.885	1.205
8	A16	0.283	0.285	54.22	0.454	0.838	1.148
9	A19	0.310	0.255	55.93	0.49	0.819	1.172
10	A20	0.292	0.323	55.17	0.501	0.946	1.313
11	B1	0.335	0.411	54.46	0.562	1.053	1.348
12	B5	0.315	0.315	56.34	0.503	0.949	1.261
13	B7	0.271	0.333	53.72	0.452	0.944	1.312
14	B21	0.329	0.354	48.38	0.436	0.866	1.201
15	B28	0.297	0.300	50.00	0.412	0.881	1.223
16	B29	0.296	0.297	49.38	0.393	0.796	1.167
17	B39	0.275	0.110	56.59	0.332	0.492	0.804
18	C7	0.333	0.107	51.75	0.275	0.403	0.685
19	C10	0.262	0.204	43.01	0.334	0.645	0.949
20	C12	0.264	0.264	58.59	0.254	0.378	0.667

2. 测试结果分析

　　起球前后试样压缩性能指标 LC、WC、RC、T_m、T_0 和 GAP 的变化趋势如图 10-8～图 10-13 所示。

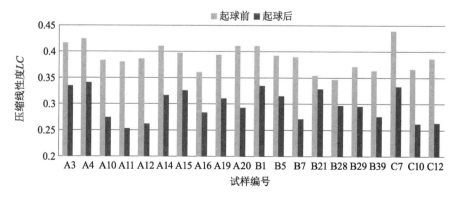

图 10-8　起球前后的压缩线性度 LC

由图 10-8 可以看出,起球试验选取的 20 块试样起球后的压缩线性度 LC 均有所下降,下降量与下降率的变化趋势大体一致。10 块松结构试样起球前后,压缩线性度 LC 的下降率在 17.9%～33.4% 之间,平均下降为 24.6%;7 块常规试样起球前后,压缩线性度 LC 的下降率在 7.1%～30.5% 之间,平均下降率为 19.3%;3 块特殊纤维试样起球前后压缩线性度 LC 的下降率在 24.1%～31.8% 之间,平均增加率为 28.1%。

20 块试样中,常规试样 B21 毛涤黏花呢的压缩线性度 LC 降幅较小,下降量为 0.025,下降率为 7.1%;松结构试样 A11 毛丝花呢的压缩线性度 LC 降幅较大,下降量为 0.027,下降率为 33.4%。

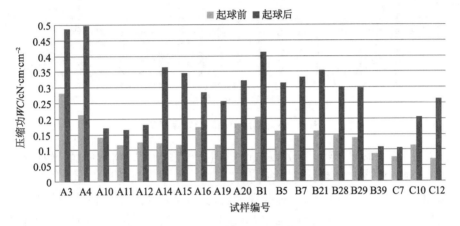

图 10-9　起球前后的压缩功 WC

由图 10-9 可以看出,20 块试样起球后的压缩功 WC 均有所增大,增加量与增加率的变化趋势大体一致。10 块松结构试样起球前后,压缩功 WC 的增加率在 20.7%～199.1% 之间,平均增加率为 96.6%;7 块常规试样起球前后,压缩功 WC 的增加率在 25%～128.1% 之间,平均增加率为 99%;3 块特殊纤维试样起球前后,压缩功 WC 的增加率在 39%～266.7% 之间,平均增加率为 127.7%。

20 块试样中,常规试样 B39 全毛双面哔叽的压缩功 WC 增幅较小,增加量为 0.022,增加率为 25%;松结构试样 A4 毛涤黏花呢的压缩功 WC 增幅较大,增加量为 0.284,增加率为 132.7%。

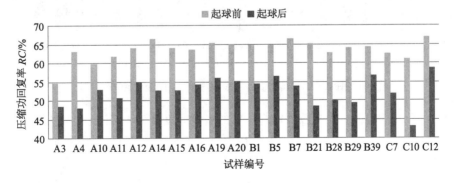

图 10-10　起球前后压缩功回复率 RC

由图 10-10 可以看出,20 块试样起球后的压缩功回复率 RC 均有不同程度的下降,下降量与下降率的变化趋势大体一致。10 块松结构试样起球前后,压缩功回复率 RC 的下降率在 11.3%～23.8%之间,平均下降率为 16.2%;7 块常规试样起球前后,压缩功回复率 RC 的下降率在 11.8%～25.7%之间,平均下降率为 18.4%;3 块特殊纤维试样起球前后,压缩功回复率 RC 的下降率在 12.3%～29.5%之间,平均下降率为 19.6%。

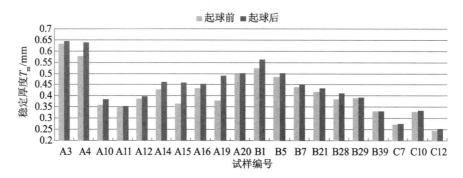

图 10-11　起球前后的稳定厚度 T_m

由图 10-11 可以看出,绝大多数试样起球后的稳定厚度 T_m 略有增加,增加率与增加量的变化趋势一致。10 块松结构试样起球前后,稳定厚度 T_m 的增加率在 0.9%～29.3%之间,平均增加率为 9.2%;7 块常规试样起球前后,稳定厚度 T_m 的增加率在 0.5%～7.3%之间,平均增加率为 3.8%;3 块特殊纤维试样起球前后,稳定厚度 T_m 的增加率在 1.1%～3.3%之间,平均增加率为 2%。

20 块试样中,松结构试样 A4、A15 和 A19 的稳定厚度 T_m 的增加率均远高于其他试样,分别为 10.8%、26.1%和 29.3%。

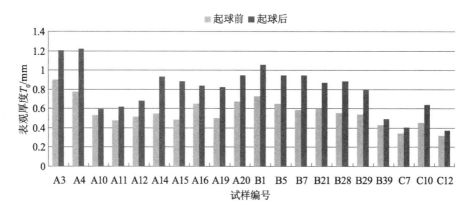

图 10-12　起球前后的表观厚度 T_0 的变化趋势

由图 10-12 可以看出,大多数试样起球后的表观厚度 T_0 均有不同程度的增加。10 块松结构试样起球前后,表观厚度 T_0 的增加率在 12.5%～83.6%之间,平均增加率为 45%;7 块常规试样起球前后,表观厚度 T_0 的增加率在 14.4%～60.3%之间,平均增加率为 45.5%;3 块特殊纤维试样起球前后,表观厚度 T_0 的增加率在 17.8%～42.1%之间,平均增加率为 25.9%。

20 块试样中,松结构试样 A10、常规试样 B39、特殊试样 C7 和 C12 的表观厚度 T_0 的增加率均远低于其他试样,分别为 12.5%、14.4%、17.8% 和 17.8%。

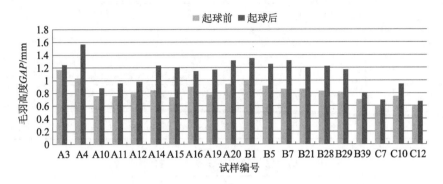

图 10-13　起球前后毛羽高度 GAP

由图 10-13 可以看出,大多数试样起球后的毛羽高度 GAP 均有不同程度的增加。10 块松结构试样起球前后,毛羽高度 GAP 的增加率在 6.7%～64.2% 之间,平均增加率为 35%;7 块常规试样起球前后,毛羽高度 GAP 的增加率在 15%～52.2% 之间,平均增加率为 38.6%;3 块特殊纤维试样起球前后,毛羽高度 GAP 的增加率在 13.4%～27.9% 之间,平均增加率为 18.4%。

20 块试样毛羽高度 GAP 的变化趋势同表观厚度 T_0 较为接近,松结构试样 A3、A10、常规试样 B39、特殊试样 C7 和 C12 的毛羽高度 GAP 的增加率均较低,分别为 6.7%、15.7%、15%、13.8% 和 13.4%。

通过以上分析可以看出,三类试样起球后的压缩线性度 LC、压缩功 WC、稳定厚度 T_m、表观厚度 T_0 和毛羽高度 GAP 均有不同程度的增加,压缩功回复率 RC 均有不同程度的下降。可见,织物起球后由于表面毛羽及毛球增多,织物的蓬松性和压缩弹性都增大。其中,松结构精纺织物起球后的稳定厚度 T_m 增加率和增加量整体上高于常规精纺毛织物和含有少量特殊纤维的精纺毛织物。

三、透气性

1. 测试结果

本试验利用 YG461Z 型全自动透气性能测试仪对 72 块试样进行了透气性测试,测试结果如表 10-7 所示。

表 10-7(a)　松结构精纺毛织物透气性的测试结果

试样编号	透气量/L·m^{-2}·s^{-1}	试样编号	透气量/L·m^{-2}·s^{-1}
A1	805	A6	112
A2	342	A7	123
A3	372	A8	142
A4	315	A9	130
A5	183	A10	75

试样编号	透气量/L・m^{-2}・s^{-1}	试样编号	透气量/L・m^{-2}・s^{-1}
A11	133	A16	281
A12	302	A17	281
A13	330	A18	259
A14	208	A19	168
A15	208	A20	743

表 10-7(b)　常规精纺毛织物透气性的测试结果

试样编号	透气量/L・m^{-2}・s^{-1}	试样编号	透气量/L・m^{-2}・s^{-1}
B1	176	B21	64
B2	125	B22	155
B3	82	B23	186
B4	210	B24	124
B5	135	B25	254
B6	150	B26	99
B7	172	B27	124
B8	202	B28	102
B9	74	B29	105
B10	158	B30	177
B11	199	B31	88
B12	101	B32	194
B13	204	B33	83
B14	114	B34	102
B15	225	B35	125
B16	353	B36	215
B17	183	B37	170
B18	177	B38	165
B19	155	B39	84
B20	250	B40	65

表 10-7(c)　含少量特殊纤维精纺毛织物透气性的测试结果

试样编号	透气量/L·m⁻²·s⁻¹	试样编号	透气量/L·m⁻²·s⁻¹
C1	113	C7	137
C2	323	C8	166
C3	107	C9	114
C4	125	C10	144
C5	110	C11	69
C6	96	C12	207

*表头：透气量/L·m^{-2}·s^{-1}

2. 测试结果分析

根据表 10-7 所示的测试结果，可以得到试样的透气性分布（图 10-14～图 10-16）。

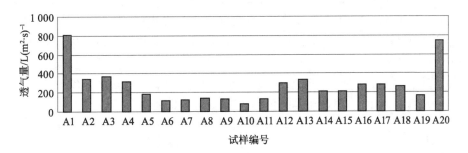

图 10-14　松结构精纺毛织物的透气量

由图 10-14 可以看出，松结构精纺毛织物的透气量分布在 75～805 L/(m^2·s)之间，平均透气量为 275.6 L/(m^2·s)；20 块精纺毛织物试样中，羊毛与柞蚕丝混纺织物 A5、A6、A7、A8、A9、A10 和 A11 的透气量均在 200 L/(m^2·s)以下，明显低于其他松结构精纺毛织物，其中试样 A10 的透气量较低，仅为 75 L/(m^2·s)；试样 A1 与试样 A20 的透气量远高于其他试样，试样 A1 为低支松结构全毛花呢，组织为 2/2 斜纹，总紧度为 77.8%，其透气量在 20 种松结构精纺毛织物试样中较高，为 805 L/(m^2·s)，试样 A20 全毛女衣呢的透气量仅次于试样 A1，为 743 L/(m^2·s)。

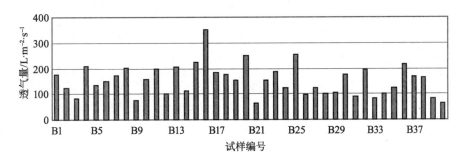

图 10-15　常规精纺毛织物的透气量

由图 10-15 可以看出,常规精纺毛织物试样的透气量主要分布在 50～250 L/(m²·s) 之间,平均透气量为 153.2 L/(m²·s);试样 B16 为全毛花呢,组织为 2/2 变化组织,总紧度为 100.9%,其透气量为 353 L/(m²·s),明显高于其他常规精纺毛织物。

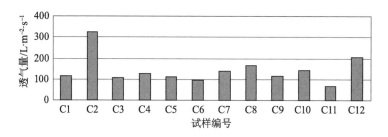

图 10-16　含有少量特殊纤维精纺毛织物的透气量

由图 10-16 可以看出,特殊纤维试样的透气量分布在 50～350 L/(m²·s) 之间,平均透气量为 142.6 L/(m²·s);试样 C2 为毛麻交织织物,组织为 2/2 斜纹,总紧度为 99.3%,其透气量明显高于同组的其他试样;试样 C11 为加入少量导电纤维的毛涤混纺哔叽,组织为 2/2 斜纹,总紧度为 119.5%,在同组试样中紧度较大,透气量在同组试样中较低,仅为 69 L/(m²·s)。

通过对以上三组试样透气量的分析与对比可以发现,与常规精纺毛织物及含有少量特殊纤维的精纺毛织物相比,松结构精纺毛织物的透气性更好。

四、光泽

1. 测试结果

本试验利用 YG841 光泽仪对 72 块试样分别进行了正反射光强度 Gs 和漫反射光强度 Gd 测试,并根据相关公式计算出了织物的光泽度 Gc。72 块试样的正反射光强度 Gs、漫反射光强度 Gd 的测试结果和光泽度 Gc 的计算结果如表 10-8 所示。

表 10-8(a)　松结构精纺毛织物光泽度的测试结果

试样编号	Gs/%	Gd/%	Gc	试样编号	Gs/%	Gd/%	Gc
A1	9.9	9.6	18.1	A11	14.4	13.9	20.4
A2	24.9	23.9	24.9	A12	9.3	9.1	20.8
A3	11.7	11.4	21.4	A13	9.3	9.1	20.8
A4	12.5	12	17.7	A14	5.4	5.2	12.1
A5	25	24	25.0	A15	15.6	5.2	4.8
A6	23.4	22	19.8	A16	11	10.8	24.6
A7	24.9	23.9	24.9	A17	19.3	18.6	23.1
A8	18.4	17.9	26.0	A18	15.5	14.9	20.0
A9	15.7	15.4	28.7	A19	15.7	15.3	24.8
A10	24.2	23.4	27.1	A20	3.6	3.5	11.4

表 10-8(b) 常规精纺毛织物光泽度的测试结果

试样编号	Gs/%	Gd/%	Gc	试样编号	Gs/%	Gd/%	Gc
B1	13.2	12.9	24.1	B21	13.5	13.2	24.6
B2	11.9	11.5	18.8	B22	9.8	9.6	21.9
B3	23.3	22.6	27.8	B23	15.8	15	17.7
B4	19.3	18.6	23.1	B24	10.8	10.6	24.1
B5	12	11.6	19.0	B25	4.1	4	13.0
B6	4.7	4.6	14.9	B26	5.5	5.4	17.4
B7	14	13.5	19.8	B27	12.2	11.9	22.3
B8	14.9	14.6	27.2	B28	12.5	12.3	28.0
B9	23.1	22.5	29.8	B29	9.8	9.6	21.9
B10	21.8	21.2	28.1	B30	5.9	5.8	18.7
B11	8.6	8.4	19.2	B31	22.6	21.8	25.3
B12	9.1	9	28.0	B32	15.6	14.8	17.4
B13	4	3.9	12.6	B33	26.2	24.7	21.4
B14	4.8	4.7	15.2	B34	23.4	22.6	26.2
B15	7.4	7.2	16.5	B35	8.6	8.5	27.2
B16	8.3	7.9	13.1	B36	13.6	13.3	24.8
B17	11.2	10.9	20.4	B37	5.4	5.3	17.1
B18	10.1	9.9	22.6	B38	4.8	4.7	15.2
B19	9	8.8	20.1	B39	6.1	5.9	13.6
B20	11.2	10.8	17.7	B40	7.9	7.8	25.0

表 10-8(c) 含有少量特殊纤维的精纺毛织物光泽度的测试结果

试样编号	Gs/%	Gd/%	Gc	试样编号	Gs/%	Gd/%	Gc
C1	14.4	14.2	32.2	C7	20.2	19.3	21.3
C2	20.5	19.5	20.5	C8	31.5	29.1	20.3
C3	8.5	8.4	26.9	C9	36.2	33.6	22.5
C4	5	4.9	15.8	C10	25.1	23.7	21.2
C5	9.2	8.8	14.5	C11	5.3	5.2	16.8
C6	18.2	17.2	18.2	C12	5.9	5.8	18.7

2. 测试结果分析

根据表 10-8 的测试结果,可以得到试样的光泽分布(图 10-17～图 10-19)。

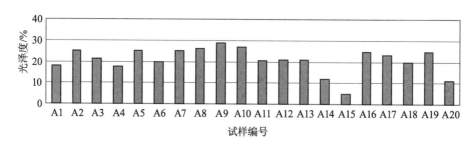

图 10-17　松结构精纺毛织物的光泽度

由图 10-17 可以看出,松结构精纺毛织物的光泽度在 4.8%～28.7% 之间,平均光泽度为 20.82%;20 块精纺毛织物试样中,光泽度在 15% 以下的只有 A14、A15 和 A20 三块织物,该三块织物均为变化组织,其中 A15 织物光泽度只有 4.8%,低于同组其它试样;A5、A6、A7、A8 和 A9 五块织物也是变化组织,但因其为羊毛与柞蚕丝混纺织物,光泽度没有显著下降。

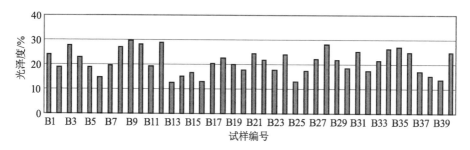

图 10-18　常规精纺毛织物的光泽度

由图 10-18 可以看出,40 块常规精纺毛织物的光泽度分布在 12.6%～29.8% 之间,平均光泽度为 21.04%;其中,试样 B9 为毛涤黏混纺产品,含 20% 的三角涤纶,其光泽度为 29.8%,光泽度较好;试样 B12 为羊毛与涤纶长丝交织产品,其光泽度为 28.8%,仅次于试样 B9。

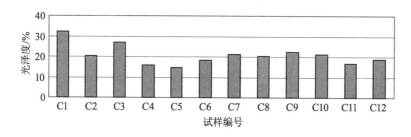

图 10-19　含有少量特殊纤维的精纺毛织物的光泽度

由图 10-19 可以看出,12 块含有少量特殊纤维的精纺毛织物的光泽度分布在 14.5%～32.2% 之间,平均光泽度为 20.74%;试样 C1 为低支毛涤莱卡产品,其光泽度在同组试样中较好。

　　织物的密度是影响织物光泽的主要因素,通常织物的密度较小时,织物的结构相对疏松、孔隙多,织物中起反射作用的纱线比较少,因而织物的光泽度较低。但通过对以上三组试样光泽度的分析发现,与常规精纺毛织物及含有少量特殊纤维的精纺毛织物相比,松结构精纺毛织物的光泽没有明显下降,主要是因为这些松结构精纺毛织物在生产时从原料选择和后整理工艺方面都做了相应的调整与改进,如原料中加入了柞蚕丝、后整理中增加电压和压光等工序。

五、悬垂性

1. 测试结果

　　本试验利用 YG811 型织物悬垂性测试仪对 72 块试样中的代表性试样进行了悬垂性测试,测试结果如表 10-9 所示。

表 10-9　松结构精纺毛织物悬垂性的测试结果

序号	试样编号	悬垂系数/%				
		0°	45°	90°	135°	平均值
1	A1	63.8	63	63.8	64	63.7
2	A2	55.4	54	55	53	54.4
3	A3	56.2	54.6	55.2	51.4	54.4
4	A7	54.9	51.2	56	50.8	53.2
5	A12	57.8	53.4	58.5	52.8	55.6
6	A13	56.2	54.7	57.1	54.2	55.6
7	A17	58	55.7	57	55.5	56.6
8	A18	54.9	51.1	55.5	51	53.1
9	A20	51.5	50.9	51.2	49.6	50.8
10	B1	59	58.5	60	57.5	58.8
11	B4	58.7	56.8	59	55	57.4
12	B5	58.6	55.2	57.6	55.2	56.7
13	B6	56.8	57.4	58	55.4	56.9
14	B7	58.4	56	58	55.6	57
15	B9	58.8	56.1	60.8	56.9	58.2
16	B10	58.8	54.8	58.5	55	56.8
17	B11	55.5	52.8	55.8	51	53.8

（续表）

序号	试样编号	悬垂系数/%				
		0°	45°	90°	135°	平均值
18	B25	52.2	47	50.6	48.8	49.7
19	B26	54.8	54	55.6	52.4	54.2
20	B27	57.4	57.2	59	55.2	57.2
21	B30	57.2	54.1	58	54.3	55.9
22	B35	53.2	50.8	52.6	50.5	51.8
23	B37	58	56.8	59	56.2	57.5
24	B39	57.2	55.4	58	54.2	56.2
25	C2	70	66	69.2	65	67.6
26	C4	57.8	55.8	58.9	55	56.9
27	C7	57.6	55.2	57.8	55	56.4
28	C8	55.1	52	55.4	51	53.4
29	C10	55.5	50	56	52.2	53.4
30	C11	56.5	52.8	56.9	54.2	55.1
31	C12	56.8	53	55.2	51.2	54.1

2. 测试结果分析

根据表 10-9 的测试结果,可以得到试样的悬垂系数分布(图 10-20～图 10-23)。

试验选取的 9 块松结构精纺毛织物的静态悬垂系数主要在 50.8%～63.7%之间,平均悬垂系数为 55.3%。由图 10-20 可以看出,试样 A1 为高特(低支)松结构全毛花呢,组织为 2/2 斜纹,总紧度为 77.8%,其的静态悬垂系数较高,悬垂系数为 63.7%,明显高于其他松结构精纺毛织物;试样 A20 全毛女衣呢的静态悬垂系数较低,仅为 50.8%;其余松结构试样的静态悬垂系数平均值为 54.8%。

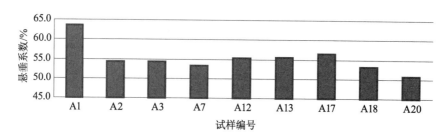

图 10-20 松结构精纺毛织物的悬垂系数

试验选取的 15 块常规精纺毛织物的静态悬垂系数主要在 49%～60%之间,平均悬垂系数为 55.9%。由图 10-21 可以看出,试样 B25 和试样 B35 的静态悬垂系数明显低于其它试样,试样 B25 毛涤强捻花呢的静态悬垂系数较小,为 49.7%,试样 B35 高支薄花呢的悬垂系数为 51.8%,略高于试样 B25;试样 B1 的静态悬垂系数较高,为 58.8%;除去试样 B25 和试样 B1,其余常规试样的静态悬垂系数的平均值为 56.1%。

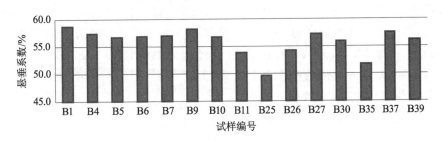

图 10-21　常规精纺毛织物的悬垂系数

试验选取的 7 块含少量特殊纤维精纺毛织物试样的静态悬垂系数分布在 53%～68% 之间,平均悬垂系数为 56.7%。由图 10-22 可以看出,试样 C2 精纺毛纱与亚麻纱交织织物的静态悬垂系数为 67.6%,远高于同组其他试样;试样 C8(毛与柔丝混纺织物,其中柔丝纤维占 30%)和试样 C10(毛、柔丝纤维及蚕丝混纺织物,其中柔丝纤维占 25%,蚕丝占 5%)的静态悬垂系数较小,均为 53.4%;试验选取的 7 块含少量特殊纤维精纺毛织物除试样 C2 外,其余试样的静态悬垂系数的平均值为 54.9%。

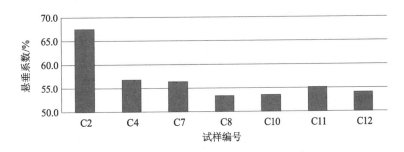

图 10-22　含有少量特殊纤维的精纺毛织物的悬垂系数

由图 10-23 可以看出,松结构试样 A12、A13 和 A17 与相同纱线线密度、成分和组织常规精纺毛织物 B7 相比,在 0°、45°、90°、135°四个方向上静态悬垂系数均较小。

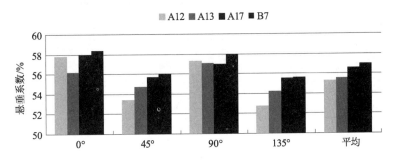

图 10-23　四种相同线密度的常规精纺毛织物的悬垂系数

通过对以上三组试样静态悬垂系数的分析与对比,可以发现:与常规精纺毛织物及含有少量特殊纤维的精纺毛织物相比,松结构精纺毛织物的静态悬垂系数较小。松结构精纺毛织物试样 A2、A3、A7、A12、A13、A17、A18 和 A20 的悬垂系数在整体上与含少量特殊纤维的精纺毛织物试样 C4、C7、C8、C10、C11 和 C12 的悬垂系数较为接近,松结构精纺毛织物试样 A2 和 A3 的纱线线密度为 33.3 tex×2,A7 的纱线线密度为 17.9 tex×2,A12、A13、A17、A18 和 A20 的纱线线密度为 16.7 tex×2;而含少量特殊纤维的精纺毛织物试样 C2 和 C7 的纱线线密度为 12.5 tex×2,C8 和 C10 的纱线线密度为 11.1 tex×2,C11 的纱线线密度为 10.4 tex×2,C12 的纱线线密度为 10 tex×2。可见松结构精纺毛织物与含有少量特殊纤维的精纺毛织物的静态悬垂系数接近。

第三节　松结构精纺毛织物的风格和客观评价

一、松结构精纺毛织物低应力下的力学性能

选取了代表性的 12 种经纬纱线线密度均为 16.67×2 tex,纱线捻度接近的试样进行精纺毛织物的风格,即织物的低应力下的力学性能的比较分析,其中松结构精纺毛织物试样 8 种,常规精纺毛织物试样 4 种。以下 17 项力学指标测试结果均为试样经纬向平均值:

(一) 拉伸性能

12 块试样的拉伸性能测试结果如表 10-10 所示。

表 10-10　拉伸性能测试结果

序号	试样编号	LT	WT/cN·cm·cm^{-2}	RT/%	EM/%
1	A12	0.498	11.58	72.6	9.42
2	A13	0.494	10.28	74.2	8.58
3	A14	0.569	12.03	70.2	8.59
4	A15	0.489	10.50	78.8	8.58
5	A16	0.577	10.55	71.1	7.36
6	A17	0.504	11.15	75.9	8.89
7	A18	0.476	12.30	73.5	10.48
8	A19	0.490	12.10	73.4	9.95
9	B7	0.544	10.63	75.6	8.04
10	B8	0.517	10.98	71.9	8.53
11	B9	0.552	12.60	71.9	9.39
12	B10	0.558	7.38	77.6	5.30

　　由表 10-10 可以看出,试验选取的 8 块松结构精纺毛织物试样的拉伸线性度 LT 在 0.476~0.577 之间,平均值为 0.512;拉伸功 WT 在 10.28~12.30 cN·cm/cm² 之间,平均值为 11.31 cN·cm/cm²;拉伸功回复率 RT 在 70.2%~78.8%之间,平均值为 73.7%;最大拉伸应力 500 cN/cm 时的伸长率 EM 在 7.36%~10.48%之间,平均值为 8.98%。

　　4 块常规精纺毛织物试样的拉伸线性度 LT 在 0.517~0.558 之间,平均值为 0.543;拉伸功 WT 在 7.38~12.60 cN·cm/cm² 之间,平均值为 10.39 cN·cm/cm²;拉伸功回复率 RT 在 71.9%~77.6%之间,平均值为 74.2%;最大拉伸应力 500 cN/cm 时的伸长率 EM 在 5.30%~9.39%之间,平均值为 7.81%。

　　通过对比拉伸性能测试数据结果发现,松结构精纺毛织物除试样 A14 和 A16 外,其余试样的拉伸线性度 LT 均低于常规毛织物,说明与常规精纺毛织物相比,这些松结构精纺毛织物在初始拉伸时更容易变形,织物更柔软。松结构试样 A14 和 A16 的拉伸线性度 LT 略高,因为试样 A14 是特殊组织,试样 A16 为轻绒面织物,因此两者在初始拉伸时不太容易变形;12 种试样中,试样 B10 的拉伸功 WT 与伸长率 EM 明显低于其它试样。因为试样 B10 为毛涤倒比混纺产品,涤纶含量为 55%,这降低了其整体弹性,在低应力下拉伸性能上的表现即为相对较低的拉伸功 WT 与伸长率 EM。

(二) 剪切性能

　　12 块试样的剪切性能测试结果如表 10-11 所示。

表 10-11　剪切性能测试结果

序号	试样编号	G/cN·[cm·(°)]$^{-1}$	$2HG$/cN·cm^{-1}	$2HG_5$/cN·cm^{-1}
1	A12	0.35	0.29	0.49
2	A13	0.37	0.27	0.55
3	A14	0.43	0.42	0.77
4	A15	0.37	0.29	0.62
5	A16	0.48	0.39	0.88
6	A17	0.42	0.36	0.69
7	A18	0.36	0.33	0.64
8	A19	0.44	0.36	0.78
9	B7	0.49	0.38	0.87
10	B8	0.50	0.47	0.94
11	B9	0.59	0.69	1.27
12	B10	0.66	0.62	1.92

　　由表 10-11 可以看出,试验选取的 8 块松结构精纺毛织物试样的剪切刚度 G 在 0.35~0.48 cN/[cm·(°)]之间,平均值为 0.40 cN/[cm·(°)];剪切变形角 $\phi=0.5$°时的剪切滞后矩 $2HG$ 在 0.27~0.42 cN/cm 之间,平均值为 0.34 cN/cm;剪切变形角 $\phi=5$°时的剪切滞后矩 $2HG_5$ 在 0.49~0.88 cN/cm 之间,平均值为 0.68 cN/cm。

4 块常规精纺毛织物试样的剪切刚度 G 在 $0.49 \sim 0.66$ cN/[cm·(°)] 之间,平均值为 0.56 cN/[cm·(°)];剪切变形角 $\phi = 0.5°$ 时的剪切滞后矩 $2HG$ 在 $0.38 \sim 0.69$ cN/cm 之间,平均值为 0.54 cN/cm;剪切变形角 $\phi = 5°$ 时的剪切滞后矩 $2HG_5$ 在 $0.87 \sim 1.92$ cN/cm 之间,平均值为 1.25 cN/cm。由此可以看出,松结构精纺毛织物试样的剪切刚度 G、剪切变形角 $\phi = 0.5°$ 时的剪切滞后矩 $2HG$ 和剪切变形角 $\phi = 5°$ 时的剪切滞后矩 $2HG_5$ 整体上都低于常规精纺毛织物试样。

根据表 10-11 所示的测试结果,可以得到试样的剪切刚度 G 分布图(图 10-24)和剪切滞后量 $2HG$ 与 $2HG_5$ 分布图(图 10-25)。

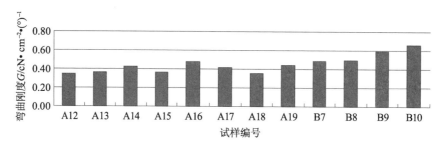

图 10-24　剪切刚度 G

在剪切性能上,松结构精纺毛织物试样 A12、A13、A14、A15、A16 的剪切刚度 G 明显低于相同线密度的常规精纺毛织物试样 B9 和 B10,其原因可能是:松结构精纺毛织物的经纬密度相对较低,因此当织物受到剪切力作用时,织物中的纱线更易发生相对移动,更易产生剪切变形;试样 B10 毛涤混纺织物(毛占 45%,涤纶占 55%)的剪切刚度 G 最大,其原因可能是其总紧度为 99%,略大于松结构精纺毛织物试样 A12、A13、A14、A15、A16 和 A17,但其组织为 2/1,织物结构相对紧密,因此,当织物受到剪切力作用时,纱线不容易发生相对移动,不易产生剪切变形。

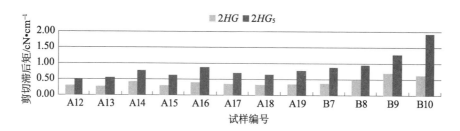

图 10-25　剪切滞后矩 $2HG$ 与 $2HG_5$

松结构精纺毛织物试样 A12、A13、A14、A15、A16 的剪切滞后矩 $2HG$(剪切变形角 $\phi = 0.5°$)和剪切滞后矩 $2HG_5$(剪切变形角 $\phi = 5°$)都略微低于常规精纺毛织物试样 B7 和 B8,明显低于常规精纺毛织物试样 B9 和 B10,由此可见与常规精纺毛织物相比,松结构精纺毛织物具有更好的剪切回复性。

(三)弯曲性能

12 块试样的弯曲性能测试结果如表 10-12 所示。

表 10-12　弯曲性能测试结果

序号	试样编号	$B/$ cN·cm²·cm⁻¹	$2HB/$ cN·cm·cm⁻¹	序号	试样编号	$B/$ cN·cm²·cm⁻¹	$2HB/$ cN·cm·cm⁻¹
1	A12	0.067 1	0.016 9	7	A18	0.074 1	0.022 1
2	A13	0.065 8	0.020 0	8	A19	0.079 1	0.018 0
3	A14	0.073 6	0.021 7	9	B7	0.078 6	0.023 2
4	A15	0.075 8	0.020 6	10	B8	0.072 4	0.023 4
5	A16	0.071 7	0.021 2	11	B9	0.138 3	0.054 9
6	A17	0.081 0	0.021 1	12	B10	0.068 5	0.026 5

由表 10-12 可以看出,试验选取的 8 块松结构精纺毛织物试样的弯曲刚度 B 在 $0.065\,8\sim$ $0.081\,0\,\text{cN}\cdot\text{cm}^2/\text{cm}$ 之间,平均值为 $0.073\,5\,\text{cN}\cdot\text{cm}^2/\text{cm}$;弯曲滞后矩 $2HB$ 在 $0.016\,9\sim$ $0.022\,1\,\text{cN}\cdot\text{cm}/\text{cm}$ 之间,平均值为 $0.020\,2\,\text{cN}\cdot\text{cm}/\text{cm}$。4 块常规精纺毛织物试样的弯曲刚度 B 在 $0.068\,5\sim0.138\,3\,\text{cN}\cdot\text{cm}^2/\text{cm}$ 之间,平均值为 $0.089\,4\,\text{cN}\cdot\text{cm}^2/\text{cm}$;弯曲滞后矩 $2HB$ 在 $0.023\,2\sim0.054\,9\,\text{cN}\cdot\text{cm}/\text{cm}$ 之间,平均值为 $0.032\,0\,\text{cN}\cdot\text{cm}/\text{cm}$。

由图 10-26 可以看出,松结构精纺毛织物试样的弯曲刚度 B、弯曲滞后矩 $2HB$ 整体上略低于常规精纺毛织物试样。

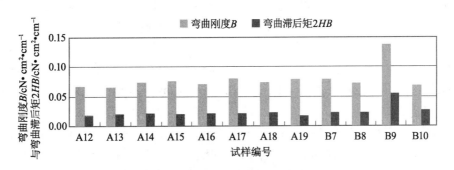

图 10-26　弯曲刚度 B 和弯曲滞后矩 $2HB$ 的变化趋势

弯曲性能测试选取的 12 块精纺毛织物试样中,试样 B9 的弯曲刚度 B 为 $0.138\,3\,\text{cN}\cdot\text{cm}^2/\text{cm}$,弯曲滞后矩 $2HB$ 为 $0.054\,9\,\text{cN}\cdot\text{cm}/\text{cm}$,远高于其余试样的弯曲刚度 B 和弯曲滞后矩 $2HB$。其原因可能是,其余试样的紧度均在 $91.5\sim104.6$ 之间,远低于试样 B9 的紧度 135.1,一般来讲,织物纱支、组织相同,织物越紧密,织物的弯曲刚度 B 和弯曲滞后矩 $2HB$ 相对越大。

(四) 压缩性能

12 块试样的压缩性能测试结果如表 10-13 所示。

表 10-13　压缩性能测试结果

序号	试样编号	LC	$WC/cN \cdot cm \cdot cm^{-2}$	$RC/\%$	T_m/mm	T_0/mm
1	A12	0.386	0.125	64.1	0.388	0.518
2	A13	0.397	0.116	64.2	0.358	0.475
3	A14	0.410	0.123	66.5	0.428	0.549
4	A15	0.397	0.116	63.9	0.364	0.482
5	A16	0.360	0.174	63.5	0.454	0.648
6	A17	0.382	0.135	68.9	0.397	0.539
7	A18	0.411	0.152	63.8	0.446	0.594
8	A19	0.394	0.117	65.3	0.379	0.503
9	B7	0.390	0.146	66.4	0.439	0.589
10	B8	0.391	0.180	65.2	0.462	0.646
11	B9	0.381	0.213	61.8	0.583	0.806
12	B10	0.399	0.089	57.1	0.337	0.427

由表 10-13 可以看出,试验选取的 8 块松结构精纺毛织物试样的压缩线性度 LC 在 0.360～0.411 之间,平均值为 0.392;压缩功 WC 在 0.116～0.174 cN·cm/cm² 之间,平均值为 0.132 cN·cm/cm²;压缩功回复率 RC 在 63.5%～68.9% 之间,平均值为 65%;稳定厚度 T_m 在 0.358～0.454 mm 之间,平均值为 0.402 mm;表观厚度 T_0 在 0.475～0.648 mm 之间,平均值为 0.539 mm。

试验选取的 4 块常规精纺毛织物试样的压缩线性度 LC 在 0.381～0.399 之间,平均值为 0.390;压缩功 WC 在 0.089～0.213 cN·cm/cm² 之间,平均值为 0.157 cN·cm/cm²;压缩功回复率 RC 在 57.1%～66.4% 之间,平均值为 62.6%;稳定厚度 T_m 在 0.337～0.583 mm 之间,平均值为 0.455 mm;表观厚度 T_0 在 0.427～0.806 mm 之间,平均值为 0.617 mm。整体上看,松结构精纺毛织物在压缩线性度 LC 上与常规精纺毛织物没有明显差异;压缩功 WC 略低于常规精纺毛织物,说明松结构精纺毛织物的蓬松性略小于常规精纺毛织物;压缩功回复率 RC 略高于常规精纺毛织物,说明松结构精纺毛织物的压缩弹性更好;稳定厚度 T_m 和表观厚度 T_0 均小于常规精纺毛织物,说明松结构精纺毛织物更加轻薄。

此外,还可以发现 12 块试样中试样 B10 的压缩功 WC、压缩功回复率 RC、稳定厚度 T_m 和表观厚度 T_0 均明显小于其他试样。其原因主要是试样 B10 为毛涤倒比混纺织物(羊毛含量为 45%,涤纶纤维含量为 55%),而其他试样均为全毛织物。由此可见与全毛织物相比,毛涤混纺织物的蓬松性、压缩弹性略差一些。

(五)表面摩擦性能

12 块试样的表面摩擦性能测试结果如表 10-14 所示。由表 10-14 可以看出,试验选取的 8 块松结构精纺毛织物试样的表面平均摩擦系数 MIU 在 0.128～0.144 之间,平均值为

0.137;摩擦系数的平均差不匀率 MMD 在 0.007～0.012 之间,平均值为 0.008;表面粗糙度 SMD 在 1.880～5.601 μm 之间,平均值为 2.770 μm。

　　试验选取的 4 块常规精纺毛织物试样的表面平均摩擦系数 MIU 在 0.131～0.142 之间,平均值为 0.136;摩擦系数的平均差不匀率 MMD 在 0.007～0.008 之间,平均值为 0.007;表面粗糙度 SMD 在 2.047～2.787 μm 之间,平均值为 2.297 μm。整体上看松结构精纺毛织物的表面摩擦性能与常规精纺毛织物没有明显差异;松结构精纺毛织物试样 A14 因其组织特殊,摩擦系数的平均差不匀率 MMD 为 0.012,表面粗糙度 SMD 为 5.601 μm,两项指标明显高于其他试样,实际手感也明显比其他试样粗糙。

表 10-14　表面摩擦性能测试结果

序号	试样编号	MIU	MMD	$SMD/\mu m$	序号	试样编号	MIU	MMD	$SMD/\mu m$
1	A12	0.144	0.008	2.464	7	A18	0.135	0.007	2.169
2	A13	0.140	0.009	2.402	8	A19	0.128	0.007	1.880
·3	A14	0.141	0.012	5.601	9	B7	0.131	0.007	2.047
4	A15	0.137	0.009	2.928	10	B8	0.135	0.007	2.254
5	A16	0.129	0.008	2.394	11	B9	0.142	0.007	2.099
6	A17	0.140	0.008	2.322	12	B10	0.138	0.008	2.787

二、松结构精纺毛织物风格的客观评价

　　本文所研究精纺毛织物试样涉及男士冬季西服面料、男士夏季西服面料、男士衬衫面料及女士冬季休闲服面料等诸多品类。如果将这些试样按其所属品类分别进行风格的客观评价,难以实现对其各项基本风格的客观比较。因此在进行风格值计算时,将其统一放入同一品类进行评定,旨在有效对比各项风格值的高低,而非优劣。

　　因男士冬季西服面料综合风格的评价公式比较成熟,本研究选用的 72 个样品中男士冬季西服面料占大多数,所以在进行织物风格值计算时考虑采用将试样放入男士冬季西服样品群进行风格评价。冬季西服样品群是指将各试样的 KES 基本性能指标 X_i 值用日本的风格计量与标准化研究委员会男士冬季西服面料性能指标的平均值 m_i 和标准差 σ_i 作标准化处理;另外,增加了本研究试样样品群,将各试样的 KES 基本性能指标 X_i 值用本研究 72 个试样基本性能指标的平均值 m_i 和标准差 σ_i(表 4-3)作标准化处理,而后带入男士冬季西服面料基本风格和综合风格计算公式(4-1)～式(4-3)计算评价,并对两种风格评价方法做对比。

(一) 冬季西服样品群

　　将 KES 试验得到的基本性能指标 X_i 值用男士冬季西服面料性能指标的平均值 m_i 和标准差 σ_i 作标准化处理,而后带入基本风格及综合风格计算公式。三组试样的基本风格值与综合风格值的计算结果如表 10-15～表 10-17 所示。

表 10-15　松结构精纺毛织物试样的风格值

编号	基本风格值			综合风格值	编号	基本风格值			综合风格值
	硬挺度	滑糯度	丰满度			硬挺度	滑糯度	丰满度	
A1	2.3	1.2	9.8	1.2	A11	5.1	7.8	6.7	4.8
A2	3.5	5.2	8.9	2.7	A12	4.4	6.7	6.6	4
A3	3	4.3	8.4	2.3	A13	4.9	6.9	6.3	4.2
A4	3.5	5	7.9	2.8	A14	5	5	5.4	3.4
A5	5.3	5.5	4.9	3.5	A15	5.4	6.1	6	3.8
A6	4.5	6.3	6.3	3.8	A16	4.8	6.9	6.7	4.2
A7	4.9	6	5.8	3.7	A17	4.6	6.5	7.5	3.8
A8	4.5	6.7	6.7	4	A18	4.5	6.7	7.5	3.9
A9	5.5	6.9	5.8	4.3	A19	5.5	7.2	6.7	4.5
A10	3.9	7.1	7	4.1	A20	3.5	4.7	6.7	2.8

从表 10-14 知松结构精纺毛织物试样的硬挺度值在 2.3~5.5 之间,平均值为 4.43;滑糯度值为 1.2~7.8,平均值为 5.94;丰满度值为 4.9~9.8,平均值为 6.88;综合风格值为 1.2~4.8,平均值为 3.59。

表 10-16　常规精纺毛织物试样的风格值

编号	基本风格值			综合风格值	编号	基本风格值			综合风格值
	硬挺度	滑糯度	丰满度			硬挺度	滑糯度	丰满度	
B1	5.4	6.1	8	3.7	B21	5.7	7.3	7.4	4.5
B2	5.3	6.8	7.6	4.1	B22	4.6	7.6	6.7	4.6
B3	5	6.4	8.1	3.7	B23	4.9	6.7	4.7	4
B4	4.8	6.1	7.4	3.7	B24	4.9	7.5	6.8	4.5
B5	5.3	6.5	7.3	4	B25	5.9	7.7	5.4	4.8
B6	6.5	6.4	4.1	3.8	B26	4.7	8.1	7.1	4.9
B7	5.3	7	7.1	4.3	B27	5.7	7.5	5.8	4.7
B8	4.5	6.8	7.7	4	B28	4.6	7.4	7.2	4.4
B9	6	5.7	7.8	3.5	B29	5.3	7.4	7.1	4.5
B10	6.4	6.1	4.8	3.8	B30	5.2	6.3	4.9	3.8
B11	5.2	7.2	6.2	4.4	B31	3.5	7.3	7.6	4.1
B12	5.5	5.8	2.8	3.1	B32	5.6	6.7	4.1	3.9
B13	4.7	7.4	4.9	4.4	B33	4.6	7.5	6.7	4.5
B14	4.8	7.6	6.9	4.6	B34	3.7	8.2	7.3	4.7
B15	4.9	7.2	6.7	4.4	B35	4.9	8.8	6.4	5.5
B16	4.1	4.6	6.2	3	B36	5.6	4.7	2	2.3
B17	5.5	7.3	6.4	4.5	B37	6.8	6.6	3.7	3.8
B18	4.9	7	6.9	4.2	B38	6.3	7.1	3.8	4.2
B19	4.5	7.4	7.3	4.4	B39	5.9	7.9	5.8	5
B20	4.5	5.5	7.3	3.3	B40	5.3	8.2	6.4	5.1

从表 10-16 知常规精纺毛织物试样的硬挺度值在 3.5~6.8 之间,平均值为 5.17;滑糯度值为 4.6~8.8,平均值为 6.94;丰满度值为 2~8.1,平均值为 6.21;综合风格值为 2.3~5.5,平均值为 4.17。

表 10-17　含少量特殊纤维的精纺毛织物试样的风格值

编号	基本风格值			综合风格值	编号	基本风格值			综合风格值
	硬挺度	滑糯度	丰满度			硬挺度	滑糯度	丰满度	
C1	4	6.4	8.1	3.6	C7	5.2	7.3	5.5	4.4
C2	7.6	4.3	5.9	3.1	C8	4.5	7.6	6.1	4.5
C3	4.1	7	8	3.9	C9	4.2	7.1	6	4.2
C4	5.8	6.4	5.2	4	C10	4.2	7.5	6.9	4.2
C5	5.8	5.1	4.4	3.2	C11	6.6	7.4	4.7	4.5
C6	2.7	7.6	7	4	C12	5.3	7.3	4.1	4.3

从表 10-17 知含少量特殊纤维的精纺毛织物试样的硬挺度值在 2.7~7.6 之间,平均值为 5;滑糯度值为 4.3~7.6,平均值为 6.75;丰满度值为 4.1~8.1,平均值为 5.99;综合风格值为 3.1~4.5,平均值为 4.02。

图 10-27 为 A 类松结构精纺毛织物试样、B 类常规精纺毛织物试样和 C 类含少量特殊纤维精纺毛织物试样的风格值对比。

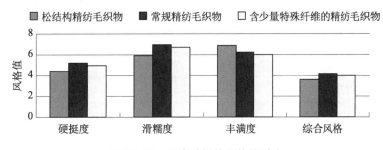

图 10-27　三类试样的风格值对比

从整体上看,A 类松结构精纺毛织物试样的硬挺度、滑糯度值和综合风格值均低于 B 类常规精纺毛织物试样和 C 类含少量特殊纤维精纺毛织物试样,但丰满度值则高于 B 类常规精纺毛织物试样和 C 类含少量特殊纤维精纺毛织物试样。

(二) 本研究试样样品群

基本风格的客观评价方法不仅可以消除主观评价的随机误差,而且在很多情况下有它独特的优势。因为人手触摸面料时往往同时感受到面料的多方面信息,当两种面料的多方面性能差异很大时,人的感官很难从多种混杂信息中分离出某一方面的手感性能并比较它们的强弱,例如人们很难分辨出真丝双绉和全棉纱布哪一个更加柔软,此类问题对于客观评价方法不存在任何难度。

一些学者和专家曾经对综合风格的客观评价方法有过不同意见,但却很少有人指责评价面料某一方面性能强弱的基本风格公式,因为这些公式确实反映出手感性能与基本力学性能间的主要关系。近些年来,国外避开综合风格而直接引用基本风格客观评价方法的情况很多。

由于基本风格指标本身比较单纯,不同评价者之间的一致性较好,加之求取基本风格回归方程时的样本容量大,数据处理严密,所以男士冬季西服面料基本风格的计算公式很好地反映了触觉风格与二维片状材料性能间相关的一般规律,20 世纪 80 年代中期伊始,被广泛应用于其它类型服装面料、非织造布、皮革、地毯、汽车内装材料等片状材料的手感评价。一般应用方法是将某一材料的基本性能指标 X_i 用同类材料性能指标的平均值 m_i 和标准差 σ_i 作标准化处理,而后带入男士冬季西服面料基本风格计算公式。因本研究选用的 72 个样品不是全都属于男士冬季西服面料,故考虑用试样样品群本身的平均值 m_i 和标准差 σ_i 对试样基本性能指标 X_i 作标准化处理,而后再计算基本风格值。

72 块试样的基本性能指标的平均值 m_i 和标准差 σ_i 如表 10-18 所示。

表 10-18　72 块试样基本性能指标的平均值 m_i 和标准差 σ_i

指标序号 i	性能指标 X_i	单位	m_i	σ_i
1	LT	—	0.549 2	0.046 0
2	$\lg WT$	$cN \cdot cm \cdot cm^{-2}$	1.024 5	0.092 9
3	RT	%	74.709 4	5.088 8
4	$\lg B$	$cN \cdot cm^2 \cdot cm^{-1}$	−1.190 4	0.132 1
5	$\lg 2HB$	$cN \cdot cm \cdot cm^{-1}$	−1.684 1	0.168 6
6	$\lg G$	$cN \cdot (cm \cdot deg)^{-1}$	−0.333 8	0.111 6
7	$\lg 2HG$	$cN \cdot cm^{-1}$	−0.442 3	0.159 5
8	$\lg 2HG_5$	$cN \cdot cm^{-1}$	−0.069 9	0.157 9
9	LC	—	0.391 5	0.038 2
10	$\lg WC$	$cN \cdot cm \cdot cm^{-2}$	−0.896 4	0.176 2
11	RC	%	63.363 9	3.342 4
12	MIU	—	0.138 0	0.011 0
13	$\lg MMD$	—	−2.085 5	0.115 8
14	$\lg SMD$	μm	0.420 0	0.148 4
15	$\lg To$	mm	−0.404 4	0.109 5
16	$\lg W$	$mg \cdot cm^{-2}$	1.274 2	0.063 1

将 KES 试验得到的基本性能指标 X_i 值用 72 块试样基本性能指标的平均值 m_i 和标准差 σ_i 作标准化处理,而后代入基本风格公式(4-1)、(4-2)、(4-3),三组试样的基本风格值计算结果如表 10-19～表 10-21 所示。

表 10-19 松结构精纺毛织物试样的风格值

编号	硬挺度	滑糯度	丰满度	编号	硬挺度	滑糯度	丰满度
A1	4.0	−1.6	6.6	A11	5.8	6.0	5.3
A2	4.5	3.4	7.2	A12	5.2	5.2	5.4
A3	4.0	1.6	6.2	A13	5.6	5.0	5.0
A4	4.4	3.0	6.3	A14	5.7	2.8	4.0
A5	6.0	3.1	3.4	A15	6.0	4.1	4.7
A6	5.2	4.0	4.7	A16	5.6	5.9	5.5
A7	5.6	3.6	4.3	A17	5.5	5.0	6.1
A8	5.3	4.8	5.2	A18	5.3	5.1	6.2
A9	6.2	4.7	4.4	A19	6.3	6.0	5.7
A10	4.8	5.1	5.5	A20	4.3	2.5	5.0

从表 10-19 知,松结构精纺毛织物试样的硬挺度值在 4～6.3 之间,平均值为 5.27;滑糯度值为 −1.6～6,平均值为 3.97;丰满度为 3.4～7.2,平均值为 5.34。

表 10-20 常规精纺毛织物试样的风格值

编号	硬挺度	滑糯度	丰满度	编号	硬挺度	滑糯度	丰满度
B1	6.4	4.6	6.5	B21	6.6	6.0	6.1
B2	6.2	5.3	6.2	B22	5.4	6.2	5.5
B3	6.0	4.9	6.5	B23	5.6	4.4	3.6
B4	5.7	4.6	6.0	B24	5.8	5.8	5.6
B5	6.2	5.1	6.0	B25	6.6	6.2	4.4
B6	7.0	4.3	3.0	B26	5.5	6.6	5.9
B7	6.2	5.7	5.8	B27	6.3	5.6	4.6
B8	5.5	5.4	6.3	B28	5.5	6.2	5.9
B9	7.0	4.3	6.2	B29	6.1	5.9	5.8
B10	7.2	3.6	3.2	B30	5.8	3.6	3.4
B11	5.9	5.6	5.1	B31	4.3	5.3	6.1
B12	6.1	3.2	1.1	B32	6.2	4.3	2.8
B13	5.4	5.5	3.8	B33	5.5	6.2	5.4
B14	5.6	6.2	5.7	B34	4.4	7.2	6.2
B15	5.6	5.7	5.5	B35	5.5	7.5	5.5
B16	4.9	2.1	4.6	B36	6.1	3.6	0.4
B17	6.2	5.5	5.1	B37	7.4	4.4	2.3
B18	5.7	5.5	5.6	B38	6.9	5.0	2.6
B19	5.4	6.2	6.1	B39	6.5	6.4	4.9
B20	5.4	3.7	5.9	B40	5.9	6.4	5.4

从表10-20知,常规精纺毛织物试样的硬挺度值在4.3~7.4之间,平均值为5.94;滑糯度值为2.1~7.5,平均值为5.25;丰满度为0.4~6.5,平均值为4.92。

表 10-21 含少量特殊纤维精纺毛织物试样的风格值

编号	硬挺度	滑糯度	丰满度	编号	硬挺度	滑糯度	丰满度
C1	4.9	4.7	6.6	C7	5.7	4.8	4.2
C2	8.2	1.5	4.0	C8	5.1	5.4	5.0
C3	5.0	5.3	6.6	C9	5.0	5.2	4.8
C4	6.6	3.8	3.4	C10	5.0	5.5	5.5
C5	6.4	2.6	3.0	C11	7.3	5.4	3.4
C6	3.3	5.5	5.4	C12	5.9	5.1	3.0

从表10-21知,含少量特殊纤维精纺毛织物试样的硬挺度值在3.3~8.2之间,平均值为5.7;滑糯度值为1.5~5.5,平均值为4.57;丰满度值为3~6.6,平均值为4.58。

图10-25为A松结构精纺毛织物试样、B常规精纺毛织物试样和C含少量特殊纤维精纺毛织物试样三类试样的风格值对比。整体上看,A类松结构试样的硬挺度和滑糯度均低于B类常规试样和C类特殊纤维试样,但丰满度值高于B类常规试样和C类特殊纤维试样。

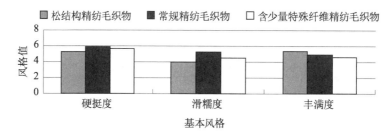

图 10-28 三类试样的风格值对比

(三) 两种风格评价方式的对比

将72块试样放入男士冬季西服样品群和本研究样品群进行风格评价所计算出的基本风格值进行比较,表10-22为各HV_2与HV_1的差值(HV_1为将试样放入男士冬季西服样品群计算出的风格值;HV_2为将试样放入本研究试样样品群计算出的风格值)及差异率,即$100\% \times (HV_2 - HV_1)/HV_1$。

表 10-22(a) 松结构精纺织物试样 HV_2 与 HV_1 的差值及差异率

编号	硬挺度		滑糯度		丰满度	
	差值	差异率/%	差值	差异率/%	差值	差异率/%
A1	1.7	73.9	−2.8	−233.3	−3.2	−32.7
A2	1	28.6	−1.8	−34.6	−1.7	−19.1
A3	1	33.3	−2.7	−62.8	−2.2	−26.2

（续表）

编号	硬挺度		滑糯度		丰满度	
	差值	差异率/%	差值	差异率/%	差值	差异率/%
A4	0.9	25.7	−2	−40.0	−1.6	−20.3
A5	0.7	13.2	−2.4	−43.6	−1.5	−30.6
A6	0.7	15.6	−2.3	−36.5	−1.6	−25.4
A7	0.7	14.3	−2.4	−40.0	−1.5	−25.9
A8	0.8	17.8	−1.9	−28.4	−1.5	−22.4
A9	0.7	12.7	−2.2	−31.9	−1.4	−24.1
A10	0.9	23.1	−2	−28.2	−1.5	−21.4
A11	0.7	13.7	−1.8	−23.1	−1.4	−20.9
A12	0.8	18.2	−1.5	−22.4	−1.2	−18.2
A13	0.7	14.3	−1.9	−27.5	−1.3	−20.6
A14	0.7	14.0	−2.2	−44.0	−1.4	−25.9
A15	0.6	11.1	−2	−32.8	−1.3	−21.7
A16	0.8	16.7	−1	−14.5	−1.2	−17.9
A17	0.9	19.6	−1.5	−23.1	−1.4	−18.7
A18	0.8	17.8	−1.6	−23.9	−1.3	−17.3
A19	0.8	14.5	−1.2	−16.7	−1	−14.9
A20	0.8	22.9	−2.2	−46.8	−1.7	−25.4

表 10-22(b)　常规精纺织物试样 HV_2 与 HV_1 的差值及差异率

编号	硬挺度		滑糯度		丰满度	
	差值	差异率/%	差值	差异率/%	差值	差异率/%
B1	1	18.5	−1.5	−24.6	−1.5	−18.8
B2	0.9	17.0	−1.5	−22.1	−1.4	−18.4
B3	1	20.0	−1.5	−23.4	−1.6	−19.8
B4	0.9	18.8	−1.5	−24.6	−1.4	−18.9
B5	0.9	17.0	−1.4	−21.5	−1.3	−17.8
B6	0.5	7.7	−2.1	−32.8	−1.1	−26.8
B7	0.9	17.0	−1.3	−18.6	−1.3	−18.3
B8	1	22.2	−1.4	−20.6	−1.4	−18.2
B9	1	16.7	−1.4	−24.6	−1.6	−20.5
B10	0.8	12.5	−2.5	−41.0	−1.6	−33.3

编号	硬挺度		滑糯度		丰满度	
	差值	差异率/%	差值	差异率/%	差值	差异率/%
B11	0.7	13.5	−1.6	−22.2	−1.1	−17.7
B12	0.6	10.9	−2.6	−44.8	−1.7	−60.7
B13	0.7	14.9	−1.9	−25.7	−1.1	−22.4
B14	0.8	16.7	−1.4	−18.4	−1.2	−17.4
B15	0.7	14.3	−1.5	−20.8	−1.2	−17.9
B16	0.8	19.5	−2.5	−54.3	−1.6	−25.8
B17	0.7	12.7	−1.8	−24.7	−1.3	−20.3
B18	0.8	16.3	−1.5	−21.4	−1.3	−18.8
B19	0.9	20.0	−1.2	−16.2	−1.2	−16.4
B20	0.9	20.0	−1.8	−32.7	−1.4	−19.2
B21	0.9	15.8	−1.3	−17.8	−1.3	−17.6
B22	0.8	17.4	−1.4	−18.4	−1.2	−17.9
B23	0.7	14.3	−2.3	−34.3	−1.1	−23.4
B24	0.9	18.4	−1.7	−22.7	−1.2	−17.6
B25	0.7	11.9	−1.5	−19.5	−1	−18.5
B26	0.8	17.0	−1.5	−18.5	−1.2	−16.9
B27	0.6	10.5	−1.9	−25.3	−1.2	−20.7
B28	0.9	19.6	−1.2	−16.2	−1.3	−18.1
B29	0.8	15.1	−1.5	−20.3	−1.3	−18.3
B30	0.6	11.5	−2.7	−42.9	−1.5	−30.6
B31	0.8	22.9	−2	−27.4	−1.5	−19.7
B32	0.6	10.7	−2.4	−35.8	−1.3	−31.7
B33	0.9	19.6	−1.3	−17.3	−1.3	−19.4
B34	0.7	18.9	−1	−12.2	−1.1	−15.1
B35	0.6	12.2	−1.3	−14.8	−0.9	−14.1
B36	0.5	8.9	−1.1	−23.4	−1.6	−80.0
B37	0.6	8.8	−2.2	−33.3	−1.4	−37.8
B38	0.6	9.5	−2.1	−29.6	−1.2	−31.6
B39	0.6	10.2	−1.5	−19.0	−0.9	−15.5
B40	0.6	11.3	−1.8	−22.0	−1	−15.6

表 10-22(c)　含少量特殊纤维精纺织物试样 HV_2 与 HV_1 的差值及差异率

编号	硬挺度		滑糯度		丰满度	
	差值	差异率/%	差值	差异率/%	差值	差异率/%
C1	0.9	22.5	−1.7	−26.6	−1.5	−18.5
C2	0.6	7.9	−2.8	−65.1	−1.9	−32.2
C3	0.9	22.0	−1.7	−24.3	−1.4	−17.5
C4	0.8	13.8	−2.6	−40.6	−1.8	−34.6
C5	0.6	10.3	−2.5	−49.0	−1.4	−31.8
C6	0.6	22.2	−2.1	−27.6	−1.6	−22.9
C7	0.5	9.6	−2.5	−34.2	−1.3	−23.6
C8	0.6	13.3	−2.2	−28.9	−1.1	−18.0
C9	0.8	19.0	−1.9	−26.8	−1.2	−20.0
C10	0.8	19.0	−2	−26.7	−1.4	−20.3
C11	0.7	10.6	−2	−27.0	−1.3	−27.7
C12	0.6	11.3	−2.2	−30.1	−1.1	−26.8

由表 10-22 可以看出，72 块试样中只有 $1^\#$ 试样两种计算方法得出的硬挺度与滑糯度变化较大，其余试样 HV_2 与 HV_1 的差值变化均较稳定，可见两种计算方法得出的风格值具有较强的一致性。与放入男士冬季西服样品群计算出的风格值相比，放入课题样品群计算出的三项基本风格值中，硬挺度值整体偏大，绝大部分试样的硬挺度偏大 0.8 左右；滑糯度和丰满度值整体偏小。

对松结构、常规和含少量特殊纤维的精纺毛织物试样分别进行了折皱回复性、抗起球性、透气性、光泽、悬垂性、低应力下的力学性能测试，并对测试结果和风格的客观评价进行了比较分析，总结如下：

（1）在织物服用性能方面，松结构精纺毛织物的折皱回复角略高于含有少量特殊纤维精纺毛织物，低于常精纺毛织物的折皱回复角；松结构精纺织物起球后的稳定厚度 T_m 增加率和增加量整体上高于常规精纺毛织物和含有少量特殊纤维的精纺毛织物；透气性方面，与常规精纺毛织物和含少量特殊纤维的精纺毛织物相比，松结构精纺毛织物具有更好的透气性；织物光泽方面，与常规精纺毛织物及含有少量特殊纤维的精纺毛织物相比，松结构精纺毛织物的光泽度没有明显的下降；悬垂性方面，松结构精纺毛织物的静态悬垂系数低于常规精纺毛织物，与含有少量特殊纤维的精纺毛织物的静态悬垂系数接近。

（2）在织物风格即低应力下的力学性能上，与纱线线密度相同的常规精纺毛织物相比，松结构精纺毛织物的拉伸线性度 LT 较小，即在初始拉伸时更容易变形，织物更柔软；剪切滞后矩 $2HG$ 和 $2HG_5$ 均较小，具有更好的剪切回复性；弯曲刚度 B、弯曲滞后矩 $2HB$ 整体上略低于常规精纺毛织物试样；压缩功 WC 略低，即蓬松性略小；压缩功回复率 RC 略高，即压缩弹性更好；稳定厚度 T_m 和表观厚度 T_0 均较小，即织物更加轻薄。

（3）风格的客观评价进行了比较分析，用日本男士冬季西服面料计算了 72 块试样的基本风格值和综合风格值；用课题研究试样的基本性能指标的平均值 m_i 和标准差 σ_i 计算了基本风格值，并将三组试样的基本风格值进行了对比分析。① 两种方法计算出的风格值略有差异,但整体变化趋势相同;② 松结构精纺毛织物试样的硬挺度和滑糯度低于常规精纺毛织物试样及含少量特殊纤维精纺毛织物试样;③ 松结构精纺毛织物试样的丰满度高于常规精纺毛织物试样及含少量特殊纤维精纺毛织物试样。

三、松结构精纺毛织物的主因子分析

1. 主因子分析过程

选取了 72 个精纺毛织物的拉伸性能、剪切性能、弯曲性能、压缩性能、表面摩擦性能、光泽特性和透气性共计 7 项性能,包括拉伸曲线线性度 LT、拉伸比功 WT、拉伸功回复率 RT、伸长率 EM,剪切变形性能的剪切刚度 G、剪切滞后量 $2HG$、剪切滞后量 $2HG_5$、弯曲性能的弯曲刚度 B、弯曲滞后矩 $2HB$、压缩性能的压缩比功 WC、压缩功回复率 RC、压缩曲线的线性度 LC、稳定厚度 T_m、表面摩擦性能的平均摩擦系数 MIU、摩擦系数的平均差不匀率 MMD、表面粗糙度 SMD、织物面密度 W、光泽度 G_c,透气量 Q 共计 19 个织物基本性能指标进行了主因子分析。

主因子分析的第一主成分特征值为 6.54,第二主成分特征值为 2.873,由分析可知主因子 F_1、F_2 的因子得分模型为

$$F_1 = 0.913Z15 + 0.907Z10 + 0.901Z5 + 0.753Z16 + 0.747Z4 + 0.715Z7 + 0.617Z19 \\ + 0.606Z12 + 0.374Z14 + 0.368Z2 + 0.162Z9 + 0.122Z18 + 0.116Z8 + 0.111Z17 \\ - 0.215Z13 - 0.241Z6 - 0.448Z1 - 0.489Z11 - 0.762Z3 \tag{10-1}$$

$$F_2 = 0.755Z13 + 0.596Z14 + 0.443Z19 + 0.439Z1 + 0.350Z9 + 0.236Z6 + 0.204Z12 \\ + 0.187Z3 + 0.141Z10 + 0.117Z5 + 0.112Z8 + 0.059Z7 + 0.012Z4 - 0.018Z15 \\ - 0.136Z11 - 0.234Z16 - 0.378Z2 - 0.645Z18 - 0.647Z17 \tag{10-2}$$

式中: Z_i 为第 i 项指标标准化后的值,其对应关系如表 10-23 所示。

表 10-23 标准化与原始变量对应关系

标准化	原始变量	标准化	原始变量	标准化	原始变量
Z_1	LT	Z_8	$2HG$	Z_{15}	SMD
Z_2	WT	Z_9	$2HG_5$	Z_{16}	T_m
Z_3	RT	Z_{10}	LC	Z_{17}	W
Z_4	EM	Z_{11}	WC	Z_{18}	G_c
Z_5	B	Z_{12}	RC	Z_{19}	Q
Z_6	$2HB$	Z_{13}	MIU		
Z_7	G	Z_{14}	MMD		

由因子得分模型可以看出,各项指标对主因子 F_1 的影响程度由大到小依次为: T_m、WC、$2HB$、W、RT、$2HG$、B、Q、MIU、EM、LT、RC、WT、SMD、MMD、G、G_c、LC、$2HG_5$。

各项指标对主因子 F_2 的影响程度由大到小依次为: MMD、SMD、EM、WT、LT、Q、G_c、MIU、LC、W、RC、$2HB$、WC、B、RT、$2HG$、G、T_m、$2HG_5$。

根据主因子 F_1 和主因子 F_2 的因子得分模型可以算出 72 种试样的主因子 F_1 和主因子

F_2 得分,如表 10-24 所示。

表 10-24(a)　松结构精纺毛织物试样的主因子 F_1 和主因子 F_2 得分

主因子	F_1	F_2	主因子	F_1	F_2
A1	5.43	3.57	A11	−0.2	−0.11
A2	1.88	−0.99	A12	0.28	−0.4
A3	2.41	0.32	A13	−0.03	−0.09
A4	1.45	−0.33	A14	0.17	0.97
A5	−0.61	1.04	A15	−0.21	0.24
A6	−0.17	0.36	A16	0.25	−0.41
A7	−0.15	0.26	A17	−0.01	−0.19
A8	−0.28	0.07	A18	0.42	−0.86
A9	−0.24	0.03	A19	0.21	−1.24
A10	0.16	−0.36	A20	0.97	1.39

表 10-24(b)　常规精纺毛织物试样的主因子 F_1 和主因子 F_2 得分

主因子	F_1	F_2	主因子	F_1	F_2
B1	0.95	−0.73	B21	−0.06	−0.73
B2	0.35	−0.49	B22	−0.35	−0.25
B3	1.12	−1.17	B23	−0.56	−0.14
B4	0.73	−0.59	B24	0.17	−0.51
B5	0.39	−0.78	B25	−0.83	0.17
B6	−0.81	0.38	B26	−0.39	−0.45
B7	−0.01	−0.52	B27	−0.89	0.01
B8	0.37	−0.71	B28	0.09	−0.73
B9	1.69	−0.81	B29	−0.19	−0.6
B10	0.01	0.55	B30	−0.76	0.89
B11	−0.31	−0.53	B31	0.1	−0.89
B12	−1.02	2.04	B32	−1.24	1.04
B13	−0.93	0.45	B33	−0.44	−0.22
B14	−0.04	−0.54	B34	−0.39	−0.74
B15	−0.39	−0.13	B35	−0.81	−0.72
B16	0.24	1.12	B36	−0.49	3.17
B17	−0.31	−0.49	B37	−1.26	1.48
B18	−0.43	0.01	B38	−1.26	0.98
B19	−0.21	−0.61	B39	−0.6	−0.92
B20	0.18	0.2	B40	−0.7	−0.59

表 10-24(c)　含少量特殊纤维精纺毛织物试样的主因子 F_1 和主因子 F_2 得分

主因子	F_1	F_2	主因子	F_1	F_2	主因子	F_1	F_2
C1	1.55	−2.18	C5	−0.47	0.94	C9	−0.85	0.05
C2	0.69	2.04	C6	−0.2	−0.13	C10	−0.36	−0.22
C3	1.04	−2.18	C7	−0.28	−0.99	C11	−1.05	0.5
C4	−0.09	0.94	C8	−0.93	−0.1	C12	−1.49	1.15

2. 结果与讨论

(1) 由主因子分析结果表 10-24 可知,从选取的 19 个织物基本性能指标中提取的五个主因子的累积贡献率为 75.68%,能代表织物的大部分信息。根据成分矩阵中因子载荷的大小,第一主因子 F_1 与稳定厚度 T_m、压缩功回复率 WC、弯曲滞后矩 $2HB$ 关系密切,主要反映了织物的丰厚度;第二主因子 F_2 与表面摩擦系数的平均差不匀率 MMD、粗糙度 SMD 和拉伸时的伸长率 EM 关系密切,主要反映了织物的滑糯度;第三主因子 F_3 与剪切刚度 G、剪切滞后矩 $2HG_5$ 和光泽度 G_c 关系密切,主要反映了织物的剪切性;第四主因子 F_4 与压缩线性度 WC、弯曲刚度 B 和拉伸比功 WT 关系密切;第五主因子 F_5 与光泽度 G_c、剪切刚度 G 和表面摩擦系数 MIU 关系密切。

(2) 72 个试样根据这两个主成分绘制得到二维因子的得分图,并进行聚类分析。通过根据因子分析提取的主因子得分值对试样进行分类,见图 10-29。从对 72 种精纺毛织物试样所做的因子得分二维图中可以看出,对于不同种类的精纺毛织物试样,均有比较明显的特征区域。因子得分图中以椭圆框加以分区,不同的区域对应着不同的特征,椭圆面积越小,其中试样的综合性能越接近。

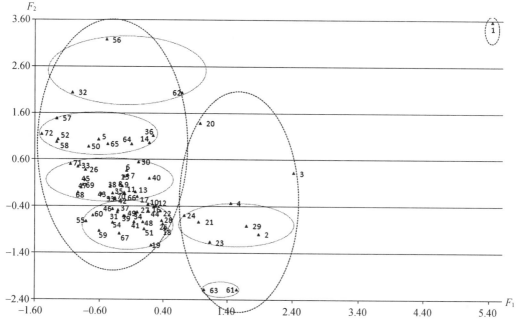

图 10-29　主因子得分二维图

从图 10-29 中来看,72 块织物大致可以分为三大类,从左到右依次为:高支轻薄织物、中型织物和厚重织物。

(1)高支轻薄织物试样主因子 F_1 的得分区间为[-1.5, 0.7],其共同特征是织物厚度和面密度均较小。高支轻薄织物试样又可分为四小类:第一小类的主因子 F_2 得分区间为[-1.24, -0.19],此区域内的代表型织物主要有 25#、34#、48#、51#、60# 和 67# 织物,松结构织物 10#、12#、16#、17#、18# 和 19# 试样也在此区域内,其主要特征是织物绒面效果较强,弹性较好;第二小类的主因子 F_2 得分区间为[-0.14, 0.55],此区域内的代表性织物有 26#、30#、40# 试样等,66#、68#、69#、70# 和 71# 五块毛与柔丝纤维混纺织物全部在此区域内,松结构织物 6#、7#、8#、9#、11#、13# 和 15# 试样也在此区域内,其主要特征是绒面效果和弹性稍弱于第一小类;第三小类的主因子 F_2 得分区间为[0.89, 1.48],主要为纱线线密度较小(12.5 tex 以下)的毛涤混纺织物及特殊组织形成爽络风格的织物,毛涤混纺有 50#、52#、57#、58#、64#、65#、72# 试样,特殊组织形成的爽络风格织物有松结构织物 5#、14# 试样和 36# 试样,还有其共同特征是织物滑爽、光泽较好;第四小类的主因子 F_2 得分区间为[2.04, 3.17],此区域内的织物有毛涤混纺纱与涤纶长丝交织而成的 32# 试样,涤纶含量较高的毛涤混纺织物 56# 试样,普通毛纱与亚麻纱交织而成的 62# 试样,其主要特征是织物爽络、有光泽,但织物弹性小。

(2)第二大类织物为中型织物,主因子 F_1 的得分区间为[0.7, 2.5],织物面密度和厚度均高于第一大类织物。此区域内的织物又可分为四小类:第一小类的主因子 F_2 的得分区间为[-2.4, -1.4],此区域内的织物主要有毛涤莱卡混纺织物 61# 试样和毛涤黏莱卡混纺织物 63# 试样,相对于同一大类的其它试样,其共同特征是弹性都比较好;第二小类的主因子 F_2 的得分区间为[-1.2, -0.3],此区域内的织物主要有松结构全毛织物 2# 试样、松结构毛涤黏织物 4# 试样和常规织物 21#、23#、24# 和 29# 试样,其主要特征是弹性稍好,丰厚感和绒面较强;第三小类的织物为松结构毛涤织物 3# 试样,与同规格的松结构织物 2# 和 4# 试样相比,其绒面效果、织物弹性和丰厚感略差些;第四小类的织物为松结构女衣呢 20# 试样,其主要特征是呢面手感爽络。

(3)第三大类为厚型织物,该区域的织物只有 1# 试样,其特征是织物厚实丰满,蓬松度高。

松结构织物在以上三个大类中均有分布,松结构织物具备常规精纺毛织物的大部分基本特征。松结构织物第一主因子 F_1 的得分值在 -0.61~5.43 之间,平均得分为 0.59,其余织物第一主因子 F_1 的得分值在 -1.49~-1.69 之间,平均值为 -0.23。松结构织物第一主因子 F_1 的得分值整体较高,因此通过第一主因子 F_1 反映出来的松结构织物的主要特征是织物整体比较丰厚;松结构织物第二主因子 F_2 的得分值在 -1.24~3.57 之间,平均得分为 0.16,其余织物第二主因子 F_2 的得分值在 -2.18~3.17 之间,平均值为 -0.06,因此,通过第二主因子 F_1 反映出来的松结构织物的滑糯度适中。

第十一章

消防服用面料服用性能、风格和热防护性能

　　一般情况下消防服的外部环境较恶劣,对面料的性能要求也较高,特别是材料的阻燃和耐高温性能。消防服的外层面料由于直接面对外界环境,其性能对消防服整体热防护性有重要影响。早年,消防服主要使用阻燃棉、阻燃黏胶纤维面料,成本较低,但这类材料随着反复洗涤使用,性能会明显地下降,我国装备的消防服绝大部分是采用这类材料,而高性能消防服多使用阻燃耐高温性能更优良的芳纶纤维、PBI 纤维制成的面料,这类纤维本身阻燃耐高温性能较好,但价格较昂贵,目前,美国、欧洲经济发达国家多使用这类面料。火场的温度可达到 50~1 100℃之间,这就需要消防服装要有良好的热防护性能,而单薄的阻燃外层达不到这个要求,采用较厚的阻燃无纺布做中间隔热层可使消防服具有良好的隔热防护性能。对于内层来说,和身体直接接触,需要良好的服用性能,目前大多采用较轻薄的阻燃棉面料。

　　对于消防服的评价,国内外均已制定了相关的产品标准和测试标准。如美国防火协会(NFPA)制定了 NFPA1971—2007 和 NFPA1976—2000《建筑物火灾用灭火防护服标准》,欧盟的 EN469 制定了《消防员防护服标准》,我国有 GA10—2014《消防员灭火防护服》和 GA634—2015《消防员隔热防护服》,以及国际标准 ISO11612 和 ISO11613,根据这些标准,消防服材料普遍采用多层织物组合,通常由外及内依次为:外层、防水透气层、隔热层和舒适层。其中外层织物直接与火源接触,阻燃是外层织物最基本的要求,对织物材料的要求也最高。

　　消防服作为一种防护性服装,其热防护性能的好坏直接关系到消防人员的生命安危。而其作为服装的一种,又不得不考虑其穿着的舒适性能,特别是在消防人员高强度、恶劣环境下,消防服的合适性能直接影响到消防人员的身体,甚至心理。表征织物穿着舒适性的指标是多方面的,目前常用评价服装面料穿着舒适性的指标主要有织物的透气性、透湿性、保温性、热阻、湿阻,以及织物的风格与手感等。同样,表观织物阻燃热防护性能的指标也有多种,常用的评价指标主要有织物材料的热学性能、材料的极限氧指数、织物的垂直燃烧性能,以及织物的热防护性能 (TPP 值)等。这些影响面料的指标是单独测试、独立分析的,但又是相互影响、相互关联的,要从整体上去权衡织物的服用性能、风格和热防护性能。

第一节　消防服用面料表面形貌、服用性能和风格

一、试验材料的选择

　　消防服材料按其研制方法来分主要有三类:一类是对织物进行功能性阻燃整理,如棉织物阻燃整理。美国 NFPA1971 建筑物火灾早期使用的战斗服的阻燃材料是在纤维中加入化学阻

燃添加剂或对织物进行阻燃处理。它的阻燃性能是暂时的,会随洗涤次数增加而降低,直至消失。它的耐磨性、抗静电性、耐化学试剂性能都较差,防护性能也差,而且在高温情况下会产生高温气体、烟雾、煤焦油等,增加对人体的灼伤程度。第二类是采用高性能阻燃纤维材料,如Nomex、芳纶1313、聚苯并咪唑纤维(PBI)纤维。现代新型消防战斗服一般采用本身具有阻燃特性、无需添加阻燃剂或进行各种阻燃改性就具有阻燃特性的阻燃材料做成,这种材料通常还具有良好的耐高温性能。适合于纺织品加工和使用的主要是有机本质阻燃纤维,其中已经达到工业化生产水平的常用品种有间位芳纶纤维。芳砜纶纤维、聚苯硫醚(PPS)纤维、聚酰亚胺纤维(P84)、聚酰胺-酰亚胺纤维(Kermal)、聚对苯撑苯并双噁唑纤维(PBO)、聚苯并咪唑纤维(PBI)、三聚氰胺纤维、聚四氟乙烯纤维、酚醛纤维等。第三类是高性能纤维材料和功能性阻燃整理相结合,如采用聚四氟乙烯(PTFE)膜与阻燃织物复合,多用于消防服的防水透气层。

消防服的外层面料需要具有很高的阻燃性、抗静电性和其他各项较高的物理性能及相关化学性能,所以外层面料织物在选择上通常都不是一种纤维的纯纺织物,而是采用混纺的方式,取各自的优点,达到功能成本最优化方案。目前应用较多的织物有两种。一种是采用美国杜邦公司生产的 Nomex® 消防面料,它的混纺成分为 Nomex® 93%、Kevlar® 5%、P-140(杜邦生产的一种导电纤维)2%。这种面料在具有阻燃性能的同时其强力也因 Kevlar® 的添加提高了,且其导电性能也大大地增加。相对于其他阻燃整理的面料,Nomex® 的使用寿命要更长,且也不需要特殊的洗涤过程,所以其实际使用价值很高,得到了广泛的应用。另一种是使用 Hoechst Celease 公司生产的聚苯并咪唑(PBI)纤维消防面料,采用 PBI® 40% 和 Kevlar® 60% 混纺所得到的 PBI®/Matrix® 织物对热的抵抗程度非常高,且在热源暴露下性能持久能力强,可以持续提供杰出的热防护性能。由于其自身的永久阻燃性,无论是家庭洗涤、干洗或是工业洗涤,都不会对织物造成破坏性的损伤。如此优良的性能也让其得到大规模的应用。此外,国内多家企业都尝试使用芳砜纶与其他原料以不同的混纺比来设计生产阻燃面料。相较于国外的成熟技术,目前国内阻燃面料的开发与研究步伐还远远落后于国内自身对阻燃面料的需求。

本研究外层选择 2 种典型的 PBI 面料,并选择 2 种芳纶、1 种阻燃棉面料作对比。中间隔热层选择 2 种规格的针刺无纺布,再搭配 1 种较轻薄的阻燃棉面料作为舒适层。具体的面料规格如表 11-1 所示。

表 11-1 消防服面料规格

层次	编号	成分	颜色	织物组织或织物类型	经纬密度/根·(10 cm)⁻¹	面密度/g·m⁻²
外层	1-1	阻燃棉	黑色	2/1 斜纹	276/214	200
	1-2	Nomex Ⅲ	宝蓝色	平纹	226/200	150
	1-3	Nomex Ⅲ	橙色	2/1 斜纹	390/234	200
	1-4	PBI(国产)	黄色方格	平纹	214/194	200
	1-5	PBI(进口)	黄色方格	平纹	208/172	200
隔热层	2-1	芳纶	黄色	针刺无纺布	—	100
	2-2	芳纶	黄色	针刺无纺布	—	200
舒适层	3#	阻燃棉	灰色	平纹	212/184	150

二、织物表面形貌测试

采用扫描电镜对外层面料的松紧结构及消防服用面料中 PBI、Nomex Ⅲ 纤维的表面进行电镜扫描分析,如图 11-1 所示。

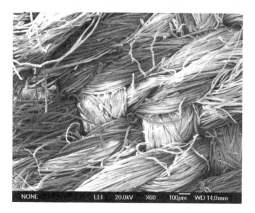

（a）阻燃棉面料（编号 1-1）外观形貌

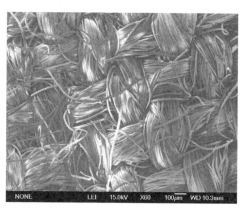

（b）Nomex Ⅲ面料（编号 1-2）外观形貌

（c）Nomex Ⅲ面料（编号 1-3）外观形貌

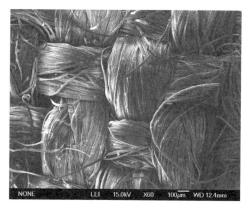

（d）PBI 面料（编号 1-4）外观形貌

（e）PBI 面料（编号 1-5）外观形貌

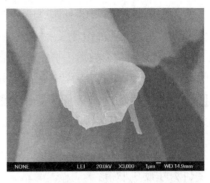

（f₁）Nomex Ⅲ面料（编号 1-2）中纤维纵向　　（f₂）Nomex Ⅲ面料（编号 1-2）中纤维横截面

（g₁）Nomex Ⅲ面料（编号 1-3）中纤维纵向　　（g₂）Nomex Ⅲ面料（编号 1-3）中纤维横截面

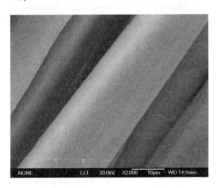

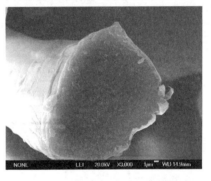

（h₁）PBI 面料（编号 1-4）中纤维纵向　　（h₂）PBI 面料（编号 1-4）中纤维横截面

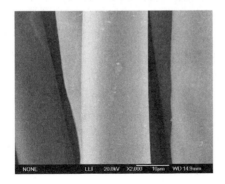

（i₁）PBI 面料（编号 1-5）中纤维纵向　　（i₂）PBI 面料（编号 1-5）中纤维横截面

图 11-1　消防服用面料织物的形貌及纤维的形态结构

图 11-1 为五种外层面料的外观,织物组织为平纹和 2/1 斜纹组织,其他 4 种面料为平纹组织;对于两种 Nomex Ⅲ 织物 1-2 和 1-3 来说,1-2 的纱线较细,纤维束间较松散;对于两种 PBI 织物 1-4 和 1-5 来说,1-5 的纱线间隙较大,紧度较小。

由图 11-1 所示的各面料中纤维在 2 000 倍和 3 000 倍的外观形态看出,对于两种 Nomex Ⅲ 面料,1-2 中的纤维表面较光滑,横截面为椭圆形;1-3 中的纤维表面较粗糙,且为中空纤维。对于两种 PBI 面料 1-4 和 1-5,1-4 中的纤维截面呈三角形,纤维表面较光滑,而 1-5 中的纤维截面为圆形,纤维表面较粗糙。

三、织物的服用性能

(一)消防服外层面料折皱回复性测试

试验仪器:YG(B)541-Ⅰ型全自动数字式织物折皱弹性仪;样品规格及主要参数:采用折痕垂直回复法进行测试,沿经、纬向各取 5 块;设定急弹间隔时间 15 s±1 s,缓弹间隔时间 5 min±5 s,压力负荷为 10 N±0.05 N,受压面积 18 mm×15 mm,精确度±1°。选用标准及操作:按照 GB/T 3819—1997《纺织品 织物折痕回复性的测定 回复角法》进行测试,用急弹折皱回复角和缓弹性折皱回复角来表示织物的折痕回复能力,取经、纬 5 个试样的平均值,计算出总折皱回复角 C 和折皱回复率 W。

测试结果如表 11-2 所示。

表 11-2　消防服外层面料折皱回复性测试结果

编号	急弹性回复角/(°)		缓弹性回复角/(°)		织物折皱回复角/(°)	折皱回复率/%	
	经向	纬向	经向	纬向		经向	纬向
1-1	111.1	114.1	128.6	135.0	244.4	66.7	69.2
1-2	149.9	149.6	154.4	153.7	303.8	84.5	84.3
1-3	137.6	147.4	143.6	153.8	291.2	78.1	83.7
1-4	114.6	124.6	123.3	133.0	247.8	66.1	71.6
1-5	103.8	115.4	116.4	124.2	229.9	61.2	66.6

由表 11-2 中数据可看出,5 种消防服外层面料的折皱回复角和折皱回复率都比较大,织物的抗皱性能较好,可避免消防服在反复使用过程从折痕处破损,且有利于消防员穿着中保持良好的形象。在原料、织物组织相同的情况下,织物纬向折皱回复性比经向折皱回复性好。两种 Nomex Ⅲ(1-2 和 1-3)面料明显比两种 PBI 面料(1-4 和 1-5)的折皱回复角和折皱回复率大。

(二)消防服外层面料起毛起球测试

试验仪器:YG501 型织物起毛起球仪。

样品规格及主要参数:每个样品取 3 块试样,样品尺寸 Φ120 mm±5 mm;仪器设置转速 60 r/min,试样夹头压重 590 cN,起毛 150 次,起球 150 次。

适用标准及操作:根据 GB/T 4802.1—2008 要求进行试验。采用圆轨迹(Φ40 mm)法,先在尼龙刷上,后在 2201 华达呢磨料上各磨 150 次。用样照对比来确定起毛球等级,共分

5 级,级数越大,织物的抗起毛起球性越好,反之越差。

测试结果见表 11-3。

表 11-3　外层面料抗起毛起球评级结果

编　号	1-1	1-2	1-3	1-4	1-5
抗起毛起球性/级	4～5	3～4	4～5	4～5	4～5

消防人员在消防作业时,会遇到各种和身体接触的工作,如拖拽消防水管、处理搬动各种危险品,这会和消防服的外层摩擦接触,对外层面料有较高的要求。

由表 11-3 数据可看出,按照工作服面料试验要求,测试的 5 种面料的抗起毛起球等级较高,有较好的抗起毛起球性能,能满足消防服的性能要求。

(三) 织物尺寸稳定性能研究

1. 织物耐水洗稳定性测试

试验仪器:Y(B)089 全自动缩水率试验机。

样品规格及主要参数:样品尺寸为 500 mm×500 mm;缝合织物单位面积质量为 155 g/m²,其尺寸为(92±5) cm×(92±5) cm;烘燥温度 60℃±5℃。

适用标准及操作:按照 GB/T 8629—2001《纺织品 试验用家庭洗涤和干燥程序》要求,将样品缝合在陪衬织物上,拿圆珠笔在样品上分别沿经、纬纱线标注 3 对标记,精确到 1 mm。采用机械处理法测试织物缩水率,织物在 60℃水温的水箱中回转翻滚,15 min 后取出试样,放在 60℃的烘箱中烘到恒重,冷却后量取试验后织物的尺寸变化,计算织物缩水率。

测试结果如图 11-2 所示。

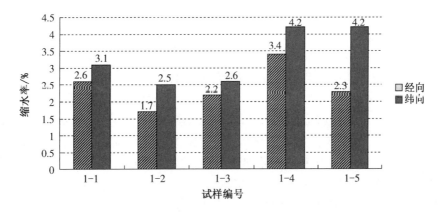

图 11-2　织物缩水率对比图

缩水主要是由于织物浸水后,纤维吸湿膨胀,使纱线直径变粗,织物中纱线弯曲程度增大,互相挤紧,而使织物收缩。影响织物缩水的主要因素是纤维的吸水性。由图 11-2 可看出,两种 Nomex Ⅲ 面料的水洗缩水率较小,而两种 PBI 面料水洗缩水率较大,这是因为 PBI 纤维的回潮率较大,在浸水后纤维膨胀,纱线弯曲程度变大。在裁制衣料时,尤其消防服是多层面料缝合而成的服装,必须考虑缩水率的大小,以保证成衣符合规格要求。

2. 织物汽蒸收缩稳定性测试

试验仪器：YG(B)742D 型汽蒸收缩测定仪。

样品规格及主要参数：随机裁取织物尺寸 300 mm×50 mm 的长条,沿经、纬纱线各取 4 块(距布边 100 mm 以上)。

适用标准及操作：按照 FZ/T 20021—2012《织物经汽蒸后尺寸变化试验方法》要求试验。将试样放在标准大气中调湿 24 h,然后在试样上相距 250 mm 的两端点对称各做一个标记,精确至 0.5 mm,将标记好的试样平放在试样架的托网上。

织物汽蒸尺寸稳定性测试结果见图 11-3 所示。

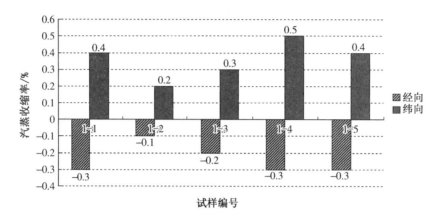

图 11-3 织物汽蒸收缩率对比图

在消防灭火过程中消防服外层面料经常处在浸湿、高温的环境中,织物的汽蒸收缩性能更能反映面料的尺寸稳定性能。由图 11-3 可看出,两种 Nomex Ⅲ 面料的汽蒸尺寸变化较小,两种 PBI 面料尺寸变化较大,但 5 种面料的汽蒸收缩率都在标准要求(汽蒸尺寸变化率范围在−1.0%~+1.5%)范围之内,织物尺寸稳定性优良,保形性好。

3. 织物耐高温尺寸稳定性测试分析

试验仪器：DHG-9075A 电热恒温鼓风干燥箱,直尺。

样品规格及主要参数：样品尺寸 100 mm×100 mm,沿经、纬向分别取 3 块;外层面料试验温度 260℃±5℃,隔热层试验温度 180℃±5℃。适用标准及操作：按照 GA10—2014《消防员灭火防护服》附录 A 热稳定性能试验要求,先将试样在温度 20℃±2℃和相对湿度 65%±5% 的条件下保持 24 h,将电热箱加热到所需温度,迅速将样品放入,5 min 后打开电热箱,在 2 min 内完成测量,计算尺寸变化率。

面料耐高温尺寸稳定性测试结果如表 11-4 所示。

表 11-4 面料的耐高温尺寸稳定性

温度要求/℃		外层(260±5)					隔热层(180±5)	
织物编号		1-1	1-2	1-3	1-4	1-5	2-1	2-2
变化率/%	经	14	2	1	2	1	2	1
	纬	16	1	1	1	1	1	1

根据 GA10—2014《消防员灭火防护服》的要求,消防服外层面料沿经、纬方向耐高温尺寸变化率不应大于 10%,试样表面无明显变化;隔热层面料沿经、纬方向耐高温尺寸变化率不应大于 5%,试样表面无明显变化。由表 11-4 可看出,除 1-1 阻燃棉面料不满足要求外,其它面料的尺寸变化率非常小,甚至无变化,可见芳纶面料和 PBI 面料的耐高温尺寸稳定性能很好,能达到规定要求。

四、织物风格测试分析

为了能够综合反映织物的外观成形形、手感及穿着舒适性等,通过测试织物的 KES 来表征其风格特性。采用日本设计制造的 KES-FB-AUTO-A 风格仪分别对消防服用外层面料进行低应力下的拉伸性能、剪切性能、弯曲性能、压缩性能、表面摩擦性能的测试分析,试样尺寸均为 200 mm×200 mm,每个样品取 3 块测试。

(一)拉伸性能测试及分析

织物的拉伸性能测试结果见表 11-5 所示。

表 11-5　织物的拉伸性能测试结果

序号	编号	经向				纬向			
		LT	$WT/$ cN·cm·cm^{-2}	$RT/$ %	$\varepsilon_m/$ %	LT	$WT/$ cN·cm·cm^{-2}	$RT/$ %	$\varepsilon_m/$ %
1	1-1	0.651	5.67	58.65	3.48	0.663	5.37	59.35	3.25
2	1-2	0.827	5.52	66.16	2.67	0.810	5.70	64.61	2.82
3	1-3	0.718	3.30	66.15	1.85	0.847	3.88	67.83	1.84
4	1-4	0.884	5.90	63.28	2.67	0.961	3.18	71.74	1.33
5	1-5	0.886	4.90	62.95	2.21	0.891	4.03	64.91	1.81

数据对比分析如下:

由表 11-5 数据可看出,5 种面料的 LT 值在 0.651~0.961 之间,且经、纬方向相当,数值较大,手感较生硬。5 种面料对比发现,阻燃棉面料相对较柔软,而两种 PBI 面料手感较硬,并且 1-4 国产 PBI 面料的 LT 值最大;而两种芳纶面料的 LT 相当。5 种面料的拉伸比功较小,伸长率 ε_m 较小,面料不易变形,在低应力下有较好的稳定性。其中,两种 Nomex Ⅲ 面料和 1-3 的拉伸比功较小,而两种 PBI 面料 1-4 和 1-5,由于纱线中交织有加强纱线,不但使面料的断裂强力大大增大,而且面料不易变形,稳定性好。由测试数据看出,5 种面料在低应力下的拉伸回复率较大,织物弹性较好。5 种面料伸长率都较小,拉伸变形能力不大。其中经向伸长率一般比纬向伸长率大,棉型阻燃面料相对其它 4 种面料伸长率大。

(二)剪切性能测试及分析

织物剪切性能测试结果见表 11-6。

表 11-6　织物剪切性能测试结果

编号	经向			纬向		
	$G/$ cN·$[$cm·(°)$]^{-1}$	$2HG/$ cN·cm^{-1}	$2HG_5/$ cN·cm^{-1}	$G/$ cN·$[$cm·(°)$]^{-1}$	$2HG/$ cN·cm^{-1}	$2HG_5/$ cN·cm^{-1}
1-1	1.36	2.66	5.83	1.43	2.78	6.20
1-2	1.08	1.95	2.95	1.15	1.95	3.18
1-3	3.11	3.29	10.65	3.34	3.10	12.06
1-4	2.88	7.21	10.10	3.03	7.45	10.78
1-5	2.72	4.93	7.85	2.81	4.84	8.81

数据对比分析如下：

由表 11-6 中数据可看出，5 种面料经纬方向剪切刚度相差不大。其中 1-1 阻燃棉面料和 1-2 轻薄 Nomex Ⅲ 面料的数值较小，另外三种面料的剪切刚度较大，抵抗斜向方向的低应力能力较强。5 种面料的经向剪切滞后量明显小于纬向值，表明经向受到剪切力后的回复能力强。其中 1-2 轻薄 Nomex Ⅲ 面料剪切滞后量值最小，而 1-4 国产 PBI 面料的值相对较大。

（三）织物弯曲性能的测试及分析

织物弯曲性能测试结果见表 11-7。

表 11-7　织物弯曲性能测试结果

序号	编号	经向		纬向	
		$B/$ cN·cm^2·cm^{-1}	$2HB/$ cN·cm·cm^{-1}	$B/$ cN·cm^2·cm^{-1}	$2HB/$ cN·cm·cm^{-1}
1	1-1	0.081 9	0.117 6	0.090 8	0.120 6
2	1-2	0.140 8	0.132 5	0.147 2	0.137 3
3	1-3	0.168 3	0.192 5	0.224 7	0.299 5
4	1-4	0.242 4	0.283 7	0.281 2	0.348 2
5	1-5	0.384 4	0.278 4	0.413 9	0.348 5

数据对比分析如下：

由表 11-7 中数据可看出，5 种面料的经向弯曲刚度值都小于纬向弯曲刚度。其中 1-1 阻燃棉面料弯曲刚度较小，面料较柔软活络。而两种 PBI 面料的弯曲刚度较大，织物较硬挺，做成的服装较挺括有型。5 种面料的经向弯曲滞后矩明显比纬向滞后矩小，弯曲回弹性较好，这与 5 种面料经向密度比纬向密度大有关。其中两种 PBI 面料的 $2HB$ 值较大，弯曲回弹性较差。

（四）织物的压缩性能测试及分析

织物压缩性能测试结果见表 11-8。

表 11-8　织物压缩性能测试结果

序号	编号	LC	WC/ cN・cm・cm⁻²	RC/%	T_m/ mm	T_0/mm
1	1-1	0.292	0.271	60.45	0.503	0.884
2	1-2	0.349	0.097	38.44	0.318	0.430
3	1-3	0.341	0.111	54.83	0.381	0.511
4	1-4	0.235	0.156	41.33	0.389	0.618
5	1-5	0.234	0.143	48.63	0.404	0.653
6	2-1	0.370	0.740	57.93	0.579	1.368
7	2-2	0.451	1.307	63.19	1.276	2.436

数据对比分析如下：

由表 11-8 中数据可看出，两种 PBI 面料的压缩曲线线性度较小，而两种芳纶面料 LC 值较大，两种 PBI 面料 LC 值基本相同。1-1 阻燃棉面料压缩功值较大，而 1-2 芳纶面料压缩功值较小，两种 PBI 面料压缩功值较大。对比 5 种外层面料可看出，1-1 阻燃棉面料 RC 值最大，1-2 芳纶面料 RC 值最小，和 WC 值相吻合。由表中数据可看出，Nomex Ⅲ面料 1-2 表观厚度最小，最轻薄，而 1-1 阻燃棉面料表观厚度最大，手感最厚实、丰满。对于两种芳纶面料，1-2 面料较轻薄，适合做消防训练服和指挥服外层面料，1-3 面料较厚实，适合做消防战斗服。两种 PBI 面料，1-5 进口 PBI 面料较 1-4 国产面料厚实。而两种隔热层无纺布面料，其厚度远大于外层面料，且 2-2 芳纶无纺布面料厚度远大于 2-1 面料。稳定厚度比表观厚度小很多，其中，1-1 阻燃棉织物的稳定厚度最大，两种 Nomex Ⅲ面料中，1-2 面料稳定厚度小，较单薄，适合夏季穿着。两种 PBI 织物的稳定厚度比 Nomex Ⅲ面料大。

（五）织物的摩擦性能测试及分析

织物摩擦性能测试结果见表 11-9。

表 11-9　织物摩擦性能测试结果

序号	编号	经向			纬向		
		MIU	MMD	SMD/μm	MIU	MMD	SMD/μm
1	1-1	0.229	0.006	2.370	0.234	0.009	4.115
2	1-2	0.150	0.062	5.750	0.143	0.015	4.141
3	1-3	0.133	0.007	1.585	0.136	0.008	2.262
4	1-4	0.164	0.019	6.926	0.164	0.012	3.644
5	1-5	0.133	0.011	6.555	0.139	0.028	4.058

数据对比分析如下：

由表 11-9 中数据可看出，5 种面料的经纬向摩擦系数较小。1-1 阻燃棉面料的平均摩擦系数最大，这与其织物纤维材料和织物组织有关。两种 Nomex Ⅲ面料，1-2 面料较 1-3 面料平均摩擦系数大。而两种 PBI 面料中，1-4 面料平均摩擦系数较 1-5 大。对于 5 种面料，由数据可看出 1-2 芳纶面料的经向摩擦系数不匀率较大,其它面料的经纬向平均差不匀率都较小,表面摩擦系数变化较小。1-3 芳纶面料的 SMD 值最小,而两种 PBI 面料的 SMD 值较大,织物表面较粗糙。

第二节　消防服用织物热湿舒适性测试研究

一、织物透气性能测试及分析

空气通过织物的性能称为织物的透气性,以在规定的测试面积、压强和时间条件下,气流垂直通过试样的速率表示,其主要指标为透气率和透气量。本文通过单层和多层面料的透气量,来分析消防服面料的透气性能。

试验仪器：YG461E 型数字式透气量仪。

样品规格及主要参数：透气性测试样品不需要裁样,可以直接拿整块面料进行测试;试样压差 127.5 Pa,测试环直径 70 mm,即面积 38.5 cm²。

选用标准及操作：按照标准要求进行测试,根据不同面料的透气量不同,选用合适的喷嘴。每种面料选 10 个不同部位测试,测试结果取平均值。

织物透气性测试结果如图 11-4、图 11-5 所示。

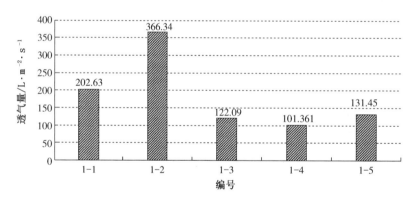

图 11-4　外层面料的透气性

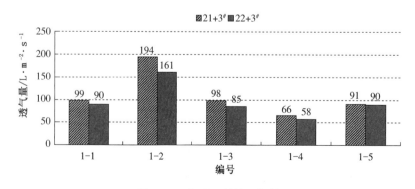

图 11-5　多层面料的透气性

由图中数据可看出,1-1阻燃棉面料透气性较好。1-2轻薄芳纶面料的透气性最好。对于两种PBI面料,1-5进口PBI面料比1-4国产面料较好。

由图11-5可看出1-2和隔热层、内层复合后的透气性最好,而外层为1-1、1-3、1-5的多层面料的透气量相差不大,1-4国产PBI面料多层的透气性最差,这和外层面料的透气性较差相符。外层面料相同而采用不同隔热层时,由于2-2芳纶针刺无纺布面密度大,面料较厚,采用2-2面料的多层面料的透气性较采用2-1面料的小。

二、织物透湿性能测试及分析

试验仪器:YG(B)216X型织物透湿量仪。

样品规格及主要参数:样品为圆形,直径90 mm,每个样品取3个试样;仪器设置温度38℃,试验箱相对湿度90%,气流速度0.4 m/s,吸水剂为无水氯化钙(粒度0.63～2.5 mm,烘燥时间3 h,烘燥温度160℃)。

选用标准及操作:按照GB/T 12704—1991《织物透湿量测定方法 透湿杯法》要求,将烘燥的无水氯化钙装入干燥的透湿杯,试样测试面朝上放置在透湿杯上,装上垫圈。放入调试好的试验箱内,0.5 h平衡后取出,放入硅胶干燥器中平衡0.5 h后称量m_1,再放入试验箱内1 h后取出,再干燥0.5 h后衡量m_2,计算透湿量。

织物透湿性测试结果如图11-6、图11-7所示。

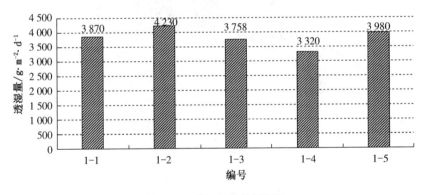

图11-6　外层织物的透湿量

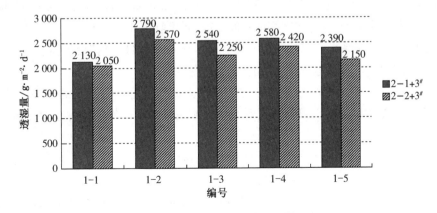

图11-7　多层面料的透湿量

织物的透湿性与纤维的结构、回潮率,纱线的性质,织物组织及结构参数等因素有关。由图 11-6 可看出,对于 5 种外层面料,1-2 轻薄芳纶面料的透湿量最大,透湿性最好,这和该织物较轻薄、透气性好有关,其次是 1-5 进口 PBI 面料和,1-1 阻燃棉面料,1-4 国产 PBI 面料的透湿量最小。

由图 11-7 可看出,对于多层结构面料,当隔热层和内层相同时,多层结构面料的透湿量大小与外层面料的透湿量相关,当外层面料的透湿量大时,多层面料的透湿量较大,如 1-2 轻薄芳纶面料组合的多层面料。当外层和内层一定时,因为 2-1 芳纶针刺无纺面料比 2-2 面料面密度小,面料较轻薄,组合成的多层结构面料的透湿性较好。

三、织物热阻、湿阻的测试及结果分析

(一) 出汗热平板仪介绍

本文采用美国西北测试技术公司生产的型号为 306-425 的出汗热平板仪对面料进行热阻 R_{cf} 和湿阻 R_{ef} 测试。按照 ASTM1868 和 ISO11092 标准要求,该仪器的测试精度为:温度为 ±0.1℃;相对湿度为 $\pm3\%$;风速为 $\pm1\%$;功率为 $\pm0.5\%$。测量范围为:热阻范围 $0.002\sim2.0$ ℃·m²/W;湿阻范围 $0\sim1\,000$ Pa·m²/W。

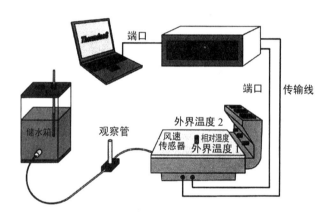

图 11-8　出汗热平板仪工作原理图

出汗热平板仪组成单元如图 11-8 所示。由图 11-8 可看出,该仪器主要由五部分组成,分别为电脑软件控制系统、电源控制箱、平板设备、环境监测器、水箱。

(1)电脑软件控制系统。采用仪器自带的 Themdac8 软件,对整台仪器进行控制。

(2)电源控制箱。包括电源开关、指示灯、保险器等。

(3)平板设备。平板设备是试样的放置区域,为试样营造一个特定的热湿环境,包括试样平台和上下两侧的恒温区。仪器通过对每个区域精准的温度控制来保证测试环境符合标准规定。

(4)环境监测器。环境监测器主要由四种传感器组成,其中两个测量箱内温度,一个测量相对湿度,另一个测量箱体内的风速。

(5)水箱。水箱主要为仪器模拟出汗环境提供水源。在水箱内有调节水面高低的连通杆,以保证准确的出汗量。仪器一般采用二级去离子水进行试验。

(二) 单层织物热阻、湿阻测试及结果分析研究

按照 ASTM-F1816 标准,设定环境温度 20℃,环境相对湿度 65%,热平板温度 35℃,测试箱风速 1 m/s。

在离布边 15 cm 随机选取表面没有明显折痕和残破,沿经纬方向尺寸为 30 cm×30 cm 的试样,预先在标准环境下调湿 24 h,用胶带固定在方形边框上,然后平铺在测试板上,四周压上盖板,保证面料与热平板充分接触。使用仪器配置的厚度 7 mm 的黑色塑料块对平板进行高度调节,确保传感器底部到面料的距离为 7 mm。

当测试织物的湿阻时,需要在热平板上覆盖一层透气但不透水的薄膜。连接水箱和仪器,调节水箱连通器高度,使水位达到平板上孔的高度。试样覆盖在薄膜上,测试在一定水分蒸发下保持热平板恒温所需的热流量,与通过试样的水蒸气压力一起计算试样的湿阻。

采用出汗热平板仪对消防服单层织物进行热阻、湿阻试验,测试结果如表 11-10 所示。

表 11-10 单层织物热阻、湿阻测试数据

序号	编号	$R_{cf}/℃ \cdot m^2 \cdot W^{-1}$	$R_{ef}/Pa \cdot m^2 \cdot W^{-1}$	$THL/W \cdot m^{-2}$
1	1-1	0.018 9	4.406	979.395
2	1-2	0.009 3	3.719	1 161.873
3	1-3	0.009 7	4.523	989.896
4	1-4	0.020 6	5.566	806.008
5	1-5	0.027 1	4.534	935.808
6	2-1	0.072 9	6.245	659.911
7	2-2	0.098 7	10.833	401.540
8	3#	0.008 4	3.937	1 112.588

由表 11-10 可看出,外层机织面料和隔热层针刺无纺面料的数据相差较大。对于 5 种外层面料,1-2 Nomex 面料的热阻和湿阻最小,两种 PBI 面料的热阻、湿阻较大。作为隔热层的两种针刺无纺面料,其热阻、湿阻较大,面密度较大的 2-2 无纺面料的热阻、湿阻明显比较薄的 2-1 面料大很多。

而 THL 值是热阻和湿阻的综合评价指标,和热阻、湿阻的大小成反比。从外层面料 THL 值可看出,两种 Nomex 织物的值较大,而两种 PBI 织物的值最小。

(三) 多层织物热阻、湿阻测试及结果分析研究

作为消防服,是由多层织物组成的,将多层面料作为一个整体,对整体性能进行测试分析,并重点分析研究外层面料 THL 值对整体 THL 值的影响。

多层织物热阻、湿阻测试结果及分析

采用出汗平板仪对多层织物进行热阻、湿阻测试,测试结果如表 11-11 所示。

表 11-11 多层织物热阻、湿阻测试数据

序号	编　号	$R_{cf}/℃ \cdot m^2 \cdot W^{-1}$	$R_{ef}/Pa \cdot m^2 \cdot W^{-1}$	$THL/W \cdot m^{-2}$
1	11+21+3#	0.116 9	12.173	375.901
2	12+21+3#	0.103 4	11.449	404.832
3	13+21+3#	0.124 7	13.026	351.694
4	14+21+3#	0.138 8	13.960	325.695
5	15+21+3#	0.134 2	12.421	359.694
6	11+22+3#	0.134 8	15.930	296.102
7	12+22+3#	0.130 9	14.200	325.475
8	13+22+3#	0.145 1	16.791	279.639
9	14+22+3#	0.160 0	17.132	269.315
10	15+22+3#	0.162 1	16.837	272.194

对比由表 11-11、表 11-10 中数据,可看出多层织物的热阻、湿阻比单层织物明显增大很多。当隔热层和内层相同而外层不同时,多层织物以 PBI 织物为外层的热阻、湿阻较大,且以 1-4 国产 PBI 面料为外层的大于 1-5 进口 PBI 面料。对于以 Nomex 为外层的多层织物,以 1-2 轻薄 Nomex 面料为外层的热阻、湿阻最小。

第三节　消防服织物的热学、阻燃和热防护性测试研究

一、消防服织物材料的热学分析

热学性能是纤维物理性能的重要内容,特别是耐高温纤维材料。在材料的热学性能研究中,用热分析法(TG)曲线测定材料的热分解温度,用差热分析法(DSC)曲线可看出纤维通过吸热和放热实现的热变化情况。

采用德国耐驰 STA449F3 同步热分析仪对芳纶纤维和 PBI 纤维材料进行热学性能分析,得到的 TG/DSC 曲线如图 11-9 所示。

由图 11-9,四种纤维材料的 TG 曲线上均只有一个明显台阶,说明四种纤维的分解是一个连续的过程。从两种芳纶纤维的 TG(a、b 图)曲线中可看出,Nomex 纤维的起始分解温度约为 410℃,外推起始温度约为 430℃,失重率为 5%;当温度达到 470℃时,分解速率最大;当温度达到 800℃时,质量趋于稳定,此时失重 58% 左右。在两种 PBI 纤维的 TG(c、d图)曲线中可看出,PBI 纤维的起始分解温度约为 560℃,失重率为 15%;当温度庆到 580℃时,分解速率最大;当温度达到 800℃时质量趋于稳定,此时失重 50% 左右。由此可见,四种纤维材料均具有良好的耐高温性能,热分解温度较高,而 PBI 纤维材料比芳纶纤维的耐高温性能更优良。

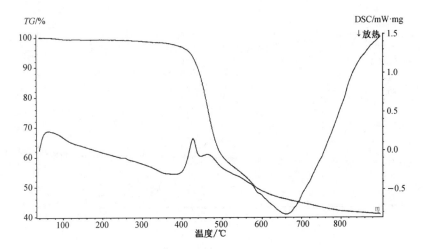

(a) 1-2 Nomex Ⅲ面料纤维

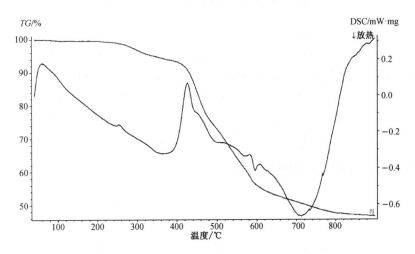

(b) 1-3 Nomex Ⅲ面料纤维

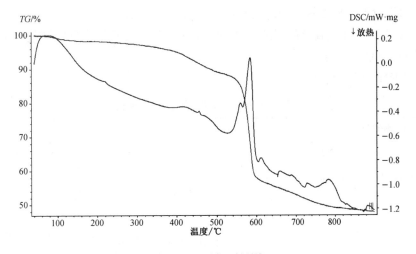

(c) 1-4 PBI 国产面料纤维

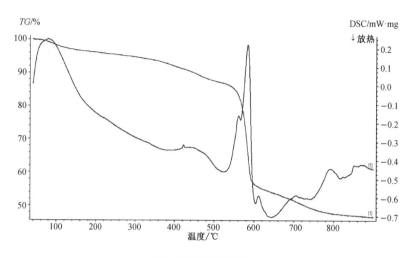

（d）PBI 进口面料纤维

图 11-9　芳纶、PBI 纤维的 TG/DSC 曲线

由图 11-9，两种芳纶纤维的（a、b 图）DSC 曲线中，在 60℃ 左右有一个明显的吸热峰，这是由于纤维所含水分的蒸发吸热引起的吸热峰；在 390℃ 左右纤维开始熔融，410℃ 熔融速率最快，纤维样品的熔点为 430℃。在两种 PBI 纤维的（c、d 图）DSC 曲线中，在 100℃ 左右有一个明显的吸热峰，是纤维内部的水分蒸发吸热引起的吸热峰；在 520℃ 左右，纤维材料开始熔融，在 580℃ 左右纤维样品达到熔点。由此可见，芳纶（Nomex Ⅲ）纤维材料的熔点较高，而 PBI 纤维材料的熔点更高。

二、面料的阻燃性能测试及结果分析

面料的阻燃性能主要通过测试极限氧指数、垂直燃烧来评定。极限氧指数是从纺织品的材料性能出发，测试在特定体积比例的氧/氮浓度下的燃烧情况。而垂直燃烧法是测试面料阻燃性能最常用的方法，能客观评价织物材料在空气中燃烧的情况，如损毁长度、续燃时间等。

（一）织物材料的极限氧指数测试及结果分析

采用 LFY-605 自动氧指数测试仪，按照 GB/T 5454—1997《纺织品 燃烧性能试验 氧指数法》规定进行试验。

试验数据如表 11-12 所示。

表 11-12　织物材料的极限氧指数

织物编号		1-1	1-2	1-3	1-4	1-5
极限氧指数/%	经向	21.4	30.6	33.2	42.2	41.4
	纬向	20.9	29.8	30.8	41.7	40.8
	平均值	21.2	30.2	32.0	42.0	41.1

由表 11-12 中的数据可看出，对于 1-1 阻燃棉型织物，通过阻燃整理获得阻燃性，其极限氧指数最小，而其它四种面料是由本身阻燃纤维制成，极限氧指数较大。1-2 和 1-3 织物

是由芳纶纤维制成,其极限氧指数能达到30%～32%,达到难燃(27%～34%)等级。而对于PBI面料,极限氧指数最大,可达到41%～42%,达到不燃(≥35%)等级。

(二)织物的垂直燃烧性能测试

采用LLY-07A型织物阻燃性能测试仪,按照GB/T 5455—1997《纺织品 燃烧性能试验垂直法》规定进行试验。

试验数据如表11-13所示。损毁长度是在燃烧后,先沿其长度方向炭化处对折一下,然后在试样的下端一侧,距其底边及侧边各约6 mm,挂上按试样单位面积的质量选用的重锤,让重锤悬空再放下,测量试样撕裂的长度,结果精确到1 mm。

表 11-13　垂直燃烧性能试验数据

序号	编号		续燃时间/s	阴燃时间/s	损毁长度/mm	燃烧状态
1	1-1	经向	4	2.0	103	无熔滴、炭化严重
		纬向	3.8	1.8	115	
		平均	3.9	1.9	109	
2	1-2	经向	0	5.5	79	无熔滴、轻微炭化
		纬向	0	6.9	93	
		平均	0	6.2	86	
3	1-3	经向	0	1.8	87	无熔滴、轻微炭化
		纬向	0	1.8	84	
		平均	0	1.8	85	
4	1-4	经向	0	5.0	9	无熔滴、轻微炭化
		纬向	0	4.3	12	
		平均	0	4.7	11	
5	1-5	经向	0	6.2	10	无熔滴、轻微炭化
		纬向	0	7.0	10	
		平均	0	6.6	10	
6	2-1	经向	0	0.9	7	无熔滴、轻微炭化
		纬向	0	1.4	7	
		平均	0	1.2	7	
7	2-2	经向	0	4.8	3	无熔滴、轻微炭化
		纬向	0	6.4	4	
		平均	0	5.6	4	
8	3#	经向	0	0	54	无熔滴、轻微炭化
		纬向	0	0	56	
		平均	0	0	55	

试验结果对比分析：根据表 11-13 的试验结果，可以得到消防服外层织物的损毁长度对比如图 11-10。由 5 种织物损毁长度对比可看出：阻燃棉织物的损毁长度最大，达到了 109 mm，按照 GB 8965.1—2020《防护服装 阻燃服》规定，损毁长度属于 C 级；而两种 Nomex Ⅲ 织物的损毁长度为 85 mm 左右，损毁长度达到 B 级；而对于两种 PBI 织物的损毁长度最小，为 10 mm，损毁长度达到了 A 级的要求。

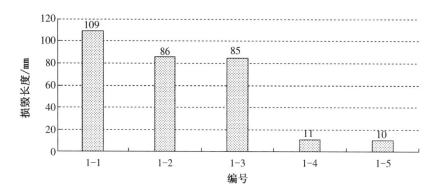

图 11-10　外层织物的损毁长度对比

三、织物热防护性能测试及结果分析

消防服是一个多层织物组合系统，热防护性能是评价其性能的一个重要指标，表征了对火灾中强烈对流热和辐射热的防护性能。在织物的热防护过程中，外部的热量在织物的表面一部分被反射回去，一部分被织物吸收，而且热量从外界通过多层织物传递到皮肤时，明显比热量通过空气传递缓慢，从而达到热防护的作用。

在织物热防护性能的测试方法中，主要是通过放在织物下面的热流计来模拟测量皮肤达到二度或三度烧伤所需要时间。目标通常的热防护测试主要有 TPP（Thermal Protective Performance）法、RPP（Radiant Protective Performance）法、燃烧假人法等。TPP 法是目前国际上最常用的热防护测试法，该方法是通过热辐射和热对流混合作用对防护性能测试。按照 NFPA1971 标准，试验试样大小为 150 mm×150 mm，到达织物表面的总热流量设定为 $(84\pm2)\mathrm{kW/m^2}$ 或 $(2.00\pm0.05)\mathrm{cal/(cm^2 \cdot s)}$。试验时将试样水平放置在规定距离的热源上，热源由 50% 热对流和 50% 热辐射组成，用铜片热流计测试其温度随时间变化曲线并与 Stoll 曲线相交得出皮肤达到二级烧伤时间，进而算出 TPP 值。

$$TPP = t \times q \qquad (11\text{-}1)$$

式中：q—— 规定辐射 / 对流总热流量，84 kW/m²；

　　　t—— 引起二度烧伤所需要的时间，s。

TPP 值越大，表示消防服或面料的热防护性能越好，反之越差。

本文采用 LFY-607A 热防护性能试验仪进行单层和多层面料织物的 TPP 测试，设定总热流量为 (84 ± 4) kW/m²，其中对流热量与辐射热量各占 50%，作用时间为 10 s，其中分接触式和非接触式两种情况。

（一）单层织物的热防护测试及结果分析

单层织物的热防护结果如表11-14、表11-15所示。二级烧伤曲线如图11-11所示。

表 11-14 单层织物的热防护结果（接触式）

序号	编号	TPP 值/kW·s·m^{-2}	量热器升温/℃	相交时间/s
1	1-1	317.75	13.10	3.83
2	1-2	328.85	13.23	3.94
3	1-3	405.95	14.01	4.89
4	1-4	471.27	14.84	5.72
5	1-5	481.15	14.90	5.80
6	2-1	342.79	13.40	4.13
7	2-2	695.13	16.42	8.38
8	3$^{\#}$	298.72	12.86	3.60

表 11-15 单层织物的热防护结果（非接触式）

序号	编号	TPP 值/kW·s·m^{-2}	量热器升温/℃	相交时间/s
1	1-1	529.13	15.25	6.38
2	1-2	578.43	15.49	6.97
3	1-3	604.32	15.7	7.28
4	1-4	701.60	16.47	8.45
5	1-5	798.88	17.11	9.63
6	2-1	649.72	16.08	7.83
7	2-2	885.78	17.64	10.67
8	3$^{\#}$	435.75	14.35	5.25

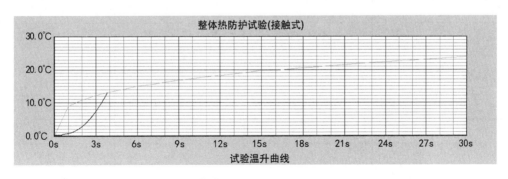

（图中，显示曲线为1-4织物的升温曲线）

图 11-11 1-4 PBI 织物二级烧伤曲线

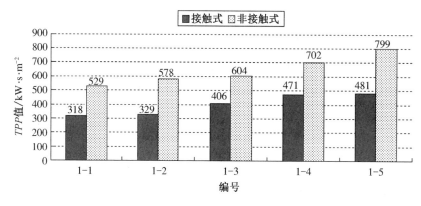

图 11-12　外层织物热防护对比图

　　试验结果对比分析：由表 11-14 和表 11-15 中数据，可得出消防服外层面料热防护对比图，如图 11-12 所示，5 种织物中，1-1 阻燃棉织物的接触式和非接触式的 TPP 值最小，热防护性能最差；两种 Nomex Ⅲ 织物中，因 1-2 织物较轻薄，热防护性能比 1-3 织物差；两种 PBI 织物的 TPP 值较大，其中 1-5 进口 PBI 面料的热防护性能最好。而对于隔热层的两种芳纶针刺无纺布，面密度较大的 2-2 面料的热防护性能较好。单层织物的热防护性能与织物本身的结构性能和材料成分联系紧密，材料自身的耐高温及阻燃性能越好，制成的面料防护性能也相对越好。和隔热层特别注重热防护性能不同，消防服外层织物在强热流下的强力、热稳定性能也应考虑。

（二）多层织物的热防护性能测试及结果分析

　　根据《消防员灭火防护服》规定，消防服多层复合整体结构 TPP 测试值（接触式）应不小于 $1\,171.5\,\text{kW} \cdot \text{s/m}^2$，其中对单层织物并没有做具体的规定，只作为织物热防护性能参考。在本文中，对 5 种外层面料、2 种隔热层面料、1 种内层面料进行多层测试。多层织物的热防护结果如表 11-16 所示。

表 11-16　多层织物的热防护结果（接触式）

序号	编号	TPP 值/kW·s·m^{-2}	量热器升温/℃	相交时间/s
1	$11+21+3^{\#}$	844.28	17.39	10.17
2	$12+21+3^{\#}$	798.02	17.08	9.62
3	$13+21+3^{\#}$	929.93	17.88	11.20
4	$14+21+3^{\#}$	963.55	18.04	11.61
5	$15+21+3^{\#}$	946.70	17.96	11.41
6	$11+22+3^{\#}$	1184.08	19.26	14.27
7	$12+22+3^{\#}$	1199.18	19.31	14.45
8	$13+22+3^{\#}$	1292.97	19.76	15.58
9	$14+22+3^{\#}$	1259.28	19.72	15.17
10	$15+22+3^{\#}$	1317.63	19.79	15.88

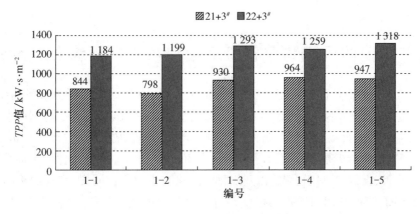

图 11-13　多层织物的 *TPP* 值对比图

由表 11-16 中数据,可得出消防服多层织物的 *TPP* 值对比图,如图 11-13 所示,当隔热层选择为 2-1 芳纶针刺无纺布时,5 种面料的 *TPP* 值均小于规定的 $1171.5 \ \mathrm{kW \cdot s/m^2}$ 要求,而选择 2-2 芳纶针刺无纺布作为隔热层时,5 种面料全部满足要求。当隔热层相同外层面料不同时,可看出,对于两种 Nomex 织物,由于 1-2 面料面密度较小,作为外层的多层织物整体热防护性能相较于面密度大的 1-3 面料组成的复合织物较差,特别是隔热层较薄时差距较大;对于两种 PBI 织物作为外层的多层织物,*TPP* 值基本相当,两种面料对整体热防护性能的影响差别不大。

结合燃烧后外观性状,可看出 1-1 阻燃棉的外层炭化严重,完全脆化;两种 Nomex 织物的外层全部炭化,未接触火焰部分出现一定程度的收缩,其中 1-2 面料表面硬化,并膨胀起泡,反面呈现焦黄色的面积较大,1-3 面料表面较平整柔软。两种 PBI 织物的外层也全部炭化,但尺寸并没发生丝毫的收缩变形,表面炭化层柔软,织物仍保留大部分强力。综合分析,1-1 织物表面损伤最严重,而两种 PBI 织物虽有表面炭化,但整体的性能优于两种 Nomex 织物。

对消防服面料的阻燃和热防护性能测试分析,得出如下结论:

(1) 采用同步热分析仪对外层面料的热学性能进行分析,从 DSC/TG 曲线可看出,两种 PBI 面料的熔点达到了 580℃,比 Nomex Ⅲ 纤维的熔点(430℃)高,并且在高温下失重更小,耐高温性能优良。

(2) 极限氧指数 *LOI* 测试,阻燃棉面料的 *LOI* 较低。两种 Nomex Ⅲ 面料的 *LOI* 为 30%～32%,达到了难燃等级,而两种 PBI 面料的 *LOI* 达到了 41%～42%,属于不燃纤维。

(3) 垂直燃烧性能测试,两种 PBI 面料的损毁长度最小,只有 10 mm,达到了消防服标准的 A 级要求。两种 Nomex 织物的损毁长度为 85 mm 左右,达到消防服标准的 B 级要求。

(4) 单层及多层热防护测试,外层面料的 *TPP* 值中,1-1 阻燃棉织物最小,而 1-5 PBI 面料的的 *TPP* 值最大,达到 $481.15 \ \mathrm{kW \cdot s/m^2}$,热防护性能最好。而多层面料的 *TPP* 值中,以 2-1 轻薄针刺无纺面料为隔热层的 *TPP* 值均小于 $1171.5 \ \mathrm{kW \cdot s/m^2}$ 的标准要求,以 2-2 针刺无纺面料为隔热层的 *TPP* 值均大于消防服法规要求值,并且当外层面料的热防护性能较好时,整体的热防护性能也较好。

第四节　消防服织物穿着舒适性和热防护性综合对比分析

消防服作为一种防护性服装,其热防护性能的好坏,直接关系到消防人员的生命安危。而其作为服装的一种,又不得不考虑其穿着的舒适性能,特别是在消防人员高强度、恶劣环境下,消防服的整体性能直接影响到消防人员的身体,甚至心理。如上文的测试分析中所述,表观织物穿着舒适性的指标是多方面的,目前常用评价服装面料穿着舒适性的指标主要有织物的透气性、透湿性、保温性、热阻、湿阻以及织物的风格与手感等。同样,表观织物阻燃热防护性能的指标也有多种,常用的评价指标主要有织物材料的热学性能、材料的极限氧指数、织物的垂直燃烧性能,以及织物的热防护性能(TPP 值)等。这些影响面料的指标是单独测试、独立分析的,但又是相互影响、相互关联,很难从一个指标去权衡织物的整体性能。

一、消防服织物的穿着舒适性综合分析

(一)消防服外层面料的穿着舒适性综合分析

PBI 面料在消防服上主要作为外层使用,外层面料的性能对消防服整体性能有重要影响。影响外层面料穿着舒适性的指标数据如表 11-17。

表 11-17　外层面料的穿着舒适性数据

试样编号		1-1	1-2	1-3	1-4	1-5
透气量/L・m^{-2}・s^{-1}		202.63	366.36	122.09	101.36	131.45
透湿量/g・m^{-2}・d^{-1}		3 870	4 230	3 750	3 320	3 980
保温	Clo	0.18	0.04	0.10	0.15	0.21
	热传系数/W・m^{-1}・℃$^{-1}$	36.97	145.30	67.05	44.90	31.05
热阻/℃・m^2・W^{-1}		0.018 9	0.009 3	0.009 7	0.020 6	0.027 1
湿阻/Pa・m^2・W^{-1}		4.406	3.719	4.523	5.566	4.534
织物风格	LT	0.657	0.819	0.783	0.923	0.889
	ε_m/%	3.37	2.75	1.85	2.00	2.01
	G	1.40	1.12	3.23	2.96	2.77
	B/cN・cm^2・cm^{-1}	0.086 4	0.144 0	0.196 5	0.261 8	0.399 2
	LC	0.292	0.349	0.341	0.235	0.234
	WC/cN・cm・cm^{-2}	0.271	0.097	0.111	0.156	0.143
	T_0/mm	0.884	0.430	0.511	0.618	0.653
	MIU	0.232	0.147	0.135	0.164	0.136

由表 11-17 中数据可总结消防服外层面料的穿着舒适性对比如下:

（1）在 5 种面料中,对于 PBI 面料,透气量和透湿量相对较小,同时对应的热阻、湿阻较大,不利于身体汗气和热量与周围环境交换。在织物风格及手感方面,PBI 织物的拉伸曲线线性度 LT 较大,手感生硬,而在低应力下（500 cN/cm）伸长率 ε_m 较大,织物制成服装的力学舒适性较好,同时剪切刚度 G 较小,织物可加工性能好;弯曲刚度 B 较大,织物较硬挺,做成的服装挺括有型;在压缩性能中,织物的压缩曲线线性度 LC 较小,织物表面较柔软,而压缩功 WC 较小,压缩功回复率 RC 较大,织物的表观厚度 T_o 较大,织物蓬松性较好,手感厚实丰满;织物表面的平均摩擦系数 MIU 较小,织物表面光滑。

（2）而对于两种 PBI 面料,从数据中可看出 1-5 进口 PBI 面料的透气量和透湿量明显比 1-4 国产 PBI 面料大,身体汗气易通过面料与外界交换。并且 1-5 面料的 Clo 值较大,热传系数较小,织物的保温性能较好;在织物风格及手感方面,1-5 面料的拉伸曲线线性度 LT 较小,织物手感柔软,低应力下的伸长率相当;1-5 进口面料剪切刚度 G 较小,织物可加工性能较好,弯曲刚度 B 较大,织物较硬挺,做成的服装挺括有型;而 1-5 面料的压缩曲线线性度 LC 和压缩功 WC 相差不大;1-5 面料的表观厚度 T_o 较 1-4 国产面料大,手感厚实、丰满,并且平均摩擦系数 MIU 较小,织物表面较光滑。

（二）消防服多层面料的穿着舒适性综合分析

消防服作为一种多层系统,影响整体穿着舒适性能的因素更加的复杂。评价消防服多层面料穿着舒适性的指标数据如表 11-18 和表 11-19。

表 11-18 消防服多层的穿着舒适性数据（编号：外层＋21＋3[#]）

编号	1-1	1-2	1-3	1-4	1-5
透气量/L · m^{-2} · s^{-1}	98.63	194.16	97.84	66.07	91.29
透湿量/g · m^{-2} · d^{-1}	2 130	2 790	2 540	2 580	2 390
热阻/℃ · m^2 · W^{-1}	0.116 9	0.103 4	0.124 7	0.138 8	0.134 2
湿阻/Pa · m^2 · W^{-1}	12.173	11.449	13.026	13.960	12.421
THL/W · m^{-2}	375.90	404.83	351.70	325.69	359.70

表 11-19 防服多层的穿着舒适性数据（编号：外层＋22＋3[#]）

编 号	1-1	1-2	1-3	1-4	1-5
透气量/L · m^{-2} · s^{-1}	90.03	160.58	85.36	58.08	90.27
透湿量/g · m^{-2} · d^{-1}	2 050	2 570	2 250	2 420	2 150
热阻/℃ · m^2 · W^{-1}	0.134 8	0.130 9	0.145 1	0.160 0	0.162 1
湿阻/Pa · m^2 · W^{-1}	15.930	14.200	16.791	17.132	16.831
THL/W · m^{-2}	296.10	325.48	279.64	269.32	272.19

由表 11-18 和表 11-19 中数据可总结消防服多层的穿着舒适性对比如下:

（1）对于外层相同,而隔热层不同时可看出,由于 2-1 芳纶针刺无纺布面密度小,厚度较薄,采用 2-1 作为隔热层的多层织物的透气、透湿量较大,而热阻、湿阻较小,热阻、湿阻综合值 THL 较小。

（2）当隔热层和内层相同,而外层不同时可看出,PBI 面料作为外层的多层织物的透气、透湿量较小,热阻、湿阻较大,而热阻、湿阻综合值 THL 较小,这一试验结果和外层面料的各项数据相符。

（3）对于两种 PBI 面料,可看出以 1-5 进口 PBI 面料为外层的多层织物的透气量较大,而透湿量较小,热阻、湿阻较小,热阻、湿阻综合值（THL）较大。隔热层和内层相同的情况下,以进口 PBI 面料为外层的多层织物的热湿舒适性能较好。

二、消防服织物的阻燃热防护综合分析

对于消防服面料,其阻燃和热防护性能是评价面料质量的重要方面。主要的评价指标有织物材料的热学性能、极限氧指数、垂直燃烧性能,以及面料的热防护 TPP 值。

表 11-20　外层面料的阻燃热防护数据

编号	熔点/℃	极限氧指数/%	垂直燃烧损毁长度/mm	$TPP/kW \cdot s \cdot m^{-2}$
1-1	—	21.2	109	317.75
1-2	430	30.2	86	328.85
1-3		32.0	85	405.95
1-4	580	42.0	11	471.27
1-5		41.1	10	481.15

由表 11-20 中外层面料的阻燃热防护数据综合对比如下:

（1）在 5 种外层面料中,PBI 材料的熔点达到 580℃,比 Nomex Ⅲ 材料（430℃）高很多,能在较高的温度下使用;PBI 织物的极限氧指数 41~42,达到不燃等级,在空气中极难燃烧;PBI 面料垂直燃烧损毁长度只有 10 mm 左右,远比阻燃棉和芳纶面料的损毁长度小,达到消防服用面料等级中的 A 级,而 TPP 值比芳纶面料更大,热防护性能较好。

（2）对于两种 PBI 面料,由于材料相同,材料的熔点、极限氧指数以及面料的损毁长度基本相同,而 1-5 进口 PBI 面料的 TPP 值较大,热防护性能较好。

三、消防服织物的穿着舒适性和阻燃热防护综合对比分析

（一）外层面料的穿着舒适性和阻燃热防护综合对比分析

对于普通服用面料,对穿着舒适性要求较高,而阻燃热防护性能是只有在热防护服装用面料上才需要重点评价的指标。对于消防服用面料的评价,需要对穿着舒适性和阻燃热防护性能综合分析。

表 11-21　外层面料的主要性能数据

编号	透气量/$L \cdot m^{-2} \cdot s^{-1}$	透湿量/$g \cdot m^{-2} \cdot d^{-1}$	Clo	热传系数/$W \cdot m^{-1} \cdot ℃^{-1}$	热阻/$℃ \cdot m^2 \cdot W^{-1}$	湿阻/$Pa \cdot m^2 \cdot W^{-1}$	$TPP/kW \cdot s \cdot m^{-2}$	损毁长度/mm
1-1	202.63	3870	0.18	36.97	0.018 9	4.406	317.75	109
1-2	366.36	4230	0.04	145.30	0.009 3	3.719	328.85	86

(续表)

编号	透气量/ $L \cdot m^{-2} \cdot s^{-1}$	透湿量/ $g \cdot m^{-2} \cdot d^{-1}$	Clo	热传系数/ $W \cdot m^{-1} \cdot ℃^{-1}$	热阻/ $℃ \cdot m^2 \cdot W^{-1}$	湿阻/ $Pa \cdot m^2 \cdot W^{-1}$	TPP/ $kW \cdot s \cdot m^{-2}$	损毁长度/ mm
1-3	122.09	3750	0.10	67.05	0.009 7	4.523	405.95	85
1-4	101.361	3320	0.15	44.90	0.020 6	5.566	471.27	11
1-5	131.45	3980	0.21	31.05	0.027 1	4.534	481.15	10

由表 11-21 中数据对消防服外层面料的整体性能分析如下：

（1）5 种面料中，PBI 面料的透气、透湿量和其它阻燃棉、Nomex Ⅲ相差不大，而 Clo 值、热阻较大，热传系数较小，保温隔热性能较好，而面料的 TPP 值较大，损毁长度较小，阻燃热防护性能好。综合分析，PBI 面料作为消防服的外层，整体性能要优于阻燃棉织物和 Nomex Ⅲ织物。

（2）对于两种 PBI 面料，1-5 进口 PBI 面料的透气、透湿量较大，热传系数小，热阻较大、湿阻较小，织物的热湿舒适性较好，并且保温隔热性能较好；在阻燃热防护方面，1-5 进口面料的 TPP 值较大，损毁长度相当。综合分析，1-5 进口 PBI 面料的整体性能优于 1-4 国产 PBI 面料。

（二）多层织物的穿着舒适性和阻燃热防护综合对比分析

消防服面料多层的性能，更能客观的评价消防服的穿着舒适性和阻燃热防护性能。多层面料的主要性能数据如表 11-22 和表 11-23 所示。

表 11-22　多层织物的性能数据（外层＋21＋3[#]）

编号	透气量/ $L \cdot m^{-2} \cdot s^{-1}$	透湿量/ $g \cdot m^{-2} \cdot d^{-1}$	THL/ $W \cdot m^{-2}$	厚度/ mm	热阻/ $℃ \cdot m^2 \cdot W^{-1}$	湿阻/ $Pa \cdot m^2 \cdot W^{-1}$	TPP/ $kW \cdot s \cdot m^{-2}$
1-1	98.625	2 130	375.901	1.327	0.116 9	12.173	844.28
1-2	194.160	2 790	404.832	1.213	0.103 4	11.449	798.02
1-3	97.836	2 540	351.694	1.277	0.124 7	13.026	929.93
1-4	66.073	2 580	325.695	1.285	0.138 8	13.960	963.55
1-5	91.290	2 390	359.694	1.310	0.134 2	12.421	946.70

表 11-23　多层织物的性能数据（外层＋22＋3[#]）

编号	透气量/ $L \cdot m^{-2} \cdot s^{-1}$	透湿量/ $g \cdot m^{-2} \cdot d^{-1}$	THL/ $W \cdot m^{-2}$	厚度/ mm	热阻/ $℃ \cdot m^2 \cdot W^{-1}$	湿阻/ $Pa \cdot m^2 \cdot W^{-1}$	TPP/ $kW \cdot s \cdot m^{-2}$
1-1	90.03	2 050	296.102	2.148	0.134 8	15.930	1 184.08
1-2	160.58	2 570	325.475	1.966	0.130 9	14.200	1 199.18
1-3	85.356	2 250	279.639	2.067	0.145 1	16.791	1 292.97
1-4	58.084	2 420	269.315	2.082	0.160 0	17.132	1 259.28
1-5	90.269	2 150	272.194	2.104	0.162 1	16.837	1 317.63

由表中数据对消防服多层面料的整体性能分析如下：

（1）当外层和内层面料相同时，采用2-2（面密度为200 g/m²）芳纶针刺无纺布的多层织物厚度较大，透气量、透湿量较小，热阻、湿阻较大，穿着舒适性能较差。而TPP值较大，热防护性能较好。

（2）当隔热层和内层相同时，以PBI为外层的多层织物的透气量、透湿量相差不大，而热阻较大，保温隔热性能较好，且TPP值较大，热防护性能优异。综合分析，以PBI为外层的多层织物整体性能优于以阻燃棉、芳纶为外层的多层织物。

（3）当隔热层和内层相同时，以两种PBI面料为外层的多层织物中，以1-5进口PBI面料为外层的多层织物的透气性能较1-4为外层的多层织物大，并且湿阻较小，THL值较大，穿着舒适性较好，并且多层织物的TPP值较大，热防护性能较好。

四、消防用织物阻燃隔热与力学舒适性对比

随着防护服功能兼容技术的多样化，耐高温热防护服将是多功能的载体，提供阻燃、防静电、透湿等更全面的功能。在强调耐高温防护服的功能性时，协调舒适性与防护性能的关系。本文重点对Nomex阻燃织物与芳纶1313阻燃织物耐高温防护与力学舒适性进行了对比研究，在织物规格基本相同情况下如表11-24，Nomex-1与芳纶1313-1，都是平纹，面密度在150～152 g/m²；Nomex-2与芳纶1313-2，都是斜纹，面密度在203～210 g/m²，进行分析。

表 11-24　对比阻燃织物试验样品说明

编号	面密度/g·m⁻²	原料	颜色
Nomex-1	152	Nomex	宝蓝色
芳纶 1313-1	150	芳纶 1313	紫蓝色
Nomex-2	203	Nomex	橙色
芳纶 1313-2	210	芳纶 1313	藏蓝色

表 11-25　对比阻燃织物热防护性能试验结果

编号	接触方式	$TPP/kW \cdot s \cdot m^{-2}$	升温/℃	相交时间/s
Nomex-1	接触式	326.85	13.23	3.94
	非接触式	578.43	15.49	6.97
芳纶 1313-1	接触式	287.93	12.72	3.47
	非接触式	330.67	13.28	3.98
Nomex-2	接触式	405.95	14.01	4.89
	非接触式	701.60	16.47	8.45
芳纶 1313-2	接触式	365.70	13.62	4.41
	非接触式	704.17	16.49	9.48

表 11-26 对比阻燃织物垂直法燃烧试验结果

编号			损毁长度/mm	续燃时间/s	阴燃时间/s
Nomex-1	总平均值	经向	91.7	0	6.6
		纬向	95.0	0	7.6
芳纶 1313-1	总平均值	经向	44	0	0
		纬向	41.7	0	0
Nomex-2	总平均值	经向	88.3	0	1.4
		纬向	91.7	0	0.9
芳纶 1313-2	总平均值	经向	32	0	0
		纬向	43.7	0	0

表 11-27 对比阻燃织物 KES 织物拉伸性能测试结果

编号			LT	$WT/cN \cdot cm \cdot cm^{-2}$	$RT/\%$	$EMT/\%$
Nomex-1	总平均值	经向	0.826	5.51	66.16	2.67
		纬向	0.810	5.70	64.61	2.82
芳纶 1313-1	总平均值	经向	0.842	5.38	61.30	2.57
		纬向	0.819	6.22	59.01	3.04
Nomex-2	总平均值	经向	0.717	3.30	66.15	1.84
		纬向	0.846	3.88	67.83	1.83
芳纶 1313-2	总平均值	经向	0.788	4.45	67.79	2.26
		纬向	0.861 2	4.10	64.64	1.09

表 11-28 对比阻燃织物 KES 织物剪切性能测试结果

编号			$G/cN \cdot cm^{-1} \cdot (°)^{-1}$	$2HG/cN \cdot cm^{-1}$	$2HG_5/cN \cdot cm^{-1}$
Nomex-1	总平均值	经向	1.076	1.95	2.95
		纬向	1.146	1.95	3.18
芳纶 1313-1	总平均值	经向	1.84	4.40	7.87
		纬向	1.85	4.15	7.75
Nomex-2	总平均值	经向	3.113	3.29	10.65
		纬向	3.336	3.10	12.06
芳纶 1313-2	总平均值	经向	2.05	4.74	6.49
		纬向	1.93	4.29	7.01

表 11-29 对比阻燃织物 KES 织物弯曲性能测试结果

编号			$B/\text{cN} \cdot \text{cm}^2 \cdot \text{cm}^{-1}$	$2HB/\text{cN} \cdot \text{cm} \cdot \text{cm}^{-1}$
Nomex-1	总平均值	经向	0.140 8	0.132 5
		纬向	0.147 2	0.137 3
芳纶 1313-1	总平均值	经向	0.115 5	0.147 2
		纬向	0.105 8	0.136 2
Nomex-2	总平均值	经向	0.224 7	0.299 5
		纬向	0.168 3	0.192 5
芳纶 1313-2	总平均值	经向	0.159 3	0.182 3
		纬向	0.145 0	0.177 9

表 11-30 对比阻燃织物 KES 织物压缩性能测试结果

编号		LC	$WC/\text{cN} \cdot \text{cm} \cdot \text{cm}^{-2}$	$RC/\%$	TM/mm	T_0/mm
Nomex-1	第一块平均值	0.339	0.098	59.00	0.317	0.433
	第二块平均值	0.346	0.098	61.22	0.318	0.431
	第三块平均值	0.361	0.096	61.14	0.318	0.425
	总平均值	0.348	0.097	60.45	0.318	0.429
芳纶 1313-1	第一块平均值	0.312	0.151	50.88	0.356	0.550
	第二块平均值	0.318	0.149	51.58	0.352	0.539
	第三块平均值	0.296	0.142	50.40	0.356	0.549
	总平均值	0.309	0.147	50.95	0.355	0.546
Nomex-2	第一块平均值	0.336	0.115	53.03	0.381	0.519
	第二块平均值	0.357	0.098	56.95	0.382	0.493
	第三块平均值	0.329	0.118	54.50	0.377	0.522
	总平均值	0.340	0.110	54.83	0.380	0.511
芳纶 1313-2	第一块平均值	0.287	0.174	50.66	0.428	0.672
	第二块平均值	0.283	0.203	49.88	0.420	0.706
	第三块平均值	0.306	0.154	52.92	0.422	0.623
	总平均值	0.292	0.177	51.15	0.423	0.667

表 11-31 对比阻燃织物 KES 织物表面性能测试结果

编号			MIU	MMD	$SMD/\mu\text{m}$
Nomex-1	总平均值	经向	0.150	0.061	5.749
		纬向	0.142	0.015	4.140

（续表）

编号			MIU	MMD	SMD/μm
芳纶 1313-1	总平均值	经向	0.174	0.018	6.397
		纬向	0.178	0.013	5.375
Nomex-2	总平均值	经向	0.132	0.006	1.585
		纬向	0.135	0.012	2.261
芳纶 1313-2	总平均值	经向	0.178	0.008	2.568
		纬向	0.172	0.010	3.702

表 11-32　对比阻燃织物悬垂性试验结果

编号	悬垂系数/%												平均值
	第一块				第二块				第三块				
Nomex-1	75.3	77.5	76.4	78.0	78.0	80.2	77.4	80.5	79.6	81.3	78.9	81.2	78.7
芳纶 1313-1	80.0	83.5	80.0	84.0	79.2	85.0	82.0	83.0	79.0	80.0	78.9	79.0	81.1
Nomex-2	87.5	92.3	85.3	90.7	86.4	90.0	87.5	91.2	86.5	89.7	88.0	91.8	88.9
芳纶 1313-2	79.5	79.2	76.5	81.8	80.0	81.9	78.2	82.2	79.2	80.0	78.9	77.5	79.6

表 11-33　对比阻燃织物折皱弹性试验结果

编号	弹性回复	经向					平均值
Nomex-1	急弹性回复角/(°)	155.8	146	150.7	147.7	149.4	149.92
	缓弹性回复角/(°)	159.4	150.7	154.6	153.3	153.8	154.36
芳纶 1313-1	急弹性回复角/(°)	84.2	109.2	95	100.1	100.8	97.86
	缓弹性回复角/(°)	92.4	114.6	101.7	107.7	106.3	104.54
Nomex-2	急弹性回复角/(°)	113	106.7	111	115	117.5	112.64
	缓弹性回复角/(°)	119.9	112.9	116.5	120.2	123.3	118.56
芳纶 1313-2	急弹性回复角/(°)	106	88.8	93.7	92	87.2	93.54
	缓弹性回复角/(°)	110.8	96.8	101.6	99.5	94.7	100.68
编号	弹性回复	纬向					平均值
Nomex-1	急弹性回复角/(°)	151.9	151.1	147.8	149.6	147.7	149.62
	缓弹性回复角/(°)	155.9	154.9	152.1	153.6	151.9	153.68
芳纶 1313-1	急弹性回复角/(°)	103.7	162.8	115.1	104.8	94.0	116.08
	缓弹性回复角/(°)	124.5	163.7	117.5	110.6	100.6	123.38
Nomex-2	急弹性回复角/(°)	138.9	124	111	128.1	110.1	122.42
	缓弹性回复角/(°)	144.7	132.9	117.3	133.2	115.8	128.78

编号	弹性回复	纬向					平均值
芳纶 1313-2	急弹性回复角/(°)	131.1	125.7	113.5	131.4	118.7	124.08
	缓弹性回复角/(°)	138.2	137.9	122.3	147.5	126.3	134.44

由表 11-24～表 11-33 可知,通过对选用的 Nomex 阻燃织物松和芳纶 1313 阻燃织物进行热防护性能、阻燃性、拉伸和剪切性能、弯曲性能、压缩性能、表面性能、悬垂性、折皱回复性等测试,并对测试结果进行比较分析,得出 Nomex 阻燃织物与芳纶 1313 阻燃织物相比,在满足阻燃垂直法阻燃性能损毁长度≤100 mm、续燃时间≤2 s 前提下,Nomex 阻燃织物具有:

(1) 较高的热防护性能 TPP;

(2) 拉伸性能回复率 RT 和压缩功回复率 RC 较高,折皱回复性(急缓弹性回复)也较大,织物弹性好;

(3) 织物表观厚度 T_0 和稳定厚度 T_m 较小,织物穿着轻薄、透气;

(4) 表面摩擦系数 MIU 较小,MMD 较大,织物穿着滑爽;弯曲滞后矩 $2HB$ 较小,剪切滞后矩 $2HG$ 较小,具有更好的弯曲剪切回复性,织物穿着活络。

依据国家标准等进行基础性能试验,外层织物按照有关的要求,测试热防护性能 TPP、阻燃性能、拉伸性能、剪切性能、弯曲性能、压缩性能、表面性能、悬垂和折皱弹性等;依据标准,采用热防护性能 TPP 等来衡量消防服织物的整体热防护水平,由垂直法测试了阻燃性能,由拉伸和剪切性能测试仪、弯曲性能测试仪、压缩性能及厚度测试仪、表面性能测试仪对织物的力学性能进行全面、灵敏的测量,反映织物的各项力学性能的变形回复能力,检测出织物风格在质量上的细微变化,还试验了阻燃织物悬垂和折皱弹性,综合得出消防用防护服面料以下几点要求:

(1) 热防护性能 $TPP \geqslant 260 [\mathrm{kW \cdot s/m^2}]$(接触式),$TPP \geqslant 520 [\mathrm{kW \cdot s/m^2}]$(非接触式);

(2) 垂直法阻燃性能损毁长度≤100 mm,续燃时间≤2 s;

(3) 弯曲性能测试弯曲刚度 $B \leqslant 1.00 (\mathrm{cN \cdot cm/cm^2})$;

(4) 拉伸性能、剪切性能、压缩性能、表面性能、悬垂和折皱弹性能等在满足热防护性能 TPP 和垂直法阻燃性能等基础上,尽量使阻燃织物舒适、柔软、透气、活络、丰满、轻薄。

参考文献

[1] Kawabata S. The Standardization and Analysis of Hand Evaluation[M]. 2nd Edition. Text. Machinery Society of Japan, 1980.

[2] N. G. Ly et. al. Simple Instruments for Quality Control by Finishers and Tailors[J]. Text. Res. J. , 1991, 61, 402.

[3] Stylios G , Fan J. An Expert System for Fabric Sewability and Optimization of Sewing and Fabric Conditions in Garment manufacture. In "Proceedings of the 1st International Clothing Conference on Textile objective measurement and Automation in Garment Manufacture, Bradford, U. K. " G. Stylios Eds. , 1991, 139.

[4] Shishoo R L. Relation between Fabric Mechanical Properties and Garment Design and Tailorability. in "Proceedings of the 1st International Clothing Conference on Textile objective measurement and Automation in Garment Manufacture, Bradford, U. K. " G. Stylios Eds. , 1991, 119-138.

[5] Little T J. Sewing Dynamics: Influence of Fabric Properties and Sewing Machines Settings on Fabric Feeding. in " Proceedings of the 1st International Clothing Conference on Textile objective measurement and Automation in Garment Manufacture, Bradford, U. K. " G. Stylios Eds. ,1991, 207-228.

[6] Kawabata S et. al. Recent Progress in the Application of Objective Measurement to Clothing Manufacture. In "Proceedings of the 1st International Clothing Conference on Textile objective measurement and Automation in Garment Manufacture, Bradford, U. K. " G. Stylios Eds. ,1992, 81-106.

[7] The FAST System for the Objective Measurement of Fabric Properties[M]. User's MANUAL, Prepared by Dr. Allan DE Boos.

[8] Lindberg J, Waesterberg L, Svenson R. Wool Fabric as Garment Constriction Material[J]. J. Text. Inst. , 1960, 51, T1475-1492.

[9] Masako Niwa, Wawabata S, Kimiko Ishizuka. Recent Developments in Research Correlating Basic Fabric Mechanical Properties and the Appearance of Men's Suits. in "Proc. [second] Japan-Australia Symposium on Objective Evaluation of Appear Fabrics, Parkville, Australia," R. Postle, S. Kawabata, and M. Niwa, Eds. , Textile Machinery Society of Japan, Osaka, 1983, 67.

[10] Shishoo R L, Choroszy M. Analysis of Mechanical and Dimensional Properties of Wool Fabrics Relevant to Garment Making. in "Proc. [second] Japan-Australia Symposium on Objective Evaluation of Appear Fabrics, Parkville, Australia," R. Postle, S. Kawabata, and M. Niwa, Eds. , Textile Machinery Society of Japan, Osaka, 1990, 316.

[11] Shishoo R L. The International Scene: Developments in Sweden Fabric Properties in Relation to Making up and Performance of Garments. in "Proc. [second] Japan-Australia Symposium on Objective Evaluation of Appear Fabrics, Parkville, Australia," R. Postle, S. Kawabata, and M. Niwa, Eds. ,

Textile Machinery Society of Japan, Osaka, 1983, 97.

[12] Amirbayat J. The Buckling of Flexible Sheets under Tension[M]. Part I: Theoretical Analysis. Part II: Experiment Studies. J. Text. Inst., 1991, 82(1): 61-77.

[13] Lee JH, Bose S, Kuila T, Thi XLN, Kim NH, Lau KT. Polymer membranes for high temperature proton exchange membrane fuel cell: Recent advances and challenges[J]. Progress in Polymer Science. 2011,36(6):813-843.

[14] Bhowmik S, Benedictus R, Poulis JA, Bonin HW, Bui VT. High-Performance Nanoadhesive Bonding of Spacep-Durable Polymer and Its Performance Under Space Environments[J]. Journal of Spacecraft and Rockets. 2009,46(1):218-224.

[15] Yasuda T, Miyama M, Yasuda H. Dynamic Water Vapor and Heat Transport Through Layered Fabrics. Part II. Effect of the Chemical Nature of Fibers[J]. Textile Research Journal, 1992, 62(4): 227-235.

[16] 杨建忠等. 差别化涤纶仿毛与纯毛啥味呢风格的研究[J]. 纺织学报,1997,18(4):24-26.

[17] 杨建忠,高亚英,王善元. 异收缩长丝仿毛原料及其织物风格研究[J]. 中国纺织大学学报,1998(2):89-93.

[18] 杨建忠等. 拉细羊毛及其混纺织物的结构与光泽[J]. 纺织学报,2007,2:17-20.

[19] 杨建忠,鹿璐,李波,李伟. 拉细羊毛织物结构与风格研究[J]. 毛纺科技,2007(10):40-44.

[20] 杨建忠,郭娟琛,孙艳,丁彩玲. 赛络菲尔精纺毛织物风格及聚类分析[J]. 西安工程大学学报,2010(2):131-136.

[21] 郭娟琛,孙艳,杨建忠. 赛络菲尔高支精纺毛织物风格测试与分析[J]. 现代纺织技术,2009(1):47-50.

[22] 孙艳,郭娟琛,杨建忠等. 毛织物视觉风格研究[J]. 毛纺科技,2008(12):37-40.

[23] 乔卉,杨建忠,张方超. 低支松结构精纺毛织物风格的客观评价与比较[J]. 毛纺科技,2013(9):62-64.

[24] 江海凤,乔卉,杨建忠. 精纺衬衫面料风格的客观评价与比较[J]. 上海纺织科技,2013(11):45-46.

[25] 李甜,杨建忠. 芳纶阻燃织物风格的测试分析[J]. 纺织科技进展,2014(5):48-50.

[26] 李龙,李健,赵永旗,杨建忠,杨柳. 消防服用棉型阻燃织物的风格测试与分析[J]. 合成纤维工业,2015(4):70-73.

[27] 江海凤,杨建忠. 纳米二氧化钛整理毛织物的力学性能测试[J]. 上海纺织科技,2009(2):43-45.

[28] 乔卉,杨建忠,江海凤. 毛精纺衬衫面料风格的客观评价[J]. 上海毛麻科技,2013(4):2-4.

[29] 郭娟琛,孙艳,杨建忠. 毛织物风格的客观评价与分析[J]. 纺织科技进展,2008(4):55-56.

[30] 孙艳. 超细羊毛纤维及其精纺毛织物结构与服用性能的研究[D]. 西安: 西安工程大学,2009.

[31] 郭娟琛. 赛络菲尔精纺毛织物结构与服用性能的研究[D]. 西安: 西安工程大学,2009.

[32] 姜为青. 薄型精纺毛织物综合服用性能与结构参数的关系[J]. 纺织学报,2006(11):86-89.

[33] 李梅,张会青. 毛织物的服用性能与纱线和织物结构的关系[J]. 毛纺科技,2005(6):32-34.

[34] 许同洪. 国内外轻薄型毛料制品性能的评价指标研究[J]. 毛纺科技,2006(11):46-48.

[35] 卢芳. 客观评价精纺毛织物的触感[J]. 国外丝绸,2006(5):20-25.

[36] 朱方龙. 热防护服隔热防护性能测试方法及皮肤烧伤度评价准则[J]. 中国个体防护装备,2006(4):26-31.

[37] 周亮. 消防服材料热舒适性与热防护性的研究[D]. 上海:东华大学,2011,12.

[38] 荆妙蕾. 轻薄型精纺毛织物的结构参数对其服用性能的影响[J]. 毛纺科技,2006(5):48-51.

[39] 张威,刘智,李龙. 基于多元回归分析的纬平织物热湿舒适性能[J]. 纺织学报,2011,32(7):54-59.

［40］储洁文.羊毛/芳纶混纺特种系列纱线生产质量分析［J］.毛纺科技,2010(4):28-30.

［41］储洁文.赛络菲尔轻薄型毛织物技术分析［J］.毛纺科技,2009(2):44-46.

［42］王同勇,储洁文.氨毛弹力包芯纱线的开发［J］.毛纺科技,1997(5):55-58.

［43］储洁文.毛纺面料风格及其对服装成衣的影响［J］.上海毛麻科技,2007(4):28-31.

［44］张慧敏,沈兰萍.组织结构对功能性轻薄凉爽织物性能的影响［J］.上海纺织科技,2018,46(4):31-33.

［45］宋乐,沈兰萍等.半精梳羊毛混纺织物的开发及其性能研究［J］.毛纺科技,2019,47(3):4-8.

［46］赵丽丽,沈兰萍.环保舒适性毛混纺面料的开发［J］.毛纺科技,2012,(11):11-14.

［47］郑晓晴,沈兰萍.织物组织结构对织物热湿舒适性能的影响［J］.合成纤维,2018,47(11):35-37.

［48］龙晶,沈兰萍.多功能户外保暖织物紧度及性能研究［J］.上海纺织科技,2019,47(12):36-38.

［49］王府梅.服装面料的性能设计［M］.上海:中国纺织大学出版社,2000.

［50］杨建忠.新型纺织材料及应用［M］.上海:东华大学出版社,2011.

［51］杨建忠.轻薄织物低应力力学性能及可缝性研究［D］.上海:中国纺织大学,1997.

［52］于伟东.纺织材料学［M］.北京:中国纺织出版社,2018.